普通高等教育"十三五"规划教材

工程流体力学及环境应用

宋洪庆　主编

北　京

冶金工业出版社

2019

内 容 提 要

本书共分为 11 章,详细地阐述了流体力学的基本理论及其在环境领域的应用。主要内容包括:流体力学的基本概念,流体静力学,流体动力学基础,流体的流动阻力计算,有压管流与孔口、管嘴出流,渗流力学基础,流体机械之泵与风机,相似原理与量纲分析,大气污染扩散基础及应用,海洋石油污染运移分析及控制,CO_2 封存流动理论基础及应用。本书每章末都附有相关习题,书末附有习题参考答案。

本书主要作为高等学校环境工程、安全工程、资源工程、土木工程、石油工程、海洋工程等专业教学用书,亦可供相关专业的工程技术人员参考。

图书在版编目(CIP)数据

工程流体力学及环境应用/宋洪庆主编. —北京:冶金工业出版社,2016.7(2019.1 重印)
普通高等教育"十三五"规划教材
ISBN 978- 7- 5024- 7251- 1

Ⅰ.①工⋯　Ⅱ.①宋⋯　Ⅲ.①工程力学—流体力学—高等学校—教材　Ⅳ.①TB126

中国版本图书馆 CIP 数据核字(2016)第 127650 号

出 版 人　谭学余
地　　址　北京市东城区嵩祝院北巷 39 号　邮编　100009　电话　(010)64027926
网　　址　www.cnmip.com.cn　电子信箱　yjcbs@cnmip.com.cn
责任编辑　夏小雪　美术编辑　彭子赫　版式设计　彭子赫
责任校对　卿文春　责任印制　李玉山
ISBN 978-7-5024-7251-1
冶金工业出版社出版发行;各地新华书店经销;北京建宏印刷有限公司印刷
2016 年 7 月第 1 版,2019 年 1 月第 2 次印刷
787mm×1092mm　1/16;14.5 印张;350 千字;221 页
32.00 元

冶金工业出版社　投稿电话　(010)64027932　投稿信箱　tougao@cnmip.com.cn
冶金工业出版社营销中心　电话　(010)64044283　传真　(010)64027893
冶金工业出版社天猫旗舰店　yjgycbs.tmall.com
(本书如有印装质量问题,本社营销中心负责退换)

前　言

随着研究型教学改革不断深入，高校培养目标越来越重视提高学生独立解决问题能力、实际应用分析能力和创新研究能力，这为流体力学教学和科研提出了更高的要求。本书是为了适应环境专业流体力学课程教学及科研需要编写而成的。

全书共分为 11 章。第 1~8 章是工程流体力学部分，内容包括绪论，流体静力学，流体动力学基础，流体的流动阻力计算，有压管流与孔口、管嘴出流，渗流力学基础，流体机械之泵与风机，相似原理与量纲分析；第 9~11 章是环境领域流体力学应用，内容包括大气污染扩散基础及应用，海洋石油污染运移分析及控制，CO_2 封存流动理论基础及应用。书中每章都配有一定量的理论结合工程实际的例题和习题，帮助学生更加深刻理解每章的重点概念和关键理论，同时也培养了学生解决实际工程问题的能力。

本书在编写过程中，参考了国内外知名高校环境科学与工程、资源工程、石油工程、海洋工程等专业的培养方案和教材，查阅大量参考文献，紧密结合实际，先是重点讲解流体力学的基本概念、原理和方法，然后针对地上、地表和地下三个空间环境领域应用分析，分别介绍大气污染扩散、海洋石油污染流动和二氧化碳封存流动的理论知识及模拟技术，为学生掌握流体力学基本知识和专业应用提供理论基础。

本书由宋洪庆主编，赵怡晴为副主编，王九龙、李正一、贾宝昆等参加编写。清华大学王沫然教授、北京科技大学朱维耀教授和宋存义教授审阅了本书初稿，为全书的修改提出了许多宝贵意见，在此表示衷心的感谢。

由于编者水平有限，书中不妥之处在所难免，恳请广大读者批评指正！

编　者
2016 年 4 月

目　　录

1 绪 论

1.1 流体力学的概念与发展简史

1.1.1 流体力学概念

流体力学是研究流体平衡及其运动规律的一门学科，是力学的一个重要分支。在人们的生活和生产活动中随时随地都可遇到流体，所以流体力学是与人类日常生活和生产事业密切相关的。流体力学的研究对象包括液体和气体，它们统称为流体。我们在工程流体力学中主要是研究流体中大量分子的宏观平均运动规律，而忽略对其具体分子运动的研究。

流体力学在研究流体平衡和机械运动规律时，要应用物理学及理论力学中有关物理平衡及运动规律的原理，如力系平衡定理、动量定理、动能定理，等等。因为流体在平衡或运动状态下，也同样遵循这些普遍的原理，所以物理学和理论力学的知识是学习流体力学课程必要的基础。

在实际工程中，如环境工程、水利工程、动力工程、航空工程、化学工程、机械工程、石油天然气工程等诸多领域流体力学都起着十分重要的作用。

1.1.2 流体力学的发展历史

流体力学的萌芽，是自距今约 2200 年以前，西西里岛的希腊学者阿基米德写的"论浮体"一文开始的。他对静止时的液体力学性质做了第一次科学总结。

流体力学的主要发展是从牛顿时代开始的，1687 年牛顿在名著《自然哲学的数学原理》中讨论了流体的阻力、波浪运动等内容，使流体力学开始成为力学中的一个独立分支。此后，流体力学的发展主要经历了三个阶段：

第一阶段：伯努利所提出的液体运动的能量估计及欧拉所提出的液体运动的解析方法，为研究液体运动的规律奠定了理论基础，从而在此基础上形成了一门属于数学的古典"水动力学"（或古典"流体力学"）。

第二阶段：在古典"水动力学"的基础上纳维和斯托克斯提出了著名的实际黏性流体的基本运动方程——纳维-斯托克斯方程（N-S 方程），从而为流体力学的长远发展奠定了理论基础。但由于其所用数学的复杂性和理想流体模型的局限性，不能满意地解决工程问题，故形成了以实验方法来制定经验公式的"实验流体力学"。但由于有些经验公式缺乏理论基础，使其应用范围狭窄，且无法继续发展。

第三阶段：从 19 世纪末起，人们将理论分析方法和实验分析方法相结合，以解决实际问题，同时古典流体力学和实验流体力学的内容也不断更新变化，如提出了相似理论和量纲分析，边界层理论和湍流理论等，在此基础上，最终形成了理论与实践并重的研究实际流体模型的现代流体力学。在 20 世纪 60 年代以后，由于计算机的发展与普及，流体力学的应用更是日益广泛。

流体力学是在人类同自然界作斗争和在生产实践中逐步发展起来的。在我国，利用流体力学原理开展的水利事业的历史十分悠久：

4000 多年前的"大禹治水"的故事——顺水之性，治水须引导和疏通。

秦朝在公元前 256~公元前 210 年修建了我国历史上的三大水利工程（都江堰、郑国渠、灵渠）——明渠水流、堰流。

古代的计时工具"铜壶滴漏"——孔口出流。

隋朝（公元 587~610 年）完成的南北大运河。

隋朝（公元 605~617 年）工匠李春在冀中洨河修建的赵州石拱桥——拱背的 4 个小拱，既减压主拱的负载，又可宣泄洪水。

清朝雍正年间，何梦瑶在《算迪》一书中提出流量等于过水断面面积乘以断面平均流速的计算方法。

1.1.3　流体力学的研究方法

流体力学按其研究内容的侧重点不同，分为理论流体力学和工程流体力学。其中理论流体力学主要采用严密的数学推理方法，力求准确性和严密性，工程流体力学侧重于解决工程实际中出现的问题，而不追求数学上的严密性。当然由于流体力学研究的复杂性，在一定程度上，两种方法都必须借助于实验研究，得出经验或半经验的公式。因此我们研究流体力学问题时也要从理论、实验和数值这三个方面开展。

1.1.3.1　理论研究方法

理论研究方法是根据流体运动的普遍规律如质量守恒、动量守恒、能量守恒等，利用数学分析的手段，研究流体的运动，解释已知的现象，预测可能发生的结果。理论分析的关键步骤是建立"理想力学模型"，即针对实际流体的力学问题，分析其中的各种矛盾并抓住主要方面，对问题进行简化而建立反映问题本质的"力学模型"。流体力学中最常用的基本模型有：连续介质、牛顿流体、不可压缩流体、理想流体、平面流动等。不过由于数学上的困难，许多实际流动问题还难以精确求解。这种方法简单实用，即便在计算机高度发达的今天，仍然适用。

理论研究方法的关键在于提出理论模型，并能运用数学方法求出理论结果，达到揭示液体运动规律的目的。但由于数学上的困难，许多实际流动问题还难以精确求解。因此亦采用数理分析法求解，即总流分析方法与代数方程为主的求解方法：理论公式+经验系数，经验公式，二维微分方程，基础流体力学（应用流体力学）、水力学。

1.1.3.2　实验研究方法

实验研究方法主要包括两个方面，即现场观测和实验室模拟。

（1）现场观测是对自然界固有的流动现象或已有工程的全尺寸流动现象，利用各种仪器进行系统观测，从而总结出流体运动的规律，并借以预测流动现象的演变。过去对天气的观测和预报，基本上就是这样进行的。

（2）不过现场流动现象的发生往往不能控制，发生条件几乎不可能完全重复出现，影响到对流动现象和规律的研究；现场观测还要花费大量物力、财力和人力。因此，人们建立实验室，使这些现象能在可以控制的条件下出现，以便于观察和研究。

同物理学、化学等学科一样，流体力学离不开实验，尤其是对新的流体运动现象的研究。实验能显示运动特点及其主要趋势，有助于形成概念，检验理论的正确性。200年来流体力学发展史中每一项重大进展都离不开实验。

模型实验在流体力学中占有重要地位。这里所说的模型是指根据理论指导，把研究对象的尺度改变（放大或缩小）以便能安排实验。有些流动现象难以靠理论计算解决，有的则不可能做原型实验（成本太高或规模太大）。这时，根据模型实验所得的数据可以用像换算单位制那样的简单算法求出原型的数据。

现场观测常常是对已有事物、已有工程的观测，而实验室模拟却可以对还没有出现的事物、没有发生的现象（如待设计的工程、机械等）进行观察，使之得到改进。因此，实验室模拟是研究流体力学的重要方法。

1.1.3.3　数值研究方法

数学的发展，计算机的不断进步，以及流体力学各种计算方法的发明，使许多原来无法用理论分析求解的复杂流体力学问题有了求得数值解的可能性。数值方法就是在计算机应用的基础上，采用各种离散化方法（有限差分法、有限元法等），建立各种数值模型，通过计算机进行数值计算和数值实验，得到在时间和空间上许多数字组成的集合体，最终获得定量描述流场的数值解。

数值模拟和实验模拟相互配合，使科学技术的研究和工程设计的速度加快，并节省开支。数值计算方法最近发展很快，其重要性与日俱增。近二三十年来，这一方法得到很大发展，已形成专门学科——计算流体力学。

1.2　流体的连续介质模型

1.2.1　流体质点的概念

流体是由分子构成的，根据热力学理论，这些分子在不断地随机运动和相互碰撞着。因此，到分子水平这一层，流体之间就总是存在间隙，其质量在空间的分布是不连续的，其运动在时间和空间上都是不连续的。而到亚分子的层次，如原子核和电子，流体同样是不连续的。

但是，在流体力学及与之相关的科学领域中，人们感兴趣的往往不是个别分子的运动，而是大量分子的一些平均统计特性，如密度、压力和温度等。确定物质物理量的分子统计平均方法可以用来建立流体质点的概念，现在以密度为例说明如下。

在流体中任意取一体积为 ΔV 的微元，其质量为 Δm，则其平均密度可表示为：

$$\rho_m = \frac{\Delta m}{\Delta V} \tag{1-1}$$

显然，为了精确刻画不同空间点的密度，ΔV 应该取得尽量的小，但是，ΔV 的最小值又必须有一定限度，超过这一限度，分子的随机进出将显著影响微元体的质量，使密度成为不确定的随机值。因此，两者兼顾，用于描述物理量平均统计特性的微元 ΔV 应该是使物理量统计平均值与分子随机运动无关的最小微元 ΔV_l ，并将该微元定义为流体质点，该微元的平均密度就定义为流体质点的密度：

$$\rho_m = \lim_{\Delta V \to \Delta V_l} \frac{\Delta m}{\Delta V} \tag{1-2}$$

在一般关于流体运动的工程和科学问题中，将描述流体运动的空间尺度精确到 0.01mm 的数量级，就能够满足对精度的要求。在三维空间的情况下，这个尺度相当于 10^{-6}mm^3。对于一般工程问题（除稀薄气体情况），如果令 $\Delta V_l = 10^{-6}\text{mm}^3$ ，则其中所包含的分子数量就足以使其统计平均物理量与个别分子的运动无关。但另一方面，在一般精度要求范围内，ΔV_l 的几何尺寸又可忽略不计。因此，对于一般工程问题，完全可将流体视为有连续分布的质点构成，而流体质点的物理性质及其运动参数就作为研究流体整体运动的出发点，并由此建立起所谓流体的连续介质模型。

1.2.2　流体的连续介质模型

基于流体质点的概念，流体的连续介质模型有如下的基本假设。

质量分布连续：用密度作为表示流体质量的物理量，则密度是空间坐标和时间的单值的连续可微函数，即：

$$\rho = \rho(x, y, z, t) \tag{1-3}$$

连续运动：在取定的区域和时间内，质量连续分布的流体处于运动状态时，其各个部分不会彼此分裂，也不相互穿插，即运动是连续的。以流体运动速度为例，流体运动连续，则速度是空间坐标点和时间的单值的连续可微函数，即：

$$v = v(x, y, z, t) \tag{1-4}$$

内应力连续：流体运动时，流体质点之间的相互作用力称之为流体内应力。在流体中任意取一个微元面积 ΔA ，微元面上流体质点之间的相互作用力为 ΔF ，则流体内应力 P 可以定义为：

$$P = \lim_{\Delta A \to 0} \frac{\Delta F}{\Delta A} = \frac{\mathrm{d}F}{\mathrm{d}A} \tag{1-5}$$

与流体质量和速度一样，流体内应力也是连续的，即为空间坐标和时间的单值的连续可微函数：

$$P = P(x, y, z, t) \tag{1-6}$$

上述流体连续介质基本假说具有非常重要的意义。流体流动和运动参数物理量被表示成连续函数，意味着大量的数学方法特别是微分方程可以被引用到流体力学中来。这为流体力学的研究带来了极大的方便。流体的连续介质模型假说在除了稀薄空气和激波等少数情况外的大多数场合都是适用的。

1.3　量纲和单位

对物理问题的认识，最简单的是比较物理量的大小，显然只有对具有同样属性的物理量才能比较它们的大小。进一步是了解物理问题中的因果关系。作为原因的诸多物理量之间，总会以一种有机的联系来反映作为结果的物理量。讨论这种联系首先要明白诸量的属性或量纲，特别是作为结果的物理量的量纲，必须与作为原因的诸多物理量的量纲之间，建立反映该问题物理本质的固有联系。

在认识物理问题的规律中离不开对物理量的度量。度量某一个物理量，需要以一定方式将该量与一个取作单位的同类量相比较。如在力学问题中常采用 cm、g、s 分别作为度量长度量、质量量和时间量的单位，并称为物理单位制。但用物理单位制讨论和研究物理问题时很不方便。最本质的办法是选用本问题中能够反映问题特征的物理量来作单位。一般，在物理问题的因果关系中，特别是在作为原因的自变量中选择某几个具有独立量纲的自变量作单位，组成单位系，用来度量该问题中所有的物理量。如在运动学问题中可选用一个特征长度和一个特征时间组成单位系；在动力学的问题中，则除了选用一个特征长度、一个特征时间外，还要选用一个特征质量或特征力，三者组成单位系。

量纲是表征物理量的性质（类别），如时间、长度、质量等；单位是表征物理量大小或数量的标准，如 s、m、kg 等。

1.3.1 量纲

量纲（Physical Dimension）是指物理量的基本属性。物理学的研究可以定量地描述各种物理现象，描述中所采用的各类物理量之间有着密切的关系，即它们之间具有确定的函数关系。为了准确地描述这些关系，物理量可分为基本量和导出量，一切导出量均可从基本量中导出，由此建立了整个物理量之间函数关系，这种关系通常称为量制。以给定量制中基本量量纲的幂的乘积表示某量量纲的表达式，称为量纲式或量纲积。它定性地表达了导出量与基本量的关系，对于基本量而言，其量纲为其自身。在物理学发展的历史上，先后曾建立过各种不同的量制：CGS 量制、静电量制、高斯量制等。1971 年后，国际上普遍采用了国际单位制（简称 SI），选定了由 7 个基本量构成的量制，导出量均可用这 7 个基本量导出。7 个基本量的量纲分别用长度 L、质量 M、时间 T、电流 I、温度 Θ、物质的量 N 和光强度 J 表示，则任一个导出量的量纲：

$$\dim A = L^{\alpha} M^{\beta} T^{\gamma} I^{\delta} \Theta^{\varepsilon} N^{\zeta} J^{\eta}$$

这是量纲的通式。式中的指数 α，β，γ，$\cdots$，η 称为量纲指数，全部指数均为零的物理量，称为无量纲量，如精细结构常数即为无量纲量。此外，如速度的量纲 $\dim V = LT^{-1}$，加速度 a 的量纲 $\dim a = LT^{-2}$ 等。

1.3.2 单位

物理量之间通过各种物理定律和有关的定义彼此建立联系。人们往往取其中的一些作为基本物理量，以它们的单位作为基本单位，形成配套的单位体系，其他的单位可以由此推出，这就是单位制。

由于历史的原因，世界各国一直通过有各种不同的单位体制，混乱复杂。不同行业采用的单位也不尽相同，为了便于国际间进行工业技术的交流，1875 年在签署米制公约时，规定以米为长度单位，以千克为质量单位，以秒为时间单位。这就是众所周知的米-千克-秒（MKS）单位制。目前，国际单位制的 7 种基本单位如表 1-1 所示。

表 1-1　国际基本单位

物理量名称	物理量符号	单位名称	单 位 符 号
长　度	L	米	m
质　量	m	千克（公斤）	kg
时　间	t	秒	s
电　流	I	安（安培）	A
热力学温度	T	开（开尔文）	K
物质的量	$n\ (\nu)$	摩（摩尔）	mol
发光强度	$I\ (Iv)$	坎（坎德拉）	cd

1.4　流体的主要物理性质

1.4.1　流体的基本特征

1.4.1.1　流体的概念

流体，是与固体相对应的一种物体形态，是液体和气体的总称。由大量的、不断地做热运动而且无固定平衡位置的分子构成，它的基本特征是没有固定的形状并且具有流动性。与固体相比，流体只能承受压力，一般不能承受拉力与抵抗拉伸变形。

其中，液体和气体的区别如下：

（1）气体易于压缩；而液体难于压缩。

（2）液体有一定的体积，存在一个自由液面；气体能充满任意形状的容器，无一定的体积，不存在自由液面。

1.4.1.2　流体的分类

（1）根据流体受压体积缩小的性质，流体可分为：

可压缩流体（Compressible Flow）：流体密度随压强变化不能忽略的流体（$\rho \neq$ const）。

不可压缩流体（Incompressible Flow）：流体密度随压强变化很小，流体的密度可视为常数的流体（$\rho = $const）。

注：

1）严格地说，不存在完全不可压缩的流体。

2）一般情况下的液体都可视为不可压缩流体（发生水击时除外）。

3）对于气体，当所受压强变化相对较小时，可视为不可压缩流体。

4）管路中压降较大时，应作为可压缩流体。

（2）根据流体是否具有黏性，可分为：

实际流体：指具有黏度的流体，在运动时具有抵抗剪切变形的能力，即存在摩擦力，黏度 $\mu \neq 0$。

理想流体：是指忽略黏性（$\mu = 0$）的流体，在运动时也不能抵抗剪切变形。

1.4.2 流体的密度

流体所包含的物质的量称为流体的质量，流体具有质量并受重力作用。根据牛顿第二运动定律，流体的质量 G 等于流体的质量 m 与重力加速度 g 的乘积，即：

$$G = mg \tag{1-7}$$

式中，G、m、g 的单位分别为 N（牛），kg（千克），m/s^2（米/秒^2）。流体的质量不因流体所在位置不同而改变。但重力加速度却因位置差异而有不同之值，在中纬度附近约为 $9.806m/s^2$。因此，质量相同的流体在不同的地方可能有不同的质量。

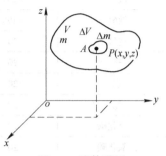

图 1-1 流体微团

如图 1-1 所示，在流体中任取一个流体微团 A，其微元体积为 ΔV，微元质量为 Δm。当微元无限小而趋近 $P(x, y, z)$ 点成为一个流体质点时，定义：

流体的密度 ρ 为：

$$\rho = \lim_{\Delta V \to 0} \frac{\Delta m}{\Delta V} = \frac{dm}{dV} \tag{1-8}$$

如果流体是均质的，则：

$$\rho = \frac{m}{V} \tag{1-9}$$

密度 ρ 在国际单位制中，量纲为 $[ML^{-3}]$，单位为 kg/m^3（千克/米^3），g/cm^3（克/厘米^3）等。

不同流体的密度各不相同，同一种流体的密度则随温度和压强而变化。各种常见流体在一个标准大气压下的密度值见表 1-2，水在一个标准大气压而温度不同时的密度值见表 1-3。

表 1-2　1 标准大气压下常见流体的物理性质

流体名称	温度/℃	密度/kg·m^{-3}	动力黏度 μ /kg·(m·s)$^{-1}$	运动黏度 ν /m^2·s^{-1}
蒸馏水	4	1000	1.52×10^{-3}	1.52×10^{-6}
海水	20	1025	1.08×10^{-3}	1.05×10^{-6}
四氯化碳	20	1588	0.97×10^{-3}	0.61×10^{-6}
汽油	20	678	0.29×10^{-3}	0.43×10^{-6}
石油	20	856	7.2×10^{-3}	8.4×10^{-6}
润滑油	20	918	440×10^{-3}	479×10^{-6}
煤油	20	808	1.92×10^{-3}	2.4×10^{-6}
酒精（乙醇）	20	789	1.19×10^{-3}	1.5×10^{-6}
甘油	20	1258	1490×10^{-3}	1184×10^{-6}
松节油	20	862	1.49×10^{-3}	1.73×10^{-6}
蓖麻油	20	960	0.961×10^{-3}	1.00×10^{-6}

流体名称	温度/℃	密度/kg·m^{-3}	动力黏度 μ /kg·(m·s)$^{-1}$	运动黏度 ν /m^2·s^{-1}
苯	20	895	0.65×10^{-3}	0.73×10^{-6}
水银	0	13600	1.70×10^{-3}	0.125×10^{-6}
液氢	−257	72	0.021×10^{-3}	0.29×10^{-6}
液氧	−195	1206	82×10^{-3}	68×10^{-6}
空气	20	1.20	1.83×10^{-5}	1.53×10^{-5}
氧	20	1.33	2.0×10^{-5}	1.5×10^{-5}
氢	20	0.0839	0.9×10^{-5}	10.7×10^{-5}
氮	20	1.16	1.76×10^{-5}	1.52×10^{-5}
一氧化碳	20	1.16	1.82×10^{-5}	1.57×10^{-5}
二氧化碳	20	1.84	1.48×10^{-5}	0.8×10^{-5}
氦	20	0.166	1.97×10^{-5}	11.8×10^{-5}
沼气	20	0.668	1.34×10^{-5}	2.0×10^{-5}

表 1-3　水在不同温度下的物理性质（1 标准大气压时）

温度 /℃	密度 ρ /kg·m^{-3}	动力黏度 μ /kg·(m·s)$^{-1}$	运动黏度 ν /m^2·s^{-1}	弹性模量 E /N·m^{-2}	表面张力 σ /N·m^{-1}
0	999.9	1.792×10^{-3}	1.792×10^{-6}	2.04×10^{9}	0.0762
5	1000.0	1.519×10^{-3}	1.519×10^{-6}	2.06×10^{9}	0.0754
10	999.7	1.308×10^{-3}	1.308×10^{-6}	2.11×10^{9}	0.0748
15	999.1	1.140×10^{-3}	1.141×10^{-6}	2.14×10^{9}	0.0741
20	998.2	1.005×10^{-3}	1.007×10^{-6}	2.20×10^{9}	0.0731
25	997.1	0.894×10^{-3}	0.897×10^{-6}	2.22×10^{9}	0.0726
30	995.7	0.801×10^{-3}	0.804×10^{-6}	2.23×10^{9}	0.0718
35	994.1	0.723×10^{-3}	0.727×10^{-6}	2.24×10^{9}	0.0710
40	992.2	0.656×10^{-3}	0.661×10^{-6}	2.27×10^{9}	0.0701
45	990.2	0.599×10^{-3}	0.650×10^{-6}	2.29×10^{9}	0.0692
50	988.1	0.549×10^{-3}	0.556×10^{-6}	2.30×10^{9}	0.0682
55	985.7	0.506×10^{-3}	0.513×10^{-6}	2.31×10^{9}	0.0674
60	983.2	0.469×10^{-3}	0.477×10^{-6}	2.28×10^{9}	0.0668
70	977.8	0.406×10^{-3}	0.415×10^{-6}	2.25×10^{9}	0.0650
80	971.8	0.357×10^{-3}	0.367×10^{-6}	2.21×10^{9}	0.0630
90	965.3	0.317×10^{-3}	0.328×10^{-6}	2.16×10^{9}	0.0612
100	958.4	0.284×10^{-3}	0.296×10^{-6}	2.07×10^{9}	0.0594

1.4.3 黏性

流体在平衡时不能抵抗剪切力，因而在平衡流体内部不存在切应力，可是在运动的状态下，其内部质点沿接触面相对运动，产生内摩擦力以抗阻流体变形。运动过程中流体所产生的这种抵抗剪切变形的性质，就是流体的黏性。

1.4.3.1 牛顿内摩擦定律

（1）牛顿内摩擦定律：液体运动时，相邻液层间所产生的切应力与剪切变形的速率成正比。即：

$$\tau = \mu \frac{\mathrm{d}u}{\mathrm{d}y} = \mu \frac{\mathrm{d}\theta}{\mathrm{d}t} \tag{1-10}$$

式中　τ——黏性切应力，是单位面积上的内摩擦力，N/m^2。

说明：1）流体的切应力与剪切变形速率，或角变形率成正比。这是区别于固体的重要特性：固体的切应力与角变形的大小成正比。

2）流体的切应力与动力黏度 μ 成正比。

3）对于平衡流体 $\mathrm{d}u/\mathrm{d}y = 0$，对于理想流体 $\mu = 0$，所以均不产生切应力，即 $\tau = 0$。

（2）牛顿平板实验。流体的绝对黏度如图 1-2 所示。

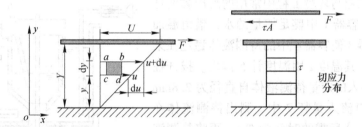

图 1-2　流体的绝对黏度

设板间的 y 向流速呈直线分布，即：

$$u(y) = \frac{U}{Y}y$$

则

$$\frac{\mathrm{d}u}{\mathrm{d}y} = \frac{U}{Y}$$

实验表明，对于大多数流体满足：$F \propto \dfrac{AU}{Y}$

引入动力黏度 m，则得牛顿内摩擦定律：

$$\tau = \frac{F}{A} = \mu \frac{U}{Y} = \mu \frac{\mathrm{d}u}{\mathrm{d}y} \tag{1-11}$$

式中，流速梯度 $\dfrac{\mathrm{d}u}{\mathrm{d}y}$ 代表流体微团的剪切变形速率。线性变化时，即 $\dfrac{\mathrm{d}u}{\mathrm{d}y} = \dfrac{U}{Y}$；非线性变化时，$\dfrac{\mathrm{d}u}{\mathrm{d}y}$ 即是 u 对 y 求导。

证明：在两平板间取一方形流体微团（如图 1-3 所示），高度为 $\mathrm{d}y$，$\mathrm{d}t$ 时间后，流体

微团从 $abcd$ 运动到 $a'b'c'd'$。

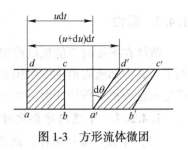

由图 1-3 得：

$$d\theta \approx \tan(d\theta) = \frac{du\,dt}{dy}$$

则

$$\frac{d\theta}{dt} = \frac{du}{dy}$$

$$\tau = \mu\frac{du}{dy} = \mu\frac{d\theta}{dt}$$

图 1-3　方形流体微团

说明：流体的切应力与剪切变形速率，或角变形率成正比。

1.4.3.2　黏度的测定

流体黏度的测定方法有两种。一种是直接测定法，借助于黏性流动理论中的某一基本公式，测量该公式中除黏度外的所有参数，从而直接求出黏度。直接测定法的黏度计有转筒式、毛细管式、落球式等，这种黏度计的测试手段比较复杂，使用不太方便。另一种方法是间接测定法，在这种方法中首先利用仪器测定经过某一标准孔口流出一定量流体所需的时间，然后再利用仪器所特有的经验公式间接地算出流体的黏度。这种方法所用的仪器简单、操作方便，故多为工业界所采用。

我国石油工业与环境工程中常用的恩氏黏度计如图 1-4 所示。容器 1 中盛足够量的水，借恒温加热器 2 及搅拌器 3 使容器 4 中的待测液体稳定在某一待测温度下，其温度 t 用温度计 5 读出。拔开柱塞 6，让事先装入的定量待测液体自直径为 2.8mm 的标准铂金孔口流入量杯 7 中，测出待测流体在 $t℃$ 下流出 200cm³ 所需的时间为 T_1s，再将待测液体换成 20℃ 的蒸馏水，测出流出 200cm³ 所需的时间为 $T_2 = 51$s，于是比值 $T_1/T_2 = r$ 称为待测流体在 $t℃$ 时的恩氏度。然后利用恩氏黏度计的经验公式：

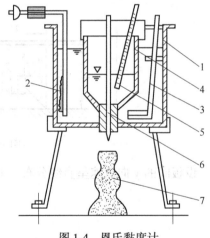

图 1-4　恩氏黏度计

$$\nu = (7.31r - \frac{6.31}{r}) \times 10^{-6}\ (m^2/s)$$

$$= 7.31r - \frac{6.31}{r}\ (mm^2/s) \qquad (1-12)$$

即可由 r 求出流体在 $t℃$ 时的运动黏度 ν。再根据 $\mu = \rho\nu$ 即可求出流体的动力黏度 μ。

1.4.3.3　黏度的变化规律

流体黏度 μ 的数值随流体种类不同而不同，并随压强、温度变化而变化。

（1）流体种类。一般地，相同条件下，液体的黏度大于气体的黏度。

（2）压强。对常见的流体，如水、气体等，μ 值随压强的变化不大，一般可忽略不计。

（3）温度。温度是影响黏度的主要因素。当温度升高时，液体的黏度减小，气体的黏度增加。

1）液体：内聚力是产生黏度的主要因素，当温度升高，分子间距离增大，吸引力减小，因而使剪切变形速度所产生的切应力减小，所以 μ 值减小。

2）气体：气体分子间距离大，内聚力很小，所以黏度主要是由气体分子运动动量交换的结果所引起的。温度升高，分子运动加快，动量交换频繁，所以 μ 值增加。

液体的动力黏度 μ 与温度的关系，可由下述指数形式表示：

$$\mu = \mu_0 e^{-\lambda(t-t_0)} \tag{1-13}$$

式中　μ_0——温度为 t_0（可取 $t_0=0$，15℃或20℃等）时液体的动力黏度；

　　　λ——温度升高时反映液体黏度降低快慢程度的一个指数，一般称为液体的黏温指数，$\lambda=0.035\sim0.052$。

气体的动力黏度 μ 与温度的关系，可由下式确定：

$$\mu = \mu_0 \frac{1+\dfrac{C}{273}}{1+\dfrac{C}{T}}\sqrt{\frac{T}{273}} \tag{1-14}$$

式中　μ_0——气体0℃时的动力黏度；

　　　T——气体的绝对温度，$T=273+t$℃，K；

　　　C——常数，几种气体的 C 值见表1-4。

表1-4　几种气体的 C 值

气体	空气	氢	氧	氮	蒸汽	二氧化碳	一氧化碳
C 值	122	83	110	102	961	260	100

几种液体与气体的动力黏度 μ 随温度的变化曲线如图1-5所示；其运动黏度 ν 随温度的变化曲线如图1-6所示。常压下不同温度时水与空气的黏度值见表1-5。

由图1-5、图1-6和表1-5可以看出，液体和气体的黏度变化规律是迥然不同的。液体的运动黏性系数随温度升高而减小，气体的运动黏性系数随温度的升高而增大。这是由于液体与气体具有不同的分子运动状态。

在液体中，分子间距小，分子间相互作用力较强，因而阻止了质点间相对滑动而产生内摩擦力，即表现为液体的黏性。当液体的温度升高时，分子间距加大，引力减弱，因而黏性降低。在气体中，分子间距大，引力弱，分子运动的自由行程大，分子间相互掺混，速度慢的分子进入慢层中，速度快的分子进入快层中，两相邻流体层间进行动量交换，从而阻止了质点间的相对滑动，呈现出黏性。而分子引力的作用，相比之下微乎其微，可以忽略不计。当气体的温度升高时，内能增加，分子运动更加剧烈，动量交换更大，阻止相对滑动的内摩擦力增大，所以黏度增大。

1.4.3.4 牛顿流体、非牛顿流体

牛顿流体（Newtonian Fluid）：是指任一点上的切应力都同剪切变形速率呈线性函数关系的流体，即遵循牛顿内摩擦定律的流体称为牛顿流体。

非牛顿流体：不符合上述条件的均称为非牛顿流体。

$$\tau = \tau_0 + \mu\left(\frac{\mathrm{d}u}{\mathrm{d}y}\right)^n$$

牛顿内摩擦定律适用于空气、水、石油等环境工程和土木工程中常用的流体。凡内摩

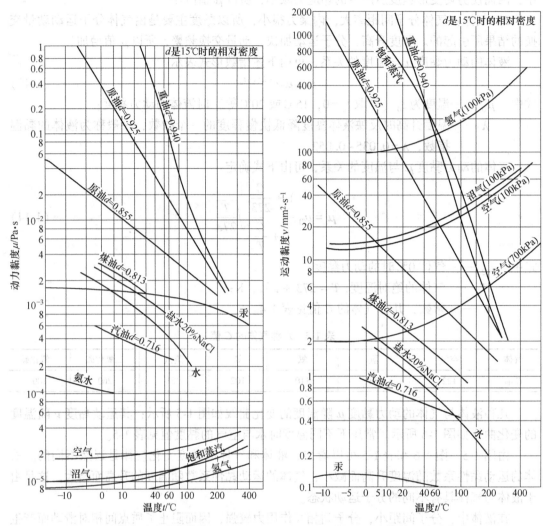

图 1-5　流体的动力黏度曲线　　　　图 1-6　流体的运动黏度曲线

表 1-5　常压下水与空气的黏度值

温度	水		空　气	
t /℃	μ /Pa·s	ν /m²·s⁻¹	μ /Pa·s	ν /m²·s⁻¹
0	1.792×10^{-3}	1.792×10^{-6}	0.0172×10^{-3}	13.7×10^{-6}
10	1.308×10^{-3}	1.308×10^{-6}	0.0178×10^{-3}	14.7×10^{-6}
20	1.005×10^{-3}	1.005×10^{-6}	0.0183×10^{-3}	15.3×10^{-6}
30	0.801×10^{-3}	0.801×10^{-6}	0.0187×10^{-3}	16.6×10^{-6}
40	0.656×10^{-3}	0.661×10^{-6}	0.0192×10^{-3}	17.6×10^{-6}
50	0.549×10^{-3}	0.556×10^{-6}	0.0196×10^{-3}	18.6×10^{-6}
60	0.469×10^{-3}	0.477×10^{-6}	0.0201×10^{-3}	19.6×10^{-6}
70	0.406×10^{-3}	0.415×10^{-6}	0.0204×10^{-3}	20.6×10^{-6}

续表 1-5

温度	水		空 气	
$t/℃$	$\mu/\text{Pa·s}$	$\nu/\text{m}^2·\text{s}^{-1}$	$\mu/\text{Pa·s}$	$\nu/\text{m}^2·\text{s}^{-1}$
80	$0.357×10^{-3}$	$0.367×10^{-6}$	$0.0210×10^{-3}$	$21.7×10^{-6}$
90	$0.317×10^{-3}$	$0.328×10^{-6}$	$0.0216×10^{-3}$	$22.9×10^{-6}$
100	$0.284×10^{-3}$	$0.296×10^{-6}$	$0.0218×10^{-3}$	$23.6×10^{-6}$

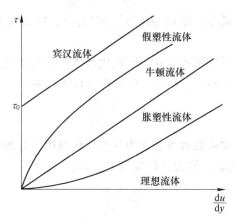

图 1-7　牛顿流体与非牛顿流体

擦力按这个定律变化的流体称为牛顿流体，否则为非牛顿流体。如图 1-7 所示，牛顿流体的切应力与速度梯度的关系可以用通过原点的一条直线表示，非牛顿流体则有三种不同的类型。

流体的分类见表 1-6。

表 1-6　流体的分类

流体类别			定　义	$\tau = \tau_0 + \mu\left(\dfrac{du}{dy}\right)^n$	实　例
理想流体			无黏性的一种假想流体	$\mu = 0$、$\tau_0 = 0$、$\tau = 0$	
实际流体	牛顿流体		有黏性、可压缩的流体 $\mu \neq 0$	满足牛顿内摩擦定律 $\tau_0 = 0$、$\mu \neq 0$、$n = 1$	水、空气、汽油、煤油、甲苯、乙醇等
	非牛顿流体	宾汉流体		$\tau_0 \neq 0$、$\mu \neq \text{const}$、$n = 1$	牙膏、泥浆、血浆等
		假塑性流体		$\tau_0 = 0$、$\mu \neq 0$、$n < 1$	橡胶、油漆、尼龙等
		膨胀性流体		$\tau_0 = 0$、$\mu \neq 0$、$n > 1$	

1.4.4　压缩性和膨胀性

流体的密度和体积会随着温度和压强的变化而改变。温度一定时，流体的体积随压强的增加而缩小的特性称为流体的压缩性；压强一定时，流体的体积随温度的升高而增大的特性称为流体的膨胀性。气体的压缩性和膨胀性较液体更为显著。

1.4.4.1 液体的压缩性和膨胀性

液体压缩性的大小以体积压缩系数 $\beta_p(m^2/N)$ 来表示，指当温度一定时，每增加单位压强所引起的体积相对变化量，即：

$$\beta_p = -\frac{\dfrac{dV}{V}}{dp} = -\frac{1}{V}\frac{dV}{dp} \tag{1-15}$$

因为压强增加，体积减小，即 dp 为正时，dV 为负，故式（1-15）右端冠以负号，使 β_p 为正。

在式（1-15）中，也可以用密度 ρ 的变化代替体积 V 的变化。因为 $\rho = m/V$，当液体的质量 m 为定值时，则 $dV = -m\rho^{-2}d\rho$，代入式（1-15）中得：

$$\beta_p = \frac{1}{\rho}\frac{d\rho}{dp} \tag{1-16}$$

由上式可知，体积压缩系数也可表示为压强变化时所引起的密度变化率。

体积压缩系数 β_p 的倒数，称为弹性模量 E，即：

$$E = \frac{1}{\beta_p} \tag{1-17}$$

液体的弹性模量与压强、温度有关。水在不同温度与压强下的弹性模量见表1-7。

表 1-7　水在不同温度与压强下的弹性模量 E   （N/m²）

温度/℃	压强/大气压				
	5	10	20	40	80
0	1.852×10^9	1.862×10^9	1.882×10^9	1.911×10^9	1.940×10^9
5	1.891×10^9	1.911×10^9	1.931×10^9	1.970×10^9	2.030×10^9
10	1.911×10^9	1.931×10^9	1.970×10^9	2.009×10^9	2.078×10^9
15	1.931×10^9	1.960×10^9	1.985×10^9	2.048×10^9	2.127×10^9
20	1.940×10^9	1.980×10^9	2.019×10^9	2.078×10^9	2.173×10^9

从表1-7中可以看出，水的弹性模量受温度及压强的影响而变化的量是很微小的。在工程中常将这种微小变化忽略不计，并近似地取水的 $E = 2.058\times10^9 N/m^2$。这样，水的体积压缩系数 $\beta_p = 1/2.058\times10^9 = 4.859\times10^{-10} m^2/N$，显然很小。所以，工程上认为水是不可压缩的。

液体膨胀性的大小用体积膨胀系数 β_t 来表示，指当压强一定时，每增加单位温度所产生的体积相对变化量，即：

$$\beta_t = \frac{\dfrac{dV}{V}}{dt} = \frac{1}{V}\frac{dV}{dt} \tag{1-18}$$

因温度增加，体积膨胀，故 dt 与 dV 同符号。

液体的膨胀系数也与液体的压强、温度有关。水在不同温度与压强下的体积膨胀系数 β_t 见表1-8。

表1-8　水在不同温度与压强下的体积膨胀系数 β_t　　　（℃$^{-1}$）

压强/大气压	温度/℃				
	1~10	10~20	40~50	60~70	90~100
1	0.14×10^{-4}	1.50×10^{-4}	4.22×10^{-4}	5.56×10^{-4}	7.19×10^{-4}
100	0.43×10^{-4}	1.65×10^{-4}	4.22×10^{-4}	5.48×10^{-4}	7.04×10^{-4}
200	0.72×10^{-4}	1.83×10^{-4}	4.26×10^{-4}	5.39×10^{-4}	—
500	1.49×10^{-4}	2.36×10^{-4}	4.29×10^{-4}	5.23×10^{-4}	6.61×10^{-4}
900	2.29×10^{-4}	2.89×10^{-4}	4.37×10^{-4}	5.14×10^{-4}	6.21×10^{-4}

从表1-8中可以看出，水的膨胀性或膨胀系数是很小的。其他液体也与水相类似，其压缩系数和膨胀系数也是很小的，所以常将液体称为不可压缩流体。

[例题1-1]　在容器中压缩一种液体。当压强为 10^6 N/m^2 时，液体的体积为1L；当压强增大为 $2×10^6$ N/m^2 时，其体积为 $995cm^3$，求此液体的弹性模量。

[解]　由式（1-17）得：

$$E = \frac{1}{\beta_p} = -\frac{dp}{\dfrac{dV}{V}} = -\frac{2×10^6 - 1×10^6}{\dfrac{995 - 1000}{1000}} = 2×10^8 \text{（N/m}^2)$$

1.4.4.2　气体的压缩性和膨胀性

压强与温度的变化，都会引起气体体积的显著变化，其密度或重度也随之改变。气体压强、温度及密度间的关系用完全气体状态方程表示，即：

$$pV = mRT \quad \text{或} \quad p = \rho RT \tag{1-19}$$

式中　p——气体的绝对压强，N/m^2；

　　　T——气体的绝对温度，K；

　　　R——气体常数，单位为 N·m/(kg·K)。其值随气体种类不同而异，可由下式确定：$R = \dfrac{摩尔气体常数}{气体的相对分子质量\ M} = \dfrac{8314}{M}$。例如，干燥空气的相对分子质量是29，则 $R = 287$；中等潮湿空气的 $R = 288$。

式（1-19）说明，一定质量的气体，其密度随压强的增加而变大，随温度的升高而减小。对于实际气体，在一般温度下，压强的变化不大时，应用式（1-19）可得正确的结果。但如果对气体强加压缩，特别是把温度降低到气体液化的程度，则不能应用式（1-19），可用相关图表。

[例题1-2]　1kg 质量的氢气，温度为 $-40℃$，密闭在 $0.1m^3$ 的容器中，求氢气的压强。

[解]　氢的相对分子质量 $M = 2.016$，则氢的气体常数 R 为：

$$R = \frac{8314}{M} = \frac{8314}{2.016} = 4124 \quad \text{（J/(kg·K)）}$$

由式（1-19）得：

$$p = \frac{m}{V}RT = \frac{1}{0.1} × 4124 × (273 - 40) = 9.6×10^6 \quad \text{（N/m}^2)$$

气体是易于被压缩的流体，一般称气体为可压缩流体。空气在 1 标准大气压时，密度随温度变化的情况见表 1-9。

表 1-9　1 标准大气压时空气的密度随温度变化情况

温度/℃	-20	0	20	40	60	80	100	200	500
密度 ρ/kg·m^{-3}	1.40	1.29	1.20	1.12	1.06	1.00	0.95	0.746	0.393

1.4.5　表面张力

1.4.5.1　表面张力的概念

按分子引力理论，分子间的引力与其距离的平方成反比，超过一定距离 R（约为 10^{-7}mm），引力很小，可略去不计，以 R 为半径的空间球域叫做分子作用球。

液体内部与液面距离大于或等于 R 的每个分子（如图 1-8 中的 a、b），受分子球内周围同种分子的作用完全处于平衡状态；但在液面下距离小于 R 的薄层内的分子（如图 1-8 中的 c、d），其分子作用球内有液体和空气两种分子。如图 1-9 所示，分子 m 距自由面 NN 的距离为 a，自由面的对称面为 $N'N'$，在 NN 与 $N'N'$ 间的全部液体分子对 m 的作用，互相抵消。而在 NN 面以上分子作用球内的空气分子，则对分子 m 施以向上的拉力，在 $N'N'$ 面以下分子作用球内的液体分子，则对分子 m 施以向下的拉力。由于液体分子力大于气体分子力，故处在此层内的分子会受到一个不平衡的分子合力 F_N。此力垂直于液面而指向液体内部，在这个不平衡的分子合力作用下，薄层内的分子都力图向液体内部收缩。假如没有容器的限制，忽略重力的影响，微小液滴都会收缩成最小表面积的球形，表面上的薄层犹如蒙在液滴上的弹性薄膜一样，紧紧向球心收拢，使得球中液体的分子运动不容易超出其表面界限。

如果将液滴剖开，取下部球台为分离体，如图 1-10 所示，由于球表面向球心收拢，故在球台剖面周线上必有张力 F_T 存在，它连续均匀分布在周线上，方向与液体的球表面相切，这种力称为液体的表面张力。表面张力的起因是液体表面层中存在着不平衡的分子合力 F_N，但表面张力 F_T 并不就是这个分子合力 F_N，它们是互相垂直的，F_N 指向液球中心，F_T 分布在液球切开的周线上，并且与液球表面相切。

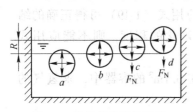
图 1-8　液体的分子作用球

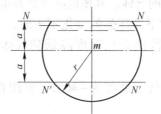
图 1-9　表面张力的产生

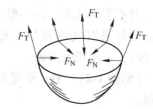
图 1-10　液体的表面张力

表面张力的大小以表面张力系数 σ 表示，是指作用在单位长度上的表面张力值，单位为 N/m（牛/米）。如果分布有表面张力的周线长为 l，则表面张力 $F_T = \sigma l$。

气体与液体间，或互不掺混的液体间，在分界面附近的分子，都受到两种介质的分子力作用。这两种相邻介质的特性，决定着分界面张力的大小及分界面的不同形状，如空气中的露珠、水中的气泡、水银表面的水银膜。在环境工程中，有时需要考虑流体表面张力的影响。例如，在湿式除尘中，为了增加水溶液对粉尘的黏附，提高除尘效率，可以在水中添加表面活性剂，来降低水溶液的表面张力。

温度对表面张力有影响。当温度由 20℃ 变化到 100℃ 时，水的表面张力由 0.073N/m 变为 0.0584N/m。几种常见液体在 20℃ 时与空气接触的表面张力 σ 值列于表 1-10。

表 1-10　几种常见液体在 20℃ 时与空气接触的表面张力

液体	表面张力 $\sigma/\text{N} \cdot \text{m}^{-1}$	液体		表面张力 $\sigma/\text{N} \cdot \text{m}^{-1}$
酒精	0.0223	原油		0.0233~0.0379
苯	0.0289	水		0.0731
四氯化碳	0.0267		在空气中	0.5137
煤油	0.0233~0.0321	水银	在水中	0.3926
润滑油	0.0350~0.0379		在真空中	0.4857

1.4.5.2　毛细管现象

表面张力不仅表现在液体与空气接触表面处，而且也表现在液体与固体接触的自由液面处。液体与固体壁接触时，液体沿壁上升或下降的现象，称为毛细管现象。如图 1-11 (a) 表示水与玻璃接触的情况，O 点的分子作用球内有玻璃、水和空气的分子，玻璃对 O 点的分子引力（也叫附着力）n_1 大于水对 O 点的分子引力（也叫内聚力）n_2，空气分子引力甚小，可忽略。于是分子作用球内对 O 点的不平衡分子合力 F_N 必然朝右下方，指向玻璃内部，液面与 F_N 的方向垂直，因而必然向上凹。周线上的表面张力 F_T 与弯液面相切，指向右上方，F_T 与管壁的夹角 θ 称为接触角，此时 $\theta < \dfrac{\pi}{2}$，这种情况也叫液体湿润管壁。油与水类似，也能湿润管壁。

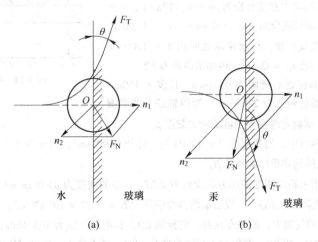

图 1-11　液体与固体接触处的分子力与表面张力
(a) 水与玻璃接触的情况；(b) 汞与玻璃接触的情况

图 1-11 (b) 表示汞与玻璃接触的情况，因为汞对 O 点的内聚力 n_2 大于玻璃对 O 点的附着力 n_1，不平衡的分子合力 F_N 朝左下方指向汞内部，液面与 F_N 垂直而向下凹，表

面张力 F_T 指向右下方，F_T 与管壁的接触角 $\theta > \dfrac{\pi}{2}$，这种情况也叫做液体不湿润管壁。

　　表面张力的数值并不大，对一般的工程流体力学问题影响很小，但是毛细管现象是使用液位计、单管式测压计等常用仪器时必须注意的。

习 题 1

1-1　求在 1 大气压下，35℃时空气的动力黏性系数 μ 及运动黏性系数 ν。

1-2　相距 10mm 的两块相互平行的板子，水平放置，板间充满 20℃的蓖麻油（动力黏度 $\mu = 0.972 \times 10^{-3}$Pa·s）。下板固定不动，上板以 1.5m/s 的速度移动，问在油中的切应力 τ 为多少？

1-3　如图 1-12 所示，底面积为 1.5m² 的薄板在液面上水平移动速度为 16m/s，液层厚度为 4mm，假定垂直于油层的水平速度为直线分布规律。如果（1）液体为 20℃的水；（2）液体为 20℃的原油。试分别求出移动平板的力多大？

1-4　如图 1-13 所示，一木块的底面积为 40cm×45cm，厚度为 1cm，质量为 5kg，沿着涂有润滑油的斜面以速度 $v = 1$m/s 等速下滑，油层厚度 $\delta = 1$mm，求润滑油的动力黏性系数 μ。

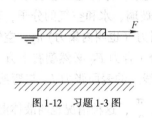

图 1-12　习题 1-3 图

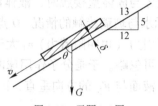

图 1-13　习题 1-4 图

1-5　如图 1-14 所示，两种不相混合的液体有一个水平的交界面 O—O，两种液体的动力黏度分别为 $\mu_1 = 0.14$Pa·s，$\mu_2 = 0.24$Pa·s；两液层厚度分别为 $\delta_1 = 0.8$mm，$\delta_2 = 1.2$mm，假定速度分布为直线规律，试求推动底面积 $A = 1000$cm² 平板在液面上以匀速 $v_0 = 0.4$m/s 运动所需的力 F？

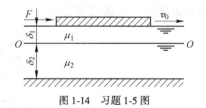

图 1-14　习题 1-5 图

1-6　直径为 76mm 的轴在通心缝隙为 0.03mm，长度为 150mm 的轴承中旋转，轴的转速为 226r/min，测得轴颈上的摩擦力矩为 76N·m，试确定缝隙中油液的动力黏度 μ。

1-7　某流体在圆筒形容器中。当压强为 2×10^6Pa 时，体积 995cm³；当压强为 1×10^6Pa 时，体积为 1000cm³。求此流体的体积压缩系数 β_p。

1-8　石油充满油箱，指示箱内压强的压力表读数为 49kPa，油的密度为 8900 kg/m³。今由油箱排出石油 40kg，箱内的压强降到 9.8kPa。设石油的弹性模量为 $E = 1.32 \times 10^6$ kN/m²，求油箱的容积。

1-9　在容积为 1.77m³ 的气瓶中，原来存在有一定量的 CO，其绝对压强为 103.4kPa，温度为 21℃。后来又用气泵输入 1.36kg 的 CO，测得输入后的温度为 24℃，试求输入后的绝对压强是多少？

1-10　如图 1-15 所示，发动机冷却水系统的总容量（包括水箱、水泵、管道、气缸水套等）为 200L。20℃的冷却水经过发动机后变为 80℃，假如没有风扇降温，试问水箱上部需要空出多大容积才能保证水不外溢？（已知水的体积膨胀系数的平均值为 $\beta_t = 5 \times 10^{-4}$℃$^{-1}$）

1-11　一采暖系统如图 1-16 所示，为了防止水温升高体积膨胀将水管及暖气片胀裂，特在系统顶部设置了一个膨胀水箱，使水有自由膨胀的余地。若系统内水的总体积为 8m³，温度最大升高为 50℃，水的温度膨胀系数为 0.0005，试问膨胀水箱最少应为多大的容积？

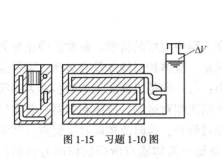

图 1-15　习题 1-10 图

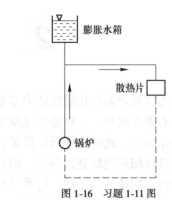

图 1-16　习题 1-11 图

2　流体静力学

流体静力学是研究静止流体的力学规律及其在工程中应用的科学。通常把静止分为绝对静止和相对静止两种，一种是以地球为参照坐标系，流体相对地球没有运动，则称流体处于绝对静止状态，此时流体所受质量力只有重力；另一种是以盛装流体的容器为参照坐标系，虽然流体相对地球是运动的，但与容器壁之间无相对运动，流体和容器一起作匀加速直线运动或等加速回转运动，这种情况称之为相对静止，这时流体同时受到重力和惯性力这两种质量力的作用。上述两种情况的共同点是每一流体质点所受的作用力都相互平衡，流体在平衡状态下所受作用力只有沿法线方向的表面力和质量力，不出现黏性力，因此，流体静力学的规律同时适用于理想流体和实际流体。

本章的主要内容是根据平衡条件来求解静止流体中压强的分布规律，掌握点压强的计算，进而确定作用于平面及曲面上的静止流体的总压力。通过本章的学习要求学生理解流体静压强及其特性，了解流体平衡微分方程式，理解其物理意义，掌握流体静压强的分布规律及点压强的计算（利用等压面），熟悉流体静压强的量测和表示方法，进而熟练掌握作用于平面壁和曲面壁上流体总压力的计算，为流体动力学建立基础。

2.1　流体静压强及其特性

2.1.1　流体静压强

在均质的静止流体中，作用在某一面积上的平均压强或某一点的压强称为流体静压强。

如图 2-1 所示，在均质的静止流体中任取一分离体，将此分离体用一平面 AB 切成 I 、II 两部分，并取走 I 部分。去掉后，要保持 II 部分的平衡，在面 AB 上必须加上原来 I 部分流体对 II 部分的作用力。

设作用在 m 点周围微小面积 ΔA 上的合力为 ΔP，根据压强的定义，其平均压强为：

$$\bar{p} = \frac{\Delta P}{\Delta A} \qquad (2\text{-}1)$$

当面积 ΔA 无限缩小到 m 点时，则得：

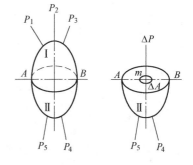

图 2-1　静止液体中的分离体

$$p = \lim_{\Delta A \to 0} \frac{\Delta P}{\Delta A} \qquad (2\text{-}2)$$

式中　p ——流体静压强；

ΔP——作用在单位面积上的力。

在国际单位制中，压力单位为 N 或 kN；流体静压强的单位为 N/m^2，也可用 Pa 或 kPa 表示。

2.1.2 流体静压强的特性

流体静压强有两个重要特性：

（1）流体静压强的方向必然重合于受力面的内法线方向。若不重合，就可分解为法线方向和切线方向上的两个力，静止时不存在切向力，故不可能。若不是内法线方向，而是外法线方向，则流体受拉力，同样不可能。

（2）平衡流体中任意点的静压强值只能由该点的坐标位置来决定，而与该静压的作用方向无关。即：平衡流体中各点的压强 p 只是位置坐标（x，y，z）的连续函数，与作用方向无关。

$$p = f(x, y, z) \qquad (2\text{-}3)$$

第（2）个特性证明如下：

设在静止流体中任取一点 o，包含 o 点作微元直角四面体 $oabc$ 为隔离体，取坐标轴如图 2-2 所示，其正交的三个面分别与 x、y、z 三个坐标轴垂直，三个边长分别为 $\mathrm{d}x$、$\mathrm{d}y$、$\mathrm{d}z$。

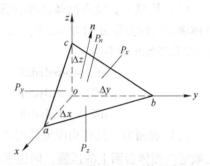

图 2-2 流体微元四面体平衡

作用在四面体上的力有表面力 Δp_x、Δp_y、Δp_z、Δp_n 和质量力 ΔG_X、ΔG_Y、ΔG_Z。质量力是指与流体微团质量大小有关并且集中作用在微团质量中心上的力，X、Y、Z 表示单位质量力在 x、y、z 轴上的投影，简称为单位质量力分力，则：

$$\Delta G_X = \frac{1}{6} X \rho \mathrm{d}x \mathrm{d}y \mathrm{d}z$$

$$\Delta G_Y = \frac{1}{6} Y \rho \mathrm{d}x \mathrm{d}y \mathrm{d}z$$

$$\Delta G_Z = \frac{1}{6} Z \rho \mathrm{d}x \mathrm{d}y \mathrm{d}z$$

因四面体静止，各方向作用力平衡，则有：$\sum F_x = 0$，$\sum F_y = 0$，$\sum F_z = 0$。

考察 x 方向的平衡有：

$$\Delta p_x - \Delta p_n \cos(n, x) + \Delta G_X = 0$$

式中，(n, x) 为倾斜平面 abc（面积 ΔA_n）的外法线方向与 x 轴夹角。以三角形 boc 面积：

$$\Delta A_x = \Delta A_n \cos(n, x) = \frac{1}{2} \mathrm{d}y \mathrm{d}z$$

除以上式得：

$$\frac{\Delta p_x}{\Delta A_x} - \frac{\Delta p_n}{\Delta A_n} + \frac{1}{3} X \rho \mathrm{d}x = 0$$

令四面体向 o 点收缩，对上式取极限，其中：

$$\lim_{\Delta A_n \to 0} \frac{\Delta p_n}{\Delta A_n} = p_n \text{ , } \lim_{\Delta A_x \to 0} \frac{\Delta p_x}{\Delta A_x} = p_x \text{ , } \lim_{dx \to 0} \frac{1}{3} X \rho dx = 0$$

于是：$p_x - p_n = 0$，$p_x = p_n$。

同理，由 $\sum F_y = 0$，$\sum F_z = 0$，可得 $p_y = p_n$，$p_z = p_n$。所以，$p_x = p_y = p_z = p_n$。

由于 o 点和 n 的方向都是任选的，因此静止流体内任一点上，压强的大小与作用面方位无关，各个方向的压强可用同一个符号 p 表示，p 只是该点坐标的连续函数。

2.2　流体的平衡微分方程

2.2.1　流体平衡微分方程

在平衡流体中取流体微团六面体，中心点为 C，该点的静压强为 $p(x，y，z)$，如图 2-3 所示。该微团在质量力和表面力的作用下处于平衡状态。

（1）质量力。设六面体的单位质量力在 x、y、z 坐标轴方向的分量分别为 X、Y、Z，则六面体的质量力 dG 在各轴的分量为：

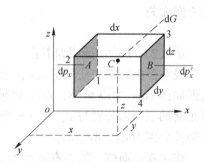

图 2-3　微元六面体受力模型

$$dG_x = \rho dx dy dz X$$
$$dG_y = \rho dx dy dz Y$$
$$dG_z = \rho dx dy dz Z$$

（2）表面力。只有周围流体对六面体的压力。故先确定六面体各面上的压强，因压强是坐标的连续函数，当坐标有微小变化时，压强也发生变化，用泰勒级数展开表示为：

$$p(x + \Delta x，y + \Delta y，z + \Delta z)$$

$$= p(x，y，z) + \left(\frac{\partial p}{\partial x} \Delta x + \frac{\partial p}{\partial y} \Delta y + \frac{\partial p}{\partial z} \Delta z \right) + \frac{1}{2!} \left(\frac{\partial^2 p}{\partial x^2} \Delta x^2 + \right.$$

$$\left. \frac{\partial^2 p}{\partial y^2} \Delta y^2 + \frac{\partial^2 p}{\partial z^2} \Delta z^2 + 2 \frac{\partial^2 p}{\partial x \partial y} \Delta x \Delta y + 2 \frac{\partial^2 p}{\partial y \partial z} \Delta y \Delta z + 2 \frac{\partial^2 p}{\partial z \partial x} \Delta z \Delta x + \cdots \right)$$

略去二阶以上无穷小量，只取展开式的前两项，则有 1-2 面及 3-4 面的中心点 A、B 处的压强，分别为：

$$p_A = p - \frac{1}{2} \frac{\partial p}{\partial x} dx \text{ , } p_B = p + \frac{1}{2} \frac{\partial p}{\partial x} dx$$

根据平衡条件，所有作用在该微团上的质量力和表面力的合力为零，故沿 x 轴方向，则：

$$dp_x - dp_x' + dG_x = 0$$

即

$$\left(p - \frac{1}{2} \frac{\partial p}{\partial x} dx \right) dy dz - \left(p + \frac{1}{2} \frac{\partial p}{\partial x} dx \right) dy dz + \rho dx dy dz X = 0$$

得：
$$-\frac{\partial p}{\partial x}\mathrm{d}x\mathrm{d}y\mathrm{d}z + \rho X \mathrm{d}x\mathrm{d}y\mathrm{d}z = 0$$

$$\left.\begin{array}{l} X - \dfrac{1}{\rho}\dfrac{\partial p}{\partial x} = 0 \\[2mm] Y - \dfrac{1}{\rho}\dfrac{\partial p}{\partial y} = 0 \\[2mm] Z - \dfrac{1}{\rho}\dfrac{\partial p}{\partial z} = 0 \end{array}\right\} \qquad (2\text{-}4)$$

同理，沿 y 轴方向得：（第二式）

沿 z 轴方向得：（第三式）

此式是由欧拉在 1755 年首先导出的，称为欧拉平衡微分方程式。表明了单位质量流体所承受的质量力和表面力沿各轴的平衡关系，即质量力分量（X、Y、Z）和表面力分量 $\left(\dfrac{1}{\rho}\dfrac{\partial p}{\partial x}, \dfrac{1}{\rho}\dfrac{\partial p}{\partial y}, \dfrac{1}{\rho}\dfrac{\partial p}{\partial z}\right)$ 是对应相等的。

平衡流体微团的质量力与表面力无论在任何方向上都应保持平衡，即质量力与该方向上表面力的合力应该大小相等，方向相反。该方程是平衡流体中普遍适用的一个基本公式，无论流体受的质量力有哪些种类，流体是否可压缩，流体有无黏性；无论是绝对平衡流体，还是相等平衡流体，都普遍适用。

2.2.2　流体平衡微分方程的积分

求在给定质量力作用下，平衡流体中压强 p 的分布规律，将欧拉平衡微分方程各式依次乘以 $\mathrm{d}x$、$\mathrm{d}y$、$\mathrm{d}z$，整理相加得：

$$\frac{\partial p}{\partial x}\mathrm{d}x + \frac{\partial p}{\partial y}\mathrm{d}y + \frac{\partial p}{\partial z}\mathrm{d}z = \rho(X\mathrm{d}x + Y\mathrm{d}y + Z\mathrm{d}z) \qquad (2\text{-}5)$$

在一般情况下，流体静压强只是坐标的函数，即 $p = f(x, y, z)$，这一多变量函数的全微分为：

$$\mathrm{d}p = \frac{\partial p}{\partial x}\mathrm{d}x + \frac{\partial p}{\partial y}\mathrm{d}y + \frac{\partial p}{\partial z}\mathrm{d}z$$

$$\mathrm{d}p = \rho(X\mathrm{d}x + Y\mathrm{d}y + Z\mathrm{d}z) \qquad (2\text{-}6)$$

此式称为欧拉平衡微分方程的综合形式，也称为压强微分公式，此式表明：压强值在空间上的变化是由质量力引起并决定的。对不可压缩流体，$\rho =$ 常量，上式的左边是压强的全微分，其右边亦应是该压强所对应的某一坐标函数的全微分，若此函数以 W 表示，则：

$$\mathrm{d}p = \rho(\mathrm{d}W) \qquad (2\text{-}7)$$

即
$$\mathrm{d}p = \rho\left(\frac{\partial W}{\partial x}\mathrm{d}x + \frac{\partial W}{\partial y}\mathrm{d}y + \frac{\partial W}{\partial z}\mathrm{d}z\right)$$

由此可以看出：
$$\left.\begin{array}{l} X = \dfrac{\partial W}{\partial x} \\[2mm] Y = \dfrac{\partial W}{\partial y} \\[2mm] Z = \dfrac{\partial W}{\partial z} \end{array}\right\} \qquad (2\text{-}8)$$

这里，函数 W 是一个决定流体质量力的函数——力的势函数。当质量力用这样的函数来表示时称为有势的质量力，简称为有势力。例如，重力、惯性力等都是有势力。

对式（2-7）积分得：

$$p = \rho W + c$$

积分常数由已知边界条件确定，当平衡流体自由表面某一点（x_0，y_0，z_0）处的压强、势函数已知时，则：

$$c = p_0 - \rho W_0 \tag{2-9}$$

即

$$p = p_0 + \rho(W - W_0) \tag{2-10}$$

此式表示了平衡流体中压强的分布规律。已知 $W = f(x, y, z)$，可求任意点的压强 p。

2.2.3 等压面

在平衡流体中，压强相等的各点所组成的面（平面或曲面）称为等压面。由 $p = C$、$dp = 0$，代入式（2-5）得：

$$X dx + Y dy + Z dz = 0 \tag{2-11}$$

可得等压面的三个性质：

（1）等压面为等势面。当 $dp = 0$ 时，$dW = 0$，$W = C$ 质量力函数等于常数的面称为等势面，故等压面也就是等势面。

（2）等压面与单位质量力垂直。由 $X dx + Y dy + Z dz = 0$ 可知，X、Y、Z 是单位质量力在各轴上的投影，dx、dy、dz 是等压面上微元长度 ds 在各轴上的投影，则 $X dx + Y dy + Z dz = 0$ 表示单位质量力 a_m 在等压面内移动微元长度 ds 时所做的功为零，即 $a_m \cdot ds = 0$，因 a_m 和 ds 均不为零，而点积为零，所以等压面与单位质量力垂直。

（3）两种不相混合液体的交界面是等压面。如图 2-4 所示，密度分别为 ρ_1 和 ρ_2 的两种不相混合的液体在容器中处于平衡状态。如果两种液体的交界面 a—a 不是等压面，则交界面上两点 A、B 的压强差从两种平衡液体中可以分别得到：

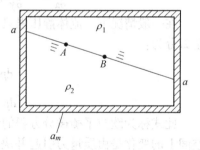

图 2-4 两种平衡液体的交界面

$$dp = \rho_1 dW$$
$$dp = \rho_2 dW$$

因为 $\rho_1 \neq \rho_2$，这组等式在 $dp \neq 0$，$dW \neq 0$ 的情况下是不可能同时成立的。只有 $dp = 0$，$dW = 0$ 时这组等式才能同时成立，因此交界面 a—a 必然是等压面。

2.3 流体静力学基本方程

在工程中最常见的情况是质量力只有重力，因此本节研究质量力只有重力，即绝对平衡流体中的压强分布规律及其计算等问题。

2.3.1 静止液体中的压强分布规律

如图 2-5 所示的重力平衡液体，单位质量力在各轴上的投影为：

$$X = 0，Y = 0，Z = -g$$

代入式（2-5），得：

$$dp = \rho(-g)dz = -\rho g dz = -\gamma dz$$

或

$$\frac{dp}{\gamma} + dz = 0$$

积分得：

$$z + \frac{p}{\gamma} = c \text{（常数）} \tag{2-12}$$

此式表示了静止液体中压强的分布规律，称为流体静力学基本方程。

对静止流体中 1、2 两点，可写成如下形式：

$$z_1 + \frac{p_1}{\gamma} = z_2 + \frac{p_2}{\gamma} \tag{2-13}$$

由式（2-13）看出：

（1）当 $p_1 = p_2$ 时，则 $z_1 = z_2$，即等压面为水平面。

（2）当 $z_2 > z_1$ 时，则 $p_1 > p_2$，即位置较低点处的压强恒大于位置较高点处的压强。

（3）当已知任一点的压强及其位置标高时，便可求得液体内其他点的压强。

2.3.2 静止液体中的压强计算和等压面

（1）压强计算。如图 2-5 所示，在静止液体中取 C 点和 D 点，并假定：D 点处于自由表面，D 点的坐标为 z_0，压强为 p_0，C 点的坐标为 z，压强为 p，将式（2-12）进行转换，得：

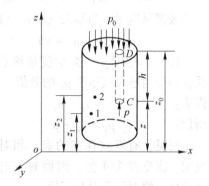

$$z + \frac{p}{\gamma} = c \Rightarrow p = -\gamma z + c$$

积分常数：

$$c = p_0 + \gamma z_0$$

因此：

$$p = p_0 + \gamma(z_0 - z)$$

式中，$z_0 - z$ 表示液体质点在自由表面以下的深度。若用 h 表示，上式可写成：

图 2-5 重力平衡液体

$$p = p_0 + \gamma h \tag{2-14}$$

式（2-14）为静止液体中的压强计算公式，该式的意义是静止流体中任一点 c 处的压强 p 等于表面压强 p_0 与液柱质量 γh 之和。该式表明：在同一均质静止液体中，任意位置处的压强是随其所处深度变化而增减的。在液面以下深度 h 越大，其所具有的压强 p 也越大。

（2）等压面。因为平衡流体的等压面垂直于质量力，而静止液体中的质量力只有重力，故静止液体中的等压面必然为水平面。

对于任意形式的连通器，在紧密连续而又属同一性质的静止的均质液体中，深度相同的点，其压强必然相等。如图 2-6 所示，有：$p_1 = p_2$、$p_3 = p_4$、$p_C = p_D$；而 $p_1 \neq p_3$、$p_2 \neq p_4$，因为 A、B 两容器中的液体既不相连，也不是同一性质的

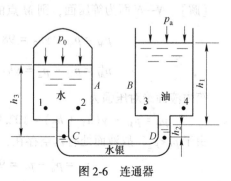

图 2-6 连通器

液体。

[**例题 2-1**]　在如图 2-6 所示静止液体中，已知：$p_a = 98\text{kN/m}^2$，$h_1 = 1\text{m}$，$h_2 = 0.2\text{m}$，油的 $\gamma_{\text{oil}} = 7450\text{N/m}^3$，水银的 $\gamma_M = 133\text{kN/m}^3$，$C$ 点与 D 点同高，求 C 点的压强。

[**解**]　D 点压强为：

$$p_D = p_a + \gamma_{\text{oil}} h_1 + \gamma_M h_2$$
$$= 98 + 7.45 \times 1 + 133 \times 0.2 = 132.05\text{kN/m}^2$$

C 点与 D 点同高且在同一连续液体中，因此两者压强相等，即：

$$p_C = p_D = 132.05\text{kN/m}^2$$

2.3.3　绝对压强、相对压强和真空度

压强 p 值的大小，从不同基准计算有不同的表达方法。实际计算中常采用两种计量方法：绝对压强和相对压强。

（1）绝对压强 p。以设想没有大气存在的绝对真空状态作为零点（起量点）计量的压强，它表示该点压强的全部值。

$$p = p_a + \gamma h \tag{2-15}$$

（2）相对压强 p'。以当时当地大气压强 p_a 作为零点计量的压强，也称为表压强（测压仪表都是以当时当地大气压强为起点测定的，测压仪表测出的是相对压强）。

$$p' = p - p_a = \gamma h \tag{2-16}$$

（3）真空度 p_v。真空度是该点绝对压强 p 小于当地大气压强 p_a 的数值。

因为：　　$p = p_a - p_v$

所以：　　$p_v = p_a - p$　　　(2-17)

可见，有真空存在的点，相对压强为负值，真空度为正值，因而真空有时也称为负压，绝对压强总是正值。

绝对压强、相对压强和真空度的关系如图 2-7 所示。

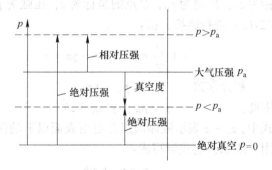

图 2-7　绝对压强、相对压强与真空度的关系

[**例题 2-2**]　如图 2-8 所示，为一封闭水箱，已知箱内水面到 N—N 面的距离 $h_1 = 0.2\text{m}$，N—N 面到 M 点的距离 $h_2 = 0.5\text{m}$，求点 M 的绝对压强和相对压强。箱内液面 p_0 为多少？箱内液面处若有真空求其真空度。

[**解**]　N—N 面为等压面，则 M 点的压强为：

$$p_M = p_a + \gamma h_2 = 98 + 9.8 \times 0.5 = 102.9\text{kN/m}^2$$

$$p'_M = p_M - p_a = \gamma h_2 = 9.8 \times 0.5 = 4.9\text{kN/m}^2$$

箱内液面绝对压强为：

$$p_0 = p_M - \gamma(h_1 + h_2) = 102.9 - 9.8 \times (0.2 + 0.5) = 96.04\text{kN/m}^2$$

由于 $p_0 < p_a$，故液面处有真空存在，真空度为：

$$p_v = p_a - p_0 = 98 - 96.04 = 1.96\text{kN/m}^2$$

2.3.4 流体静力学基本方程的几何意义与能量意义

如图 2-9 所示，以水平面 O—O 作为基准面，在贮有静止液体的容器中取任意点 A、B、C、D，在 A、B 点各接一支敞开通大气的测压管，C、D 点各接一支上端封闭且内部完全真空的玻璃管。

（1）几何意义。z_A、z_B、z_C、z_D 表示点 A、B、C、D 所在位置距基准面 O—O 的垂直高度，称为位置水头。

$\dfrac{p'_A}{\gamma}$、$\dfrac{p'_B}{\gamma}$ 分别表示点 A、B 处的液体在压强作用下沿顶端敞口的测压管能够上升的高度，测压管高度或称相对压强高度。

$\dfrac{p_C}{\gamma}$、$\dfrac{p_D}{\gamma}$ 分别表示点 C、D 处的液体在压强作用下沿顶端封口（内部完全真空）的玻璃管能够上升的高度，静压高度或绝对压强高度。

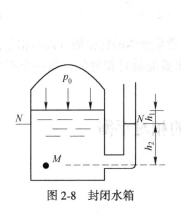

图 2-8　封闭水箱

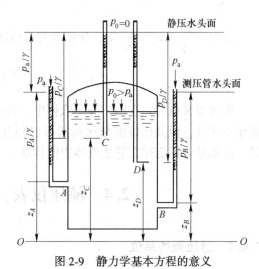

图 2-9　静力学基本方程的意义

相对压强高度与绝对压强高度，均称为压强水头。

位置高度与测压管高度之和 $z_A + \dfrac{p'_A}{\gamma}$，称为测压管水头。

位置高度与静压高度之和 $z_C + \dfrac{p_C}{\gamma}$，称为静压水头。

$$z_A + \frac{p'_A}{\gamma} = z_B + \frac{p'_B}{\gamma} \ \text{及}\ z_C + \frac{p_C}{\gamma} = z_D + \frac{p_D}{\gamma} \tag{2-18}$$

几何意义说明：1）静止液体中各点位置水头和测压管高度可以相互转换，但各点测压管水头却永远相等，即敞口测压管最高液面处于同一水平面——测压管水头面。2）静止液体中各位置水头和静压高度亦可以相互转换，但各点静压水头永远相等，即闭口的玻璃管最高液面处在同一水平面——静压水头面。

（2）能量意义（物理意义）。如图 2-9 所示，设 A 处质点的质量为 M，则 A 处的液体质点具有的位置势能为 Mgz_A，具有的压力势能为 $Mg\dfrac{p'_A}{\gamma}$，位置势能与压力势能之和称为总势能，故 A 点对基准面 O—O 具有总势能为：

$$Mg\left(z_A + \frac{p'_A}{\gamma}\right)$$

对于单位质量液体的总势能有：

$$\frac{Mg\left(z + \dfrac{p}{\gamma}\right)}{Mg} = z + \frac{p}{\gamma} \tag{2-19}$$

式中　z——比位能，表示单位质量液体对基准面 O—O 的位能；

$\dfrac{p}{\gamma}$——比压能，表示单位质量液体所具有的压力能；

$z + \dfrac{p}{\gamma}$——比势能，表示单位质量液体对基准面具有的势能。

由 $z_1 + \dfrac{p_1}{\gamma} = z_2 + \dfrac{p_2}{\gamma}$ 知：比位能与比压能可以相互转化，比势能总是相等的常量。

$$z_A + \frac{p'_A}{\gamma} = z_B + \frac{p'_B}{\gamma} \ \text{及} \ z_C + \frac{p_C}{\gamma} = z_D + \frac{p_D}{\gamma} \tag{2-20}$$

能量意义说明：在同一静止液体中，各点处单位质量液体的比位能可以不相等，比压能也不相同，但其比位能与比压能可以相互转化，比势能总是相等的，是一个不变的常量，是能量守恒定律在静止液体中的体现。

2.4　测压仪表、液体的相对平衡

2.4.1　静压强的单位

工程上表示流体静压强大小的单位常用的有三种：

（1）应力单位。以单位面积上的受力表示，单位 N/m^2（Pa）或 kN/m^2（kPa），多用于理论计算。

（2）液柱高单位。因为压强与液柱高度存在下述关系 $p = \gamma h$，故将应力单位的压强除以 γ 即为该压强的液柱高度。测压计中常用水或水银做工作介质，故单位有米水柱（mH_2O）、毫米汞柱（mmHg），该单位来源于实验测定，多用于实验室计量、通风、排水等工程测量中。

（3）大气压单位。标准大气压（atm）是指在北纬 45°海平面上温度为 15℃时测定的数值。

1 标准大气压（atm）$= 760mmHg = 1.01325 \times 10^5 Pa = 10.3 mH_2O$

工程上为计算方便，通常不计小数，以工程大气压作为计算压强单位，所以工程大气压比标准大气压数值小些，即：

1 工程大气压 $= 735.6mmHg = 9.8 \times 10^4 Pa = 10 mH_2O$

该单位多用于机械行业，因为在高压下，水柱或汞柱单位表示数值太大不易计算、记录。

"大气压"与"大气压强（Pa）"是两个不同的概念，切勿混淆。大气压是计算压强的一种单位，是固定不变的。大气压强是指某空间大气的压强，其量随此空间海拔高度和温度的变化而变化，有时高于 1 个大气压，有时小于 1 个大气压，虽然有时大气压强（Pa）= 1 大气压，但不能理解大气压强等于大气压。若大气压强的数值没给出，则按 1 大气压考虑。

[**例题 2-3**] 水体中某点压强产生 6m 的水柱高度，则该点的相对压强为多少？相当于多少标准大气压和工程大气压？

[**解**] 该点的相对压强为：$p = \gamma h = 9800 \times 6 = 58800\text{Pa} = 58.8\text{kPa}$

标准大气压的倍数：$\dfrac{p}{p_{\text{atm}}} = \dfrac{58800}{1.013 \times 10^5} = 0.58$

工程大气压的倍数：$\dfrac{p}{p_{\text{at}}} = \dfrac{58800}{98000} = 0.59$

2.4.2 测压仪表

测压仪表的类型很多，但一般在量程大小和计量精度上有些许差别。按所测压强高于或低于大气压强可分为压强计和真空计；按作用原理可分为液柱式压力计、金属压力表和电测式压力计。由于电测式压力计与流体力学基本理论联系不大，故在此只介绍液柱式和金属式压力计。

（1）液柱式压力计。液柱式压力计是依据流体静力学基本方程 $z + \dfrac{p}{\gamma} = c \Rightarrow p = p_0 + \gamma h$
制成的，因仪表结构和测量目的不同，又分为如下五种：

1）测压管。直接用同样液体的液柱高度来测量液体中静压强的仪器，通常在待测压强处，直接连一根顶端开口直通大气、直径为 5~10mm 的玻璃管，即为测压管，如图 2-10 所示。

其测压原理为：

$$p' = \gamma h'$$

式中　p'——被测点相对压强；

　　　h'——测压管内液柱高度。

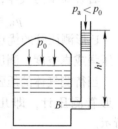

图 2-10　测压管图

其优点在于比较精确，直观；缺点是测量范围较小，通常用于测量小于 0.2 工程大气压的压强。

2）真空计。如图 2-11 所示，容器 D 中的液面压强小于大气压，$p_0 + \gamma h_{\text{v}} = p_{\text{a}}$，测出液柱高度 h_{v}，便可计算出容器中自由液面处的真空度。

3）倾斜微压计（倾斜测压管）。为提高测量精度，将测压管改为图 2-12 所示的形式，称为倾斜微压计，用于测量 p_1、p_2 的压差。

$$p_1 = p_2 + \gamma h \approx p_2 + \gamma l \sin\theta$$

通常，θ 为固定值，若量取了 l 值，即可计算出压强。

4）U 形测压管。为克服测压管的测量范围，常用 U 形测压管（真空计）来测量 3 个大气压以内的压强。

如图 2-13（a）所示为用来测量液体压强的 U 形测压管，图 2-13（b）为用来测量气体压强的 U 形测压管。

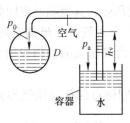

图 2-11　真空计

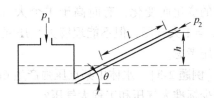

图 2-12　倾斜微压计

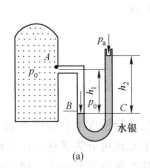

(a)

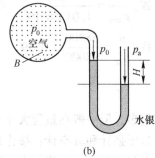

(b)

图 2-13　U 形测压管

（a）液体；（b）气体

若容器中为液体，则 A 点处的绝对压强为：

$$p_A = p_a + \gamma_2 h_2 - \gamma_1 h_1$$

若容器中为气体，则容器 B 中的相对压强为：

$$p'_B = p_a - p_0 = \gamma_M H$$

U 形测压管的优点在于可用较短的测管来测定较大的压强或真空度。测压范围小于 3 个大气压。

当待测气体的压强大于 3 个大气压时，可采用多支 U 形管测压计，即几个 U 形管的组合物，如图 2-14 所示。

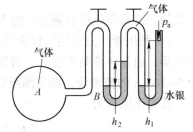

图 2-14　多支 U 形管测压计

如果容器 A 中是气体，U 形管上部接头处充满气体，气体质量影响可以忽略不计，容器 A 中气体的相对压强为：

$$p'_A = p_a + \gamma_M h_1 + \gamma_M h_2$$

如果容器 A 中是水，U 形管上部接头处也充满水，则图中 B 点处的绝对压强为：

$$p_B = p_a + \gamma_M h_1 + (\gamma_M - \gamma_W) h_2$$

求出 B 点的压强后，可推算容器 A 中的任意一点处的压强。

5）差压计。在工程实际中，有时候不需要具体知道某点压强的大小，而只要知道某两点的压差即可，测量两点压强差的仪器叫差压计。如图 2-15 所示容器为测量 A、B 两个容器中 1 点与 2 点之间的压强差的差压计，经分析计算可得 1、2 两点的压强差为：

$$\Delta p = p_1 - p_2 = \gamma_M h_c + \gamma_{oil} h_b - \gamma_W h_a$$

（2）金属压力表。金属压力表用于测定较大的压强，常用的是一种弹簧测压计。其优点是携带方便、装置简单、安装容易、测读方便、经久耐用等，是测量压强的主要仪器。

它的工作原理是利用弹簧元件在被测压强作用下产生弹簧变形带动指针指示压力。图 2-16 是金属压力表的外观和内部结构图，其内装有一端开口，一端封闭端面为椭圆形的镰刀形黄铜管，开口端与被测定压强的液体连通，测压时，由于压强的作用，黄铜管随着压强的增加而发生伸展，从而带动扇形齿轮使指针偏转，把液体的相对压强值在表盘上显示出来。

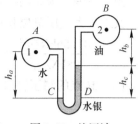

图 2-15　差压计

[**例题 2-4**]　如图 2-17 所示，一密封水箱，若水面上的相对压强为-44.5kN/m^2，当地大气压为98kN/m^2。求：（1）h 值；（2）水下 0.3m 处 M 点的压强，要求分别用绝对压强、相对压强、真空度、水柱高及工程大气压表示；（3）M 点相对于基准面 O—O 的测压管水头。

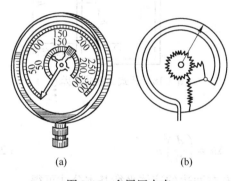

图 2-16　金属压力表

（a）外观；（b）内部结构

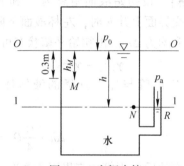

图 2-17　密闭水箱

[**解**]　（1）求 h 值：

在等压面 1—1 处：

$$p_N = p_R = p_a$$
$$p_0 = p_a - \gamma h, \quad p_0' = p_0 - p_a = -\gamma h$$

$$h = -\frac{p_0'}{\gamma} = -\frac{-44.5}{9.8} = 4.54\text{m}$$

（2）求 p_M：

M 点的相对压强为：

$$p_M' = p_0' + \gamma h_M = -44.5 + 9.8 \times 0.3 = -41.56\text{kN/m}^2$$

其工程大气压单位和水柱高单位的表示分别为：

$$\frac{-41.56\text{kN/m}^2}{98\text{kN/m}^2} \times 1\text{at} = -0.424\text{at}, \quad \frac{-41.56\text{kN/m}^2}{98\text{kN/m}^2} \times 10\text{mH}_2\text{O} = -4.24\text{mH}_2\text{O}$$

M 点的绝对压强为：

$$p_M = p_M' + p_a = -41.56 + 98 = 56.44\text{kN/m}^2$$

其工程大气压单位和水柱高单位的表示分别为：

$$\frac{56.44\text{kN/m}^2}{98\text{kN/m}^2} \times 1\text{at} = 0.576\text{at}, \quad \frac{56.44\text{kN/m}^2}{98\text{kN/m}^2} \times 10\text{mH}_2\text{O} = 5.76\text{mH}_2\text{O}$$

用真空度表示为：$p_v = -p'_M = 41.56\text{kN/m}^2$。

其工程大气压单位和水柱高单位的表示分别为：

$$\frac{41.56\text{kN/m}^2}{98\text{kN/m}^2} \times 1\text{at} = 0.424\text{at}, \quad \frac{41.56\text{kN/m}^2}{98\text{kN/m}^2} \times 10\text{mH}_2\text{O} = 4.24\text{mH}_2\text{O}$$

（3）M 点的测压管水头：

$$z_M + \frac{p'_M}{\gamma} = -0.3 + \frac{-41.56}{9.8} = -4.54\text{m}$$

[例题 2-5] 如图 2-18 所示的杯式二液式微差计。已知：U 形管直径 $d = 5\text{mm}$，杯直径 $D = 50\text{mm}$，酒精 $\gamma_1 = 8500\text{N/m}^2$，煤油 $\gamma_2 = 8130\text{N/m}^2$。求交界面升高 $h = 280\text{mm}$ 时的压强差 Δp。

[解] 设初始液面距离为 h_1 和 h_2。当 U 形管中交界面上升 h 时，左杯液面下降及右杯液面上升均为 Δh。由初始平衡状态可知：

$$\gamma_1 h_1 = \gamma_2 h_2 \tag{1}$$

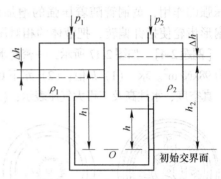

图 2-18 杯式二液式微差计

由 U 形管与杯中升降的液体体积相等，可得：

$$\Delta h \cdot \frac{\pi}{4}D^2 = h \cdot \frac{\pi}{4}d^2, \quad \Delta h = \left(\frac{d}{D}\right)^2 h \tag{2}$$

以变动后 U 形管中交界面为基准，分别列出左右两边的液体平衡基本公式可得：

$$p_1 + \gamma_1(h_1 - \Delta h - h) = p_2 + \gamma_2(h_2 + \Delta h - h)$$

将式（1）、（2）代入后整理，可得：

$$\Delta p = p_1 - p_2 = \left[\gamma_1 - \gamma_2 + (\gamma_1 + \gamma_2)\left(\frac{d}{D}\right)^2\right]h$$

$$= \left[8500 - 8130 + (8500 + 8130)\left(\frac{5}{50}\right)^2\right] \times 0.28 = 150.2\text{Pa}$$

或换算成水柱高单位，则：

$$h_{水柱} = \frac{\Delta p}{\gamma_W} = \frac{150.2}{9800} = 0.015\text{mH}_2\text{O} = 15\text{mmH}_2\text{O}$$

由计算结果要测量的压强只有 15mm 水柱之微，而用微压计却可以得到 280mm 的读数，这充分显示出微压计的放大效果。U 形管与杯直径之比及两种液体的重度差越小，则放大效果越显著。

2.5 静止液体作用在壁面上的总压力

应用平衡流体中压强的分布规律，可以解决工程上的实际计算问题，如计算水箱、密封容器、管道、锅炉、水池、路基、港口建筑物（堤坝、水闸）、储油设施（油箱、油罐）、液压油缸、活塞及各种形状阀门以及液体中潜浮物体的受力等，液体对壁面的总压力（包括力的大小、方向和作用点）。下面分别介绍平面壁和曲面壁上总压力的计算方法。

2.5.1　作用在平面壁上的总压力

　　设一水坝（平面壁 CA）与水平面成倾角 α，将水拦蓄在其左侧，如图 2-19 所示，其左面受液体压力，右面及液体自由表面均有大气压强。取如图所示的坐标系，将平面壁绕 z 轴旋转 $90°$，绘在右下方。

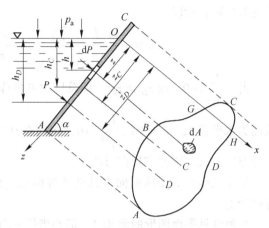

图 2-19　平面壁上的总压力

　　（1）总压力的方向。液体作用在平面壁上的总压力为平面壁上所受液体静压强的总和，因此，总压力的方向重合于平面壁的内法线，即 $P \perp CA$。

　　（2）总压力的大小。在平面壁上取微元面积 dA，并假定其形心位于液面以下 h 深处，其形心处的压强为：

$$p = p_a + \gamma h$$

微元面积 dA 上总压力为：

$$dp = (p_a + \gamma h)dA$$

将上式对整个受压面积 $GBADH$ 进行积分，可得：

$$P = \int_A (p_a + \gamma z \sin\alpha)dA = p_a A + \gamma \sin\alpha \int_A z dA$$

由理论力学知，$\int_A z dA$ 是面积 $GBADH$ 绕 x 轴的静力矩，其值为 $z_C A$。其中 z_C 是面积 A 的形心 C 到 x 轴的距离，则此平面壁上的总压力为：

$$P = p_a A + \gamma h_C A$$

由于平面壁 $GBADH$ 左右均承受 p_a 的作用，相互抵消其影响，则总压力 P 的实际算式为：

$$P = \gamma h_C A \tag{2-21}$$

式中　h_C——受压面积 $GBADH$ 的形心 C 在自由液面以下的深度。

　　静止液体作用在任意形状平面壁上的总压力 P 为受压面积 A 与其形心处液体的静压强 γh_C 的乘积。也可理解为一假想体积的液重，即以受压面积 A 为底，其形心处深度 h_C 为高的这样一个体积所包围的液体质量。它的作用方向为受压面的内法线方向。

　　（3）总压力的作用点。总压力的作用点，又称压力中心，用 D 来表示，其坐标为 z_D，在液面以下的深度为 h_D。由理论力学知，合力对于任一轴的力矩等于其分力对于同一轴的力矩之和，即：

$$P z_D = \int_A rhz dA = \int_A rz^2 \sin\alpha dA = r \sin\alpha \int_A z^2 dA$$

式中，$\int_A z^2 dA = I_x$ 为受压面积 $GBADH$ 对 x 轴的惯性矩，总压力 $P = rh_C A$，因此：

$$rh_C A z_D = r\sin\alpha I_x , \quad z_D = \frac{\sin\alpha I_x}{h_C A}$$

根据惯性矩移轴定律得 $I_x = I_C + z_C^2 A$，I_C 为受压面积对通过其形心 C 且与 x 轴平行的轴的惯性矩，所以：

$$z_D = \frac{\sin\alpha(I_C + z_C^2 A)}{h_C A} = \frac{\sin\alpha(I_C + z_C^2 A)}{z_C \sin\alpha A} = z_C + \frac{I_C}{z_C A} \tag{2-22}$$

由于 $\dfrac{I_C}{z_C} \geq 0$，故 $z_D \geq z_C$，即总压力 P 的作用点 D 一般在受压形心 C 之下。只有当受压面为水平面，$z_C \to \infty$ 时，$\dfrac{I_C}{z_C A} \to 0$，作用点 D 才与受压形心 C 重合。即当受压面上压强均匀分布时，其总压力作用在形心上。

实际工程中的受压壁面大都是轴对称面（此轴与 z 轴平行），P 的作用点 D 必位于此对称轴上。

几种常见平面图形的面积 A、形心坐标 z_C 和惯性矩 I_C，见表 2-1。

表 2-1　几种常见平面图形的 A、z_C、I_C 值

平面形状		面积 A	形心坐标 z_C	惯性矩 I_C
矩形		bh	$\dfrac{1}{2}h$	$\dfrac{1}{12}bh^3$
三角形		$\dfrac{1}{2}bh$	$\dfrac{2}{3}h$	$\dfrac{1}{36}bh^3$
圆形		$\dfrac{1}{4}\pi d^2$	$\dfrac{d}{2}$	$\dfrac{\pi}{64}d^4$
半圆形		$\dfrac{1}{8}\pi d^2$	$\dfrac{2d}{3\pi}$	$\dfrac{1}{16}\left(\dfrac{\pi}{8} - \dfrac{8}{9\pi}\right)$
梯形		$\dfrac{h}{2}(a+b)$	$\dfrac{h}{3}\left(\dfrac{a+2b}{a+b}\right)$	$\dfrac{h^3}{36}\left(\dfrac{a^2+4ab+b^2}{a+b}\right)$
椭圆形		$\dfrac{1}{4}bh$	$\dfrac{h}{2}$	$\dfrac{\pi}{64}bh^3$

[**例题 2-6**] 如图 2-20 所示，一水池闸门。已知：宽 $B = 2\text{m}$，水深 $h = 1.5\text{m}$。求作用在闸门上的总压力的大小及作用点位置。

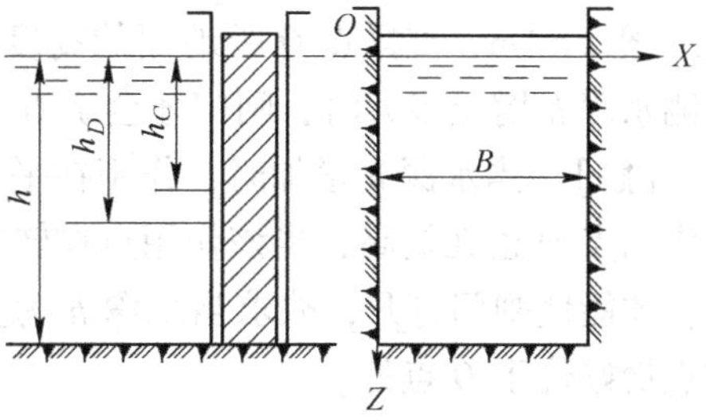

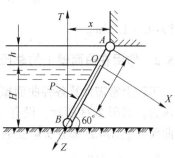

图 2-20 水池闸门

[**解**] 已知 $z_C = h_C = \dfrac{1}{2}h$，$A = Bh$，由式 $P = \gamma h_C A$ 得：

$$P = \gamma h_C A = \gamma \cdot \frac{1}{2}h \cdot Bh$$

$$= 9800 \times \frac{1}{2} \times 1.5 \times 2 \times 1.5$$

$$= 22050\text{N} = 22.1\text{kN}$$

矩形的惯性矩 $I_C = \dfrac{1}{12}Bh^3$

由式 $z_D = z_C + \dfrac{I_C}{z_C A}$ 得总压力的作用点：

$$z_D = z_C + \frac{I_C}{z_C A} = h_C + \frac{I_C}{h_C A} = \frac{1}{2}h + \frac{\frac{1}{12}Bh^3}{\frac{1}{2}h \cdot Bh} = \frac{1}{2} \times 1.5 + \frac{\frac{1}{12} \times 2 \times 1.5^3}{\frac{1}{2} \times 1.5 \times 2 \times 1.5} = 1\text{m}$$

[**例题 2-7**] 如图 2-21 所示，倾斜闸门 AB，宽度 $B = 1\text{m}$，A 处为铰链轴，整个闸门可绕此轴转动。水深 $H = 3\text{m}$，$h = 1\text{m}$，闸门自重及铰链中的摩擦力不计。求升起此闸门时所需垂直向上的力。

[**解**] 由式 $P = \gamma h_C A$ 得闸门受液体的总压力：

$$P = \gamma h_C A = \gamma \cdot \frac{1}{2}H \cdot B \cdot \frac{H}{\sin 60°}$$

$$= 9800 \times \frac{1}{2} \times 3 \times 1 \times \frac{3}{\sin 60°} = 50922\text{N} = 50.92\text{kN}$$

图 2-21 倾斜闸门

由式 $z_D = z_C + \dfrac{I_C}{z_C A}$ 得总压力的作用点到铰链轴 A 的距离为：

$$l = \frac{h}{\sin 60°} + \left(z_C + \frac{I_C}{z_C A}\right) = \frac{h}{\sin 60°} + \left[\frac{\frac{1}{2}H}{\sin 60°} + \frac{\frac{1}{12}B\left(\frac{H}{\sin 60°}\right)^3}{\frac{1}{2}\frac{H}{\sin 60°} \times B \times \frac{H}{\sin 60°}}\right] = 3.464\text{m}$$

由图可看出，$x = \dfrac{H + h}{\tan 60°} = 2.31\text{m}$。

根据力矩平衡，闸门刚转动时，力 P、T 对铰链的力矩代数和为零，即：

$$\sum M_A = Pl - Tx = 0$$

故：

$$T = \frac{Pl}{x} = \frac{50.92 \times 3.464}{2.31} = 76.36\text{kN}$$

[**例题 2-8**]　如图 2-22 所示，一平板闸门，高 $H =$ 1m，宽 $b = 1$m，支撑点 O 距地面的高度 $a = 0.4$m，问当右侧水深 h 增至多大时，闸门才会绕 O 点自动打开？

[**解**]　当水深 h 增加时，作用在平板闸门上静水压力作用点 D 也在提高，当该作用点在转轴中心 O 处上方时，才能使闸门打开，故求当水深 h 为多大，水压力作用点恰好位于 O 点处。

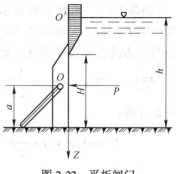

图 2-22　平板闸门

由公式 $z_D = z_C + \dfrac{I_C}{z_C A}$，其中 $z_D = z_0 = h - a$，$z_C = h - \dfrac{H}{2}$

$A = bH = 1 \times H = H$，$I_C = \dfrac{1}{12} bH^3 = \dfrac{1}{12} \times 1 \times H^3$

$= \dfrac{1}{12} H^3$

代入得：

$$h - a = \left(h - \frac{H}{2} \right) + \frac{\dfrac{1}{12} H^3}{\left(h - \dfrac{H}{2} \right) H}$$

$$h - 0.4 = (h - 0.5) + \frac{\dfrac{1}{12} \times 1^3}{(h - 0.5) \times 1}$$

解得：$h = 1.33$m。

2.5.2　作用在曲面壁上的总压力

工程上常需计算各种曲面壁（例如圆柱形轴瓦、球形阀、连拱坝坝面等）上的液体总压力。如图 2-23 所示，设有一连拱坝坝面（二向曲面壁）$EFBC$ 左边承受水压，现确定此曲面壁上 $ABCD$ 部分所承受的总压力。

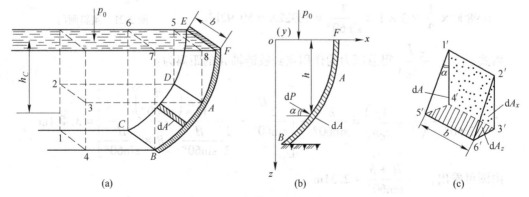

图 2-23　二向曲面壁上的总压力

(a) 二向曲面壁 $EFBC$ 左边承受水压；(b) 二向曲面在 xoz 平面上的投影；(c) xoz 平面上的微元面积 dA

（1）微元面积 dA 的作用力。在曲面上沿曲面母线方向取微元面积 dA，其形心在液面以下的深度为 h，则此微元面积上所承受的压力为：

$$dP = \gamma h dA$$

（2）总压力的分解。设 α 为微元面积 dA 法线与水平线夹角，则可将 dP 分解为：

$$\left.\begin{array}{l} dP_z = dP\sin\alpha = \gamma h dA\sin\alpha \\ dP_x = dP\cos\alpha = \gamma h dA\cos\alpha \end{array}\right\}$$

因为 $dA\sin\alpha = dA_z$ 为 dA 在 xoy 面上的投影面积（即垂直于 z 轴的微元投影面积）；$dA\cos\alpha = dA_x$ 为 dA 在 yoz 面上的投影面积（即垂直于 x 轴的微元投影面积）。

则：

$$\left.\begin{array}{l} dP_z = \gamma h dA_z \\ dP_x = \gamma h dA_x \end{array}\right\}$$

将上式沿曲面 $ABCD$ 相应的投影面积积分，得作用在曲面上总压力 P 的垂直分力和水平分力为：

$$\left.\begin{array}{l} P_z = \int_{A_z} \gamma h dA_z = \gamma \int_{A_z} h dA_z \\ P_x = \int_{A_x} \gamma h dA_x = \gamma \int_{A_x} h dA_x \end{array}\right\} \tag{2-23}$$

式中，$\int_{A_z} h dA_z$ 为曲面 $ABCD$ 以上的液体体积，即体积 $ABCD$ 5678，称为"实压力体"，用 V 表示之，故总压力 P 的垂直分力为：

$$P_z = \gamma V \tag{2-24}$$

式中，P_z 的方向取决于液体及压力体与受压曲面之间的相互位置，见图 2-24。

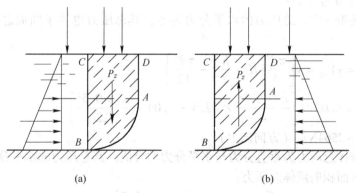

图 2-24 P_z 的方向
（a）实压力体；（b）虚压力体

"实压力体"或"正压力体"——液体和压力体位于曲面同侧，P_z 方向向下。

"虚压力体"或"负压力体"——液体和压力体位于曲面异侧，P_z 方向向上。

积分式 $\int_{A_x} h dA_x = h_0 A_x$ 为曲面 $ABCD$ 的垂直投影面积（即面积 1234）绕 y 轴的静力矩。h_0 为投影面积 A_x 的形心在水面下的深度。

所以，总压力 P 的水平分力为：

$$P_x = \gamma h_0 A_x \tag{2-25}$$

可以看出：曲面 $ABCD$ 所承受的垂直压力 P_z 恰为体积 $ABCD$ 5678 内的液体质量，其作用点为压力体 $ABCD$ 5678 的重心。曲面 $ABCD$ 所承受的水平压力 P_x 为该曲面的垂直投影面积 A_x 上所承受的压力，其作用点为这个投影面积 A_x 的压力中心。

（3）总压力。液体作用在曲面上的总压力：

$$P = \sqrt{P_x^2 + P_y^2} \tag{2-26}$$

总压力的倾斜角：

$$\alpha = \arctan \frac{P_z}{P_x}$$

总压力 P 的作用点：做出 P_x 及 P_z 的作用线，得交点，过此交点，按倾斜角 α 作总压力 P 的作用线，与曲面壁 $ABCD$ 相交的点，即为总压力 P 的作用点。

[**例题 2-9**] 如图 2-25 所示的贮水容器，其壁面上有三个半球形的盖。设 $d = 0.5\text{m}$，$h = 2.0\text{m}$，$H = 2.5\text{m}$。试求作用在每个球盖上的液体总压力。

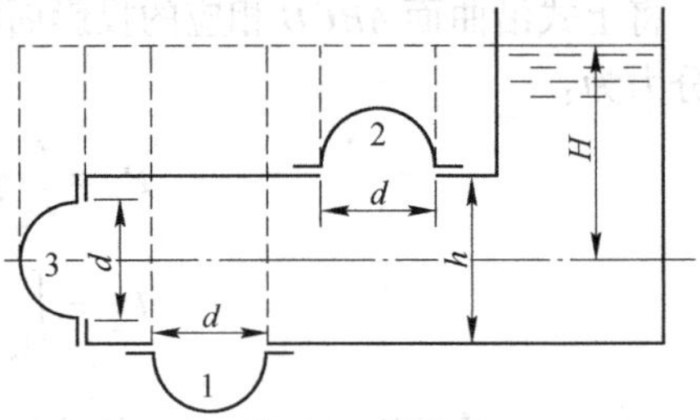

[**解**] 底盖：因为作用在底盖的左、右两半部分的压力大小相等，而方向相反，故水平分力为零。其总压力就等于总压力的垂直分力，即：

图 2-25 贮水容器

$$
\begin{aligned}
P_{z1} &= \gamma V_{p1} = \gamma \left[\frac{\pi d^2}{4}\left(H + \frac{h}{2}\right) + \frac{\pi d^3}{12} \right] \\
&= 9800 \times \left[\frac{\pi \times 0.5^2}{4} \times (2.5 + 1.0) + \frac{\pi \times 0.5^3}{12} \right] \\
&= 7052\text{N} \quad (\text{方向向下})
\end{aligned}
$$

顶盖：与底盖一样，总压力的水平分力为零。其总压力也等于曲面总压力的垂直分力，即：

$$
\begin{aligned}
P_{z2} &= \gamma V_{p2} = \gamma \left[\frac{\pi d^2}{4}\left(H - \frac{h}{2}\right) - \frac{\pi d^3}{12} \right] \\
&= 9800 \times \left[\frac{\pi \times 0.5^2}{4} \times (2.5 - 1.0) - \frac{\pi \times 0.5^3}{12} \right] \\
&= 2564\text{N} \quad (\text{方向向上})
\end{aligned}
$$

侧盖：其液体总压力为垂直分力与水平分力的合成。其总压力的水平分力为半球体在垂直平面上投影面积的液体总压力：

$$P_{x3} = \gamma h_C A_x = \gamma H \frac{\pi d^2}{4} = 9800 \times 2.5 \times \frac{\pi \times 0.5^2}{4} = 4808\text{ N} \quad (\text{方向向左})$$

其总压力的垂直分力应等于侧盖的下半部分实压力体与下半部分虚压力体之差的水重，亦即半球体积水重，即：

$$P_{z3} = \gamma V_{p3} = \frac{\gamma \pi d^3}{12} = \frac{9800 \times \pi \times 0.5^3}{12} = 320.5\text{ N} \quad (\text{方向向下})$$

故侧盖上总压力的大小和方向为：

$$P_z = \sqrt{P_{x3}^2 + P_{z3}^2} = \sqrt{4808^2 + 320.5^2} = 4819\text{ N}$$

$$\tan\alpha = \frac{P_{z3}}{P_{x3}} = \frac{320.5}{4808} = 0.067$$

$$\alpha = 3°50'$$

因为总压力的作用线一定与盖的球面相垂直，故总压力的方向一定通过球心。

习 题 2

2-1 试求水的自由液面下 8m 深处的绝对压强和相对压强，液面上为大气压强。

2-2 一水银气压计在海平面时的压强读数为 760mmHg，在山顶时的读数为 700mmHg。设空气的密度为 $1.2kg/m^3$，试计算山顶的高度 h。

2-3 如图 2-26 所示，U 形管内有两种互不相混的液体，第一种液体是水，第二种液体的密度为 $\rho = 814kg/m^3$。设第二种液体的液柱长为 $h = 200mm$，试求左右自由液面的高度差 Δh，并判断将在左支管中加水 Δh 将如何变化？

2-4 如图 2-27 所示，用多支 U 形测压计测量容器中水面上的压强 p_0，已知 $h = 2.5m$、$h_1 = 0.9m$、$h_2 = 2.0m$、$h_3 = 0.7m$、$h_4 = 1.8m$，其中 h_2 与 h_3 之间是水，试求 p_0。

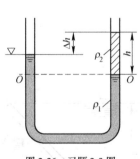

图 2-26 习题 2-3 图

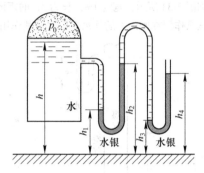

图 2-27 习题 2-4 图

2-5 如图 2-28 所示，为装液体的密封容器，上部压力表读数为 $p_0 = 27457Pa$。在侧壁 B 点处装 U 形水银测压计（左支管内充满容器内液体），（1）若容器内装的是水，并已知 $h_1 = 0.3m$，$h_3 = 0.2m$，试求容器内液面高 h_B；（2）若容器内装的是未知密度的液体，在 A 点处再装一个 U 形水银测压计，已知 $h_2 = 0.25m$ 时，两 U 形管左支管水银面高度差 $H = 0.68m$，试求液体密度 ρ。

2-6 图 2-29 所示为带顶杯的差压计，当 $\Delta p = p_1 - p_2 = 812Pa$ 时，A、B 杯中的液面处于同一高度，设 $\rho_1 = 880kg/m^3$、$\rho_2 = 2950kg/m^3$，试求 U 形管内液面差 h。

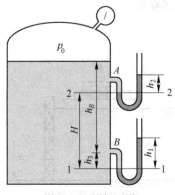

图 2-28 习题 2-5 图

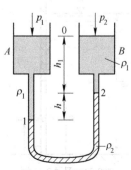

图 2-29 习题 2-6 图

2-7 如图 2-30 所示，比压计中水银面高度差 $h = 0.36\text{m}$，其他液体为水，A、B 两容器位置高度差为 1m。试求 A、B 容器中心处压强差 $p_A - p_B$。

2-8 如图 2-31 所示，已知 $a = 25.4\text{cm}$、$b = 12.7\text{cm}$，求 A、B 两容器中的表压强分别为多少？

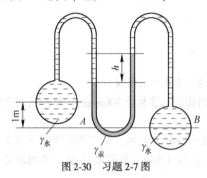

图 2-30　习题 2-7 图

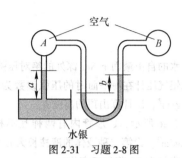

图 2-31　习题 2-8 图

2-9 一直立煤气管（如图 2-32 所示），在底部测压管中测得水柱差 $h_1 = 100\text{mm}$，在 $H = 20\text{m}$ 高处的测压管测得水柱差 $h_2 = 115\text{mm}$，管外空气重度 $\gamma_{气} = 12.64\text{N/m}^3$，求管中静止煤气的重度。

2-10 如图 2-33 所示，宽为 1m，长为 AB 的矩形闸门，倾角为 45°，左侧水深 $h_1 = 3\text{m}$，右侧水深 $h_2 = 2\text{m}$，试求作用在闸门上的静水总压力及其作用点。

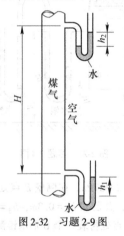

图 2-32　习题 2-9 图

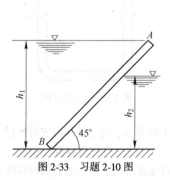

图 2-33　习题 2-10 图

2-11 如图 2-34 所示，矩形平板闸门，宽 $b = 0.8\text{m}$，高 $h = 1\text{m}$，若要求箱中水深 h_1 超过 2m 时闸门即可自动开启，铰链的位置 y 应设在何处？

2-12 如图 2-35 所示，船闸宽 $B = 25\text{m}$，上游水位 $H_1 = 63\text{m}$，下游水位 $H_2 = 48\text{m}$，船闸用两扇矩形门开闭，求作用在每个闸门上的水的静压力大小及压力中心距基底的标高。

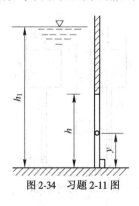

图 2-34　习题 2-11 图

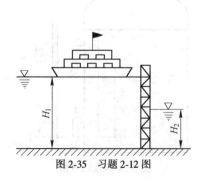

图 2-35　习题 2-12 图

2-13 如图 2-36 所示，已知：$a=1.52\mathrm{m}$、$b=1.83\mathrm{m}$、$c=1.22\mathrm{m}$、$\theta=60°$，倾斜平面为等腰三角形。试求作用在等腰三角形平面上的总压力和总压力作用点的位置。

2-14 如图 2-37 所示，在高度 $H=3\mathrm{m}$，宽度 $B=1\mathrm{m}$ 的柱形密闭高压水箱上，用 U 形水银计连接于水箱底部，测得水柱高 $h_1=2\mathrm{m}$，水银柱高 $h_2=1\mathrm{m}$，矩形闸门与水平方向成 $45°$，转轴在 O 点，为使闸门关闭，求在转轴上所需施加的锁紧力矩 M。

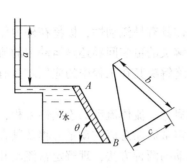

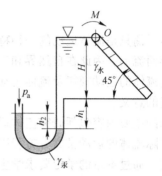

图 2-36　习题 2-13 图　　　　　　　　　　图 2-37　习题 2-14 图

2-15 如图 2-38 所示的圆柱体，其长度为 $1\mathrm{m}$，由水支撑。假定在圆柱体与固体壁面间无摩擦，求该圆柱体的质量。

2-16 如图 2-39 所示，一挡水二向曲面 AB，已知 $d=1\mathrm{m}$、$h_1=0.5\mathrm{m}$、$h_2=1.5\mathrm{m}$，曲面宽为 $b=1.5\mathrm{m}$，求总压力的大小和方向。

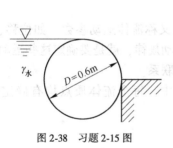

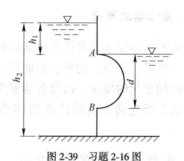

图 2-38　习题 2-15 图　　　　　　　　　　图 2-39　习题 2-16 图

3 流体动力学基础

流体平衡只是流体运动的一种特殊形式，由于流体具有易流动性，极易在外力作用下产生变形而流动，因此在自然界和工程中遇到和需要解决的更多问题还是运动中的流体问题。研究流体的运动规律及流体运动与力的关系，最终解决其在工程中的应用才具有更重要更普遍的意义。

本章的主要内容包括研究流体运动的方法和基本概念，流体流动的连续性方程，理想流体和实际流体的运动常微分方程以及伯努利积分，定常流动总流的动量方程及其在工程中的应用。通过本章的学习要求学生了解研究流体运动的两种方法，理解定常流动和非定常流动、流线与迹线、流束与总流、流量与平均流速等概念，掌握流体流动的连续性方程、伯努利方程、定常流动总流的动量方程及其在工程中的应用。

3.1 流体运动要素及研究流体运动的方法

3.1.1 流体运动要素

流体的运动要素是表征流体运动状态的物理量，又称流体运动参数，如位移、速度、加速度、密度、压强、动量、动能等。研究流体的运动规律，就是要确定这些运动要素随空间与时间变化的规律，以及各要素之间存在的本质联系。

流场是指充满运动的连续流体的空间。在流场中，每个流体质点均有确定的运动要素。

3.1.2 研究流体运动的两种方法

研究流体运动有两种方法，即拉格朗日法和欧拉法。

(1) 拉格朗日法。拉格朗日法，也称为"跟踪法"或质点系法，是将流场中每一流体质点作为研究对象，研究每一个流体质点在运动过程中各运动要素随时间的变化规律。将所有质点运动规律综合起来，得到整个流场的运动规律，认为流体的整体运动是每一个流体质点运动的总和。

质点的运动要素是初始点坐标和时间的函数。因在每一时刻，每个质点都占有唯一确定的空间位置，故常以某时刻 $t=t_0$ 各质点的空间坐标 ($x_0=a$、$y_0=b$、$z_0=c$) 来区分，不同质点具有不同的初始坐标值 (a、b、c)。而初始点坐标和初始时刻也被称为质点的标示，在其运动以后的任意时刻 t 的坐标位置可表示如下：

$$\left.\begin{array}{l} x=f_1(a, b, c, t) \\ y=f_2(a, b, c, t) \\ z=f_3(a, b, c, t) \end{array}\right\}$$

式中，a、b、c、t 称为拉格朗日变量（变数）。若 t 取定值而 a、b、c 取不同的值，表示在某一瞬时 t 所有质点在该空间区域的分布情况；反之，则表示该质点的运动轨迹。由此可以求得该质点的速度在各坐标轴的分量为：

$$\left.\begin{aligned} u_x &= \frac{\partial x}{\partial t} = \frac{\partial f_1(a,\ b,\ c,\ t)}{\partial t} \\ u_y &= \frac{\partial y}{\partial t} = \frac{\partial f_2(a,\ b,\ c,\ t)}{\partial t} \\ u_z &= \frac{\partial z}{\partial t} = \frac{\partial f_3(a,\ b,\ c,\ t)}{\partial t} \end{aligned}\right\}$$

流体的压强、密度等量也可类似的表示为 a、b、c 和 t 的函数 $p = f_4(a,\ b,\ c,\ t)$、$\rho = f_5(a,\ b,\ c,\ t)$。

综上所述，拉格朗日法在物理概念上清晰易懂，但流体各个质点运动的经历情况一般都比较复杂，而且运用这个方法分析流体的运动，在数学上也会遇到很多困难。因此，此方法一般用于研究流体的波动和震荡等较简单的问题，通常情况下研究流体运动都采用下述的欧拉法。

（2）欧拉法。欧拉法是以流场中每一空间位置作为研究对象，而不是跟随个别质点。研究流体质点经过这些固定空间位置时，运动要素随时间的变化规律，将每个空间点上质点的运动规律综合起来，得到整个流场的运动规律，因此，欧拉法也称为"站岗"法。

用欧拉法研究流体运动时，并不关心个别流体质点的运动，只需要仔细观察经过空间每一个位置处的流体运动情况。空间位置直接用位置坐标（x、y、z）表示，不同 x、y、z 代表不同的空间位置。质点运动参数是时间 t 和空间位置（x、y、z）的函数，如：

$$\rho = \rho(x,\ y,\ z,\ t)$$
$$p = p(x,\ y,\ z,\ t)$$
$$u = u(x,\ y,\ z,\ t)$$

式中，x、y、z、t 称为欧拉变量（变数）。任意时刻 t 通过某空间位置（x、y、z）的质点速度 u 在各轴上的分量为：

$$\left.\begin{aligned} u_x &= F_1(x,\ y,\ z,\ t) \\ u_y &= F_2(x,\ y,\ z,\ t) \\ u_z &= F_3(x,\ y,\ z,\ t) \end{aligned}\right\}$$

上式中，若 x、y、z 为常数，t 为变数，得到不同瞬时通过某一空间点流体质点速度的变化情况；反之，得到同一时刻通过不同空间点的流体速度的分布情况，即瞬时流速场。不同时刻，每个流体质点应有不同的空间位置，即对同一质点来说在流场中的位置 x、y、z 不是独立变量，与时间变量有关。故对任一流体质点来说，其位置变量 x、y、z 是时间 t 的函数，即 $x = x(t)$、$y = y(t)$、$z = z(t)$。欧拉变数 x、y、z 与拉格朗日变数 a、b、c 不同，后者 a、b、c 各自独立，而前者 x、y、z 非独立，是随时间变化的中间变量，在欧拉法中真正独立的变量只有时间变量 t。

加速度是速度的全导数，根据复合函数求导，运动质点的加速度分量可以表示为：

$$a_x = \frac{du_x}{dt} = \frac{dF_1(x, y, z, t)}{dt} = \frac{\partial F_1}{\partial x}\frac{dx}{dt} + \frac{\partial F_1}{\partial y}\frac{dy}{dt} + \frac{\partial F_1}{\partial z}\frac{dz}{dt} + \frac{\partial F_1}{\partial t}$$

$$a_y = \frac{du_y}{dt} = \frac{dF_2(x, y, z, t)}{dt} = \frac{\partial F_2}{\partial x}\frac{dx}{dt} + \frac{\partial F_2}{\partial y}\frac{dy}{dt} + \frac{\partial F_2}{\partial z}\frac{dz}{dt} + \frac{\partial F_2}{\partial t}$$

$$a_z = \frac{du_z}{dt} = \frac{dF_3(x, y, z, t)}{dt} = \frac{\partial F_3}{\partial x}\frac{dx}{dt} + \frac{\partial F_3}{\partial y}\frac{dy}{dt} + \frac{\partial F_3}{\partial z}\frac{dz}{dt} + \frac{\partial F_3}{\partial t}$$

拉格朗日法和欧拉法在研究流体运动时，只是着眼点不同，并没有本质差别，对于同一个问题，用两种方法描述的结果应该是一致的。

3.2　流体流动的一些基本概念

3.2.1　定常流动和非定常流动

流体的流动根据"流体质点经过流场中某一固定位置时，其运动要素是否随时间而变"这一条件分为定常流动和非定常流动。

（1）定常流动。在流场中，流体质点的一切运动要素都不随时间改变而只是坐标的函数，这种流动为定常流动。表示为 $\frac{\partial u}{\partial t} = \frac{\partial p}{\partial t} = \frac{\partial \rho}{\partial t} = 0$，即 $u = u(x, y, z)$、$p = p(x, y, z)$、$\rho = \rho(x, y, z)$，流体运动与时间无关。如图 3-1 所示，容器中水位保持不变的出水孔口处的流体的稳定泄流是定常流动，其流速和压强不随时间变化，为形状一定的射流。对离心式水泵，如果其转速一定，则吸水管中流体的运动就是定常流动。工程中大部分流体运动均可近似看作定常流动。

（2）非定常流动。流体质点的运动要素是时间和坐标的函数为非定常流动，即 $p = p(x, y, z, t)$、$u = u(x, y, z, t)$。如图 3-2 所示，容器中的水位不断下降，经孔口流出的液体速度和压强等随时间而变化，其孔口出流是非定常流动。

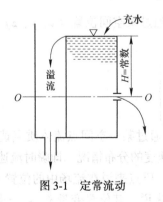

图 3-1　定常流动

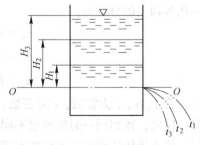

图 3-2　非定常流动

3.2.2　流线与迹线

（1）迹线。迹线就是流场中流体质点在某一段时间间隔内的运动轨迹。如图 3-3 中曲线 AB 就是质点 M 在 Δt 时间内的迹线。如果在这一迹线上取微元长度 dl 表示该质点 M 在

dt 时间内的微小位移，则速度：

$$u = \frac{dl}{dt}$$

它在各轴的分量为：

$$\left.\begin{array}{l} u_x = \dfrac{dx}{dt} \\[2mm] u_y = \dfrac{dy}{dt} \\[2mm] u_z = \dfrac{dz}{dt} \end{array}\right\} \tag{3-1}$$

式中，dx、dy、dz 为微元位移 dl 在各个坐标轴的投影，由式（3-1）可得：

$$\frac{dx}{u_x} = \frac{dy}{u_y} = \frac{dz}{u_z} = dt$$

此式是迹线的微分方程，表示流体质点运动的轨迹。

（2）流线。流线指在流场中某一瞬间作出的一条空间曲线，使这一瞬间在该曲线上各点的流体质点所具有的速度方向与曲线在该点和切线方向重合。如图 3-4 中曲线 CD 所示，流线仅仅表示了某一瞬时（如 t_0），许多处在这一流线上的流体质点的运动情况。流线不是某一流体质点的运动轨迹，故流线上的微元长度 dl 不表示某个流体质点的位移。

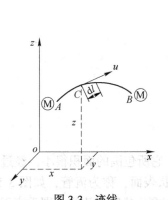

图 3-3 迹线

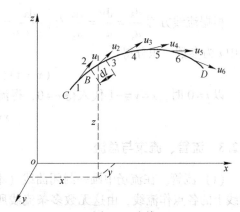

图 3-4 流线

设某一位置的质点瞬时速度为 $\boldsymbol{u} = u_x\boldsymbol{i} + u_y\boldsymbol{j} + u_z\boldsymbol{k}$，取该位置沿切线方向的微元长度 $dl = dx\boldsymbol{i} + dy\boldsymbol{j} + dz\boldsymbol{k}$，两者方向一致，矢量积为零，其矢量表示为 $\boldsymbol{u} \times dl = \boldsymbol{0}$，即：

$$\left.\begin{array}{l} u_x dy - u_y dx = 0 \\[1mm] u_y dz - u_z dy = 0 \\[1mm] u_z dx - u_x dz = 0 \end{array}\right\}$$

其投影形式为：

$$\frac{dx}{u_x} = \frac{dy}{u_y} = \frac{dz}{u_z} \tag{3-2}$$

此式称为流线的微分方程，如果已知速度分布，根据流线微分方程可以求出具体流线形状。

流线的重要特性是流线不能相交，也不能折转。气流绕尖头直尾的物体流动时，物体的前缘点就是一个实际存在的驻点。驻点上流线是相交的，因为驻点速度为零。定常流动流线不变，且所有处于流线上的质点只能沿流线运动。

（3）流线与迹线区别。流线是某一瞬时处在流线上的无数流体质点的运动情况；而迹线则是一个质点在一段时间内运动的轨迹。在定常流动中，流线形状不随时间改变，流线与迹线重合；在非定常流动中，流线的形状随时间而改变，流线与迹线不重合。

[**例题 3-1**]　有一平面流场，$u_x = x + t$，$u_y = -y + t$，$u_z = 0$，求 $t = 0$ 时，过（-1，-1）点的迹线和流线。

[**解**]　根据迹线方程 $\dfrac{\mathrm{d}x}{u_x} = \dfrac{\mathrm{d}y}{u_y} = \dfrac{\mathrm{d}z}{u_z} = \mathrm{d}t$ 有：

$$\frac{\mathrm{d}x}{\mathrm{d}t} = u_x = x + t, \qquad \frac{\mathrm{d}y}{\mathrm{d}t} = u_y = -y + t$$

这里 t 是自变量，则有：

$$x = c_1 e^t - t - 1, \qquad y = c_2 e^{-t} + t - 1$$

以 $t = 0$ 时，$x = y = -1$ 代入得 $c_1 = c_2 = 0$，消去 t 得迹线方程为：

$$x + y = -2$$

根据流线方程 $\dfrac{\mathrm{d}x}{u_x} = \dfrac{\mathrm{d}y}{u_y} = \dfrac{\mathrm{d}z}{u_z}$ 有：$\dfrac{\mathrm{d}x}{x + t} = \dfrac{\mathrm{d}y}{-y + t}$

式中 t 为参数，积分得：

$$(x + t)(-y + t) = c$$

以 $t = 0$ 时，$x = y = -1$ 代入得 $c = 0$，得流线方程：

$$xy = 1$$

3.2.3　流管、流束与总流

（1）流管。在流场中画一封闭曲线（不是流线），它所包围的面积很小，经过该封闭曲线上的各点作流线，由这无数多条流线所围成的管状表面，称为流管，如图 3-5 所示。各时刻流体质点只能在流管内部或流管外部流动，不能穿出或穿入流管，即垂直于流管表面方向没有分速度。

（2）流束。充满流管的全部流体，称为流束。断面为无穷小 $\mathrm{d}A$ 的流束称为微元流束，如图 3-6 所示，微元流束其断面上各点运动要素相等。微元流束的断面面积趋近于 0 时，微元流束变为流线。

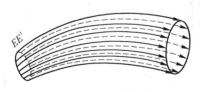

图 3-5　流管

图 3-6　微元流束

（3）总流。无数微元流束的总和称为总流（如图3-7所示）。水管中水流的总体，风管中气流的总体均为总流。总流四周全部被固体边界限制，称为有压流，如自来水管、矿井排水管、液压管道。总流周界一部分为固体限制，一部分与气体接触，有自由液面，称为无压流，如河流、明渠。总流四周不与固体接触称为射流，如孔口、管嘴出流。

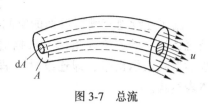

图3-7 总流

3.2.4 过水断面、流量及流速

（1）过水断面。与微元流束或总流中各条流线相垂直的横断面，称为此微元流束或总流的过水断面（又称有效断面），如图3-8所示，过水断面包括平面和曲面。当流线几乎平行时，过流断面是平面，否则是曲面。

（2）流量。流量是指单位时间内通过过流断面的流体量，可分为体积流量 Q 和质量流量 M 两类。单位时间内流过过水断面的流体体积，称为体积流量，简称流量，单位为 m^3/s 或 L/s。单位时间内流过过水断面的流体质量，称为质量流量，单位为 kg/s。

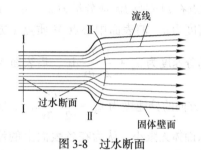

图3-8 过水断面

体积流量与质量流量的关系为：

$$Q = \frac{M}{\rho}$$

微元流束的体积流量用 dQ 表示，因微元流束的过流断面与速度方向垂直，故等于过流断面面积与流速的乘积，即：

$$dQ = u dA$$

总流的流量等于同一过水断面上所有微元流束的流量之和，即：

$$Q = \int_A dQ = \int_A u dA \tag{3-3}$$

如果知道流速 u 在过水断面的分布，则可通过上式积分求得通过该过水断面的流量。

（3）流速。流场中某一空间位置处的流体质点在单位时间内所经过的位移，称为该流体质点经过此处时的速度，简称点速，用 u 表示。严格讲，由于黏性，同一过流断面上各点的流速不等。但微元流束的过流断面很小，各点流速相差不大，一般用断面中心处的流速作为同一过流断面的流速。在总流的同一过流断面上引入断面平均流速（假想的均匀分布在过流断面上的流速），用 v 表示。

根据流量相等原则确定的均匀速度 v，断面平均流速（假想的流速），即：

$$v = \frac{Q}{A} = \frac{\int_A u dA}{A} \tag{3-4}$$

其实质是同一过水断面上各点流速 u 对 A 的算术平均值。工程上常说的管道中流体的流速即是 v。

3.3　流体流动的连续性方程

　　流体连续地充满所占据的空间（流场），当流体流动时在其内部不形成空隙，这是流体运动的连续性条件。根据流体运动时应遵循质量守恒定律，将连续性条件用数学形式表示出来，即连续性方程。连续性方程是质量守恒定律在流体力学中的具体表达式。

3.3.1　直角坐标系中的连续性方程

　　取以点 $o'(x,\ y,\ z)$ 为中心的微元六面体，边长 $\mathrm{d}x$、$\mathrm{d}y$、$\mathrm{d}z$，分别平行于直角坐标轴 x，y，z（如图 3-9 所示）。o' 点在 t 时刻的流速分量为 u_x、u_y、u_z，密度为 ρ。前表面中心点 M 质点 x 方向的分速度为 $u_x + \dfrac{1}{2}\dfrac{\partial u_x}{\partial x}\mathrm{d}x$，后表面 N 点 x 方向的分速度为 $u_x - \dfrac{1}{2}\dfrac{\partial u_x}{\partial x}\mathrm{d}x$。所取六面体无限小，认为在各表面上的流速均匀分布，则单位时间内沿 x 轴方向流

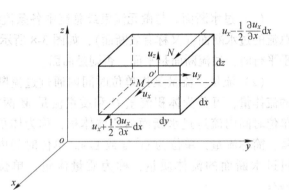

图 3-9　运动流体的微元六面体

入六面体的质量为 $\left[\rho u_x - \dfrac{1}{2}\dfrac{\partial(\rho u_x)}{\partial x}\mathrm{d}x\right]\mathrm{d}y\mathrm{d}z$，流出六面体的质量为 $\left[\rho u_x + \dfrac{1}{2}\dfrac{\partial(\rho u_x)}{\partial x}\mathrm{d}x\right]\mathrm{d}y\mathrm{d}z$，单位时间内在 x 方向流出与流入六面体的质量差，即净流出量为：

$$\left[\rho u_x + \frac{1}{2}\frac{\partial(\rho u_x)}{\partial x}\mathrm{d}x\right]\mathrm{d}y\mathrm{d}z - \left[\rho u_x - \frac{1}{2}\frac{\partial(\rho u_x)}{\partial x}\mathrm{d}x\right]\mathrm{d}y\mathrm{d}z = \frac{\partial(\rho u_x)}{\partial x}\mathrm{d}x\mathrm{d}y\mathrm{d}z$$

　　同理，单位时间内沿 y、z 方向净流出量分别为：

$$\frac{\partial(\rho u_y)}{\partial y}\mathrm{d}x\mathrm{d}y\mathrm{d}z,\ \frac{\partial(\rho u_z)}{\partial z}\mathrm{d}x\mathrm{d}y\mathrm{d}z$$

　　由连续介质假设，根据质量守恒原理：单位时间内流出与流入六面体的质量差的总和应等于六面体在单位时间内所减少的质量。则有：

$$\left[\frac{\partial(\rho u_x)}{\partial x} + \frac{\partial(\rho u_y)}{\partial y} + \frac{\partial(\rho u_z)}{\partial z}\right]\mathrm{d}x\mathrm{d}y\mathrm{d}z = -\frac{\partial}{\partial t}(\rho\mathrm{d}x\mathrm{d}y\mathrm{d}z) = -\frac{\partial\rho}{\partial t}\mathrm{d}x\mathrm{d}y\mathrm{d}z$$

整理得：

$$\frac{\partial\rho}{\partial t} + \frac{\partial(\rho u_x)}{\partial x} + \frac{\partial(\rho u_y)}{\partial y} + \frac{\partial(\rho u_z)}{\partial z} = 0 \tag{3-5}$$

　　这是可压缩流体三维流动的欧拉连续性方程。此式为连续性微分方程的一般形式，表达了任何可能存在的流体运动所必须满足的连续性条件，即质量守恒条件。适用于定常流

动及非定常流动。

对于可压缩流体定常流动的连续性方程为：

$$\frac{\partial(\rho u_x)}{\partial x} + \frac{\partial(\rho u_y)}{\partial y} + \frac{\partial(\rho u_z)}{\partial z} = 0$$

对于均质不可压缩流体（ρ 为常数），则不论定常流动或非定常流动均有：

$$\frac{\partial u_x}{\partial x} + \frac{\partial u_y}{\partial y} + \frac{\partial u_z}{\partial z} = 0$$

方程给出了通过一固定空间点流体的流速在 x、y、z 轴方向的分量 u_x、u_y、u_z 沿其轴向的变化率是互相约束的，它表明对于不可压缩流体其体积是守恒的。对于流体的二维流动，不可压缩流体二维定常流动的连续性方程为：

$$\frac{\partial u_x}{\partial x} + \frac{\partial u_y}{\partial y} = 0 \tag{3-6}$$

3.3.2　微元流束的连续性方程

如图 3-10 所示，总流中取一微元流束，过水断面分别为 $\mathrm{d}A_1$、$\mathrm{d}A_2$，相应速度分别为 u_1、u_2，密度分别为 ρ_1、ρ_2。若以可压缩流体做定常流动来考虑，微元流束形状不随时间改变，没有流体穿入、穿出流束表面，只有断面 $\mathrm{d}A_1$、$\mathrm{d}A_2$ 上流入和流出。$\mathrm{d}t$ 时间内，经过 $\mathrm{d}A_1$ 流入的流体质量为 $\mathrm{d}M_1 = \rho_1 u_1 \mathrm{d}A_1 \mathrm{d}t$，经过 $\mathrm{d}A_2$ 流出的流体质量为 $\mathrm{d}M_2 = \rho_2 u_2 \mathrm{d}A_2 \mathrm{d}t$。

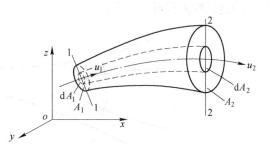

图 3-10　微元流束和总流的连续性

由于流体做定常流动，则根据质量守恒定律得：$\mathrm{d}M_1 = \mathrm{d}M_2$。

则
$$\rho_1 u_1 \mathrm{d}A_1 = \rho_2 u_2 \mathrm{d}A_2 \tag{3-7}$$

此式为可压缩流体定常流动微元流束的连续性方程。

对不可压缩流体的定常流动，由于 $\rho_1 = \rho_2 = \rho$，得：

$$\left.\begin{aligned} \mathrm{d}Q_1 &= \mathrm{d}Q_2 \\ u_1 \mathrm{d}A_1 &= u_2 \mathrm{d}A_2 \end{aligned}\right\} \tag{3-8}$$

此式为不可压缩流体定常流动微元流束的连续性方程。其物理意义是：在同一时间间隔内流过微元流束上任一过水断面的流量均相等。或者说，在任一流束段内的流体体积（或质量）都保持不变。

3.3.3　总流的连续性方程

将微元流束连续性方程 $\rho_1 u_1 \mathrm{d}A_1 = \rho_2 u_2 \mathrm{d}A_2$ 两边对相应的过水断面 A_1 及 A_2 进行积分，可得：

$$\int_{A_1} \rho_1 u_1 \mathrm{d}A_1 = \int_{A_2} \rho_2 u_2 \mathrm{d}A_2$$

用平均密度 ρ_{1m}、ρ_{2m} 替代 ρ_1、ρ_2，引入 $v = \dfrac{\int_A u\mathrm{d}A}{A} = \dfrac{Q}{A}$，上式整理后可写成：

$$\left.\begin{array}{c} \rho_{1m}v_1A_1 = \rho_{2m}v_2A_2 \\ \rho_{1m}Q_1 = \rho_{2m}Q_2 \end{array}\right\} \tag{3-9}$$

此式为总流的连续性方程，它说明可压缩流体做定常流动时，总流的质量流量保持不变。

对于不可压缩流体，ρ 为常数，则：

$$Q_1 = Q_2 , \quad v_1A_1 = v_2A_2 \tag{3-10}$$

此式为不可压缩流体定常流动总流连续性方程，其物理意义是：不可压缩流体做定常流动时，总流的体积流量保持不变；各过水断面平均流速与过水断面面积成反比，即过水断面面积增大处，流速减小；而过水断面面积减小处，流速增加。

总流的连续性方程是在流量沿程不变的条件下导出的。若沿程有流量流入或流出，总流的连续性方程仍然适用，只是形式有所不同，如图 3-11 所示。当有流量汇入和流出时，总流的连续性方程可表示为：

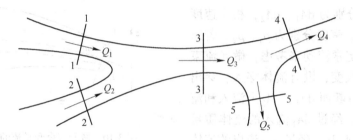

图 3-11 流量的汇入和流出

$$Q_3 = Q_1 + Q_2 , \quad v_3A_3 = v_1A_1 + v_2A_2 , \quad Q_4 + Q_5 = Q_1 + Q_2 , \quad v_4A_4 + v_5A_5 = v_1A_1 + v_2A_2$$

[**例题 3-2**] 在三元不可压缩流动中，已知 $u_x = x^2 + z^2 + 5$，$u_y = y^2 + z^2 - 3$，求 u_z 的表达式。

[**解**] 由连续性方程 $\dfrac{\partial u_x}{\partial x} + \dfrac{\partial u_y}{\partial y} + \dfrac{\partial u_z}{\partial z} = 0$ 得：

$$\frac{\partial u_z}{\partial z} = -\left(\frac{\partial u_x}{\partial x} + \frac{\partial u_y}{\partial y}\right) = -2(x+y)$$

则 $\displaystyle\int \frac{\partial u_z}{\partial z}\mathrm{d}z = \int -2(x+y)\mathrm{d}z$，积分得：

$$u_z = -2(x+y)z + C$$

[**例题 3-3**] 如图 3-12 所示，一旋风除尘器，入口处为矩形断面，面积为 $A_2 = 100\text{mm} \times 20\text{mm}$，进风管为圆形断面，直径为 100mm。求当入口流速为 $v_2 = 12\text{m/s}$ 时，进风管中的流速 v_1。

[**解**] 根据连续性方程可知：$v_1A_1 = v_2A_2$

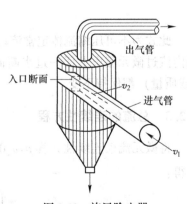

图 3-12 旋风除尘器

故
$$v_1 = \frac{v_2 A_2}{A_1} = \frac{0.1 \times 0.02 \times 12}{\frac{\pi}{4} \times 0.1^2} = 3.06 \mathrm{m/s}$$

3.4 理想流体的运动微分方程及伯努利积分

3.4.1 理想流体的运动微分方程

讨论理想流体受力及运动之间的动力学关系，即根据牛顿第二定律，建立理想流体的动力学方程。如图 3-13 所示，根据牛顿第二定律，作用在微元六面体上的合外力在某坐标轴方向投影的代数和等于此流体微元质量乘以其在同轴方向的分加速度。

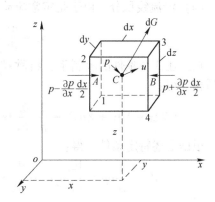

图 3-13　微元六面体流体质点

在 x 轴方向：　$\sum F_x = ma_x$

可得：
$$\mathrm{d}G_x + \left(p - \frac{1}{2}\frac{\partial p}{\partial x}\mathrm{d}x\right)\mathrm{d}y\mathrm{d}z - \left(p + \frac{1}{2}\frac{\partial p}{\partial x}\right)\mathrm{d}y\mathrm{d}z = ma_x$$

因为：$\mathrm{d}G_x = X\rho\,\mathrm{d}x\mathrm{d}y\mathrm{d}z$

$$\boldsymbol{a} = \frac{\mathrm{d}\boldsymbol{u}}{\mathrm{d}t},\ a_x = \frac{\mathrm{d}u_x}{\mathrm{d}t},\ a_y = \frac{\mathrm{d}u_y}{\mathrm{d}t},\ a_z = \frac{\mathrm{d}u_z}{\mathrm{d}t}$$

所以流体微元沿 x 方向的运动方程为：

$$\rho X \mathrm{d}x\mathrm{d}y\mathrm{d}z - \frac{\partial p}{\partial x}\mathrm{d}x\mathrm{d}y\mathrm{d}z = \rho\,\mathrm{d}x\mathrm{d}y\mathrm{d}z\frac{\mathrm{d}u_x}{\mathrm{d}t} \tag{3-11}$$

整理后得：

$$X - \frac{1}{\rho}\frac{\partial p}{\partial x} = \frac{\mathrm{d}u_x}{\mathrm{d}t}$$

同理，y 轴方向：
$$Y - \frac{1}{\rho}\frac{\partial p}{\partial y} = \frac{\mathrm{d}u_y}{\mathrm{d}t}$$

z 轴方向：
$$Z - \frac{1}{\rho}\frac{\partial p}{\partial z} = \frac{\mathrm{d}u_z}{\mathrm{d}t}$$

此式称为理想流体的运动微分方程，又称欧拉运动微分方程，表明理想流体所受外力与加速度间的关系，是研究理想流体各种运动规律的基础，对可压缩性流体和不可压缩性流体都是适用的。

如果流体处于平衡状态，则：

$$\frac{\mathrm{d}u_x}{\mathrm{d}t} = \frac{\mathrm{d}u_y}{\mathrm{d}t} = \frac{\mathrm{d}u_z}{\mathrm{d}t} = 0 \tag{3-12}$$

此式称为欧拉平衡微分方程，所以欧拉平衡微分方程只是欧拉运动微分方程的特例。

3.4.2 理想流体运动微分方程的伯努利积分

理想流体运动微分方程在特定条件下的积分，称为伯努利积分。其条件为：

（1）流体是均匀不可压缩的，即 $\rho = c$（常数）。

（2）流体做定常流动，即 $\dfrac{\partial u_x}{\partial t} = \dfrac{\partial u_y}{\partial t} = \dfrac{\partial u_z}{\partial t} = 0$，$\dfrac{\partial p}{\partial t} = 0$

（3）质量力定常有势，设 $W = W(x,\ y,\ z)$ 是质量力的势函数，则：

$$X = \frac{\partial W}{\partial x},\ Y = \frac{\partial W}{\partial y},\ Z = \frac{\partial W}{\partial z}$$

$$\mathrm{d}W = \frac{\partial W}{\partial x}\mathrm{d}x + \frac{\partial W}{\partial y}\mathrm{d}y + \frac{\partial W}{\partial z}\mathrm{d}z = X\mathrm{d}x + Y\mathrm{d}y + Z\mathrm{d}z$$

（4）沿流线积分，由于是定常流动，流线与迹线重合，则：

$$u_x = \frac{\mathrm{d}x}{\mathrm{d}t},\ u_y = \frac{\mathrm{d}y}{\mathrm{d}t},\ u_z = \frac{\mathrm{d}z}{\mathrm{d}t}$$

在上述四个条件的限制下，将欧拉运动微分方程的三个等式分别乘以 $\mathrm{d}x$、$\mathrm{d}y$、$\mathrm{d}z$，然后相加得：

$$(X\mathrm{d}x + Y\mathrm{d}y + Z\mathrm{d}z) - \frac{1}{\rho}\left(\frac{\partial p}{\partial x}\mathrm{d}x + \frac{\partial p}{\partial y}\mathrm{d}y + \frac{\partial p}{\partial z}\mathrm{d}z\right) = \frac{\mathrm{d}u_x}{\mathrm{d}t}\mathrm{d}x + \frac{\mathrm{d}u_y}{\mathrm{d}t}\mathrm{d}y + \frac{\mathrm{d}u_z}{\mathrm{d}t}\mathrm{d}z$$

根据上述特定条件，得：

$$\mathrm{d}W - \frac{1}{\rho}\mathrm{d}p = \frac{\mathrm{d}u_x}{\mathrm{d}t}u_x\mathrm{d}t + \frac{\mathrm{d}u_y}{\mathrm{d}t}u_y\mathrm{d}t + \frac{\mathrm{d}u_z}{\mathrm{d}t}u_z\mathrm{d}t = u_x\mathrm{d}u_x + u_y\mathrm{d}u_y + u_z\mathrm{d}u_z$$

$$\mathrm{d}W - \frac{1}{\rho}\mathrm{d}p = \mathrm{d}\left(\frac{u_x^2 + u_y^2 + u_z^2}{2}\right) = \mathrm{d}\left(\frac{u^2}{2}\right)$$

因 ρ 为常数，有 $\mathrm{d}\left(W - \dfrac{p}{\rho} - \dfrac{u^2}{2}\right) = 0$

沿一条流线进行积分，最后可得：

$$W - \frac{p}{\rho} - \frac{u^2}{2} = c \tag{3-13}$$

此式称为理想流体运动微分方程的伯努利积分。

它表明：对于不可压缩的理想流体，在有势质量力的作用下做定常流动时，处于同一流线上的所有流体质点，其函数 $\left(W - \dfrac{p}{\rho} - \dfrac{u^2}{2}\right)$ 之值均是相同的。对于不同流线上的流体质点来说，伯努利积分函数 $\left(W - \dfrac{p}{\rho} - \dfrac{u^2}{2}\right)$ 的值一般是不同的，如图 3-14 所示。同一流线上任取两点 a、b，则有

$$W_a - \frac{p_a}{\rho} - \frac{u_a^2}{2} = W_b - \frac{p_b}{\rho} - \frac{u_b^2}{2}。$$

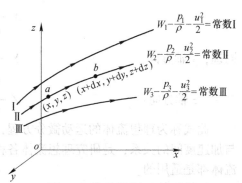

图 3-14　不同流线上的伯努利积分

3.5　理想流体微元流束的伯努利方程

伯努利方程表示流体运动所具有的能量以及各种能量之间的转换规律。运动流体通常

受到不同性质的质量力作用，如惯性力、质量力等，下边分别讨论两种情况：（1）流体所受质量力只有重力；（2）流体所受质量力为重力和离心力。

3.5.1　质量力只有重力

若质量力只有重力，此时：

$$X = 0, \; Y = 0, \; Z = -g$$

则

$$dW = Xdx + Ydy + Zdz = -gdz$$

积分得：

$$W = -gz + C（C 为积分常数） \tag{3-14}$$

代入式（3-13），对单位质量流体而言，可得到：

$$z + \frac{p}{\gamma} + \frac{u^2}{2g} = 常数 \tag{3-15}$$

对于同一流线上的任意两点 1、2，有：

$$z_1 + \frac{p_1}{\gamma} + \frac{u_1^2}{2g} = z_2 + \frac{p_2}{\gamma} + \frac{u_2^2}{2g} = 常数 \tag{3-16}$$

此式称为不可压缩理想流体的伯努利方程，微元流束适用，又称不可压缩理想流体微元流束伯努利方程。遵循能量守恒与转换定律。

当流体处于静止状态时，$u = 0$。则：

$$z + \frac{p}{\gamma} = 常数 \tag{3-17}$$

所以，流体静力学基本方程是伯利方程的一个特例。另外，理想流体微元流束的伯努利方程还可简单地利用理论力学或物理学中的动能定理推导得出。

3.5.2　质量力为重力与离心力共同作用

如叶轮机械旋转流道内的流体所受质量力即为重力和离心力共同作用。

在水泵和水涡轮机等水力机械中常用如图 3-15 所示的叶轮，当选择叶轮为参照系进行研究，且叶轮转速不变时，则流体的运动是定常流动。当叶轮转动角速度为 ω 时，流体从半径为 r_1 的圆周进入叶轮，经过叶轮通道，最后离开叶轮时圆周的半径为 r_2，流体相对叶轮是定常流动。现在叶轮通道中取一流线 1-2，在流线上取一点 A，此处半径为 r，流体质点相对叶轮速度为 u。此时流体质点所受质量力为重力和由转动产生的惯性离心力之和，所以，质点所受单位质量力在 x、y、z 轴上的分量分别为：

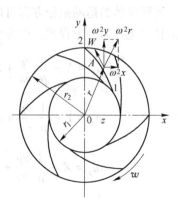

图 3-15　旋转叶轮的分析

$$X = \omega^2 x, \; Y = \omega^2 y, \; Z = \omega^2 z$$

则

$$dW = Xdx + Ydy + Zdz = \omega^2 x dx + \omega^2 y dy - g dz$$

积分后，代入式（3-13），对单位质量流体而言，可得：

$$z + \frac{p}{\gamma} + \frac{u^2}{2g} - \frac{\omega^2 r^2}{2g} = 常数 \qquad (3\text{-}18)$$

对同一流线或同一微元流束上的任意两点 1、2，上式可写成：

$$z_1 + \frac{p_1}{\gamma} + \frac{u_1^2}{2g} - \frac{\omega^2 r_1^2}{2g} = z_2 + \frac{p_2}{\gamma} + \frac{u_2^2}{2g} - \frac{\omega^2 r_2^2}{2g} \qquad (3\text{-}19)$$

[例题 3-4] 物体绕流如图 3-16 所示，上游无穷远处流速为 $u_\infty = 4.2\,\text{m/s}$、压强为 $p_\infty = 0$ 的水流受到迎面物体的阻碍后，在物体表面上的顶冲点 S 处的流速减至零，压强升高，求点 S 处的压强（S 点为滞流点或驻点）。

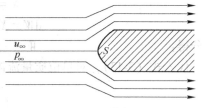

图 3-16　物体绕流

[解] 忽略黏性，根据通过 S 点的流线上伯努利方程，有：

$$z_\infty + \frac{p_\infty}{\gamma} + \frac{u_\infty^2}{2g} = z_S + \frac{p_S}{\gamma} + \frac{u_S^2}{2g}$$

$z_\infty = z_S$，代入数据，得：

$$\frac{p_S}{\gamma} = \frac{p_\infty}{\gamma} + \frac{u_\infty^2}{2g} - \frac{u_S^2}{2g} = \frac{4.2^2}{2 \times 9.8} = 0.9\,\text{m}$$

故 S 处的压强 $p_S = 0.9\,\text{mH}_2\text{O}$。

3.6　实际流体的伯努利方程及其工程应用

3.6.1　实际流体运动的微分方程

实际流体的运动微分方程可以仿照理想流体的运动微分方程去推导。这里直接给出实际流体的运动微分方程式，称为纳维-斯托克斯方程（简称 N-S 方程）。

$$\left.\begin{array}{l}
a_x = X - \dfrac{1}{\rho}\dfrac{\partial p}{\partial x} + \nu\,\nabla^2 u_x = u_x\dfrac{\partial u_x}{\partial x} + u_y\dfrac{\partial u_x}{\partial y} + u_z\dfrac{\partial u_x}{\partial z} + \dfrac{\partial u_x}{\partial t} \\[3mm]
a_y = Y - \dfrac{1}{\rho}\dfrac{\partial p}{\partial y} + \nu\,\nabla^2 u_y = u_x\dfrac{\partial u_y}{\partial x} + u_y\dfrac{\partial u_y}{\partial y} + u_z\dfrac{\partial u_y}{\partial z} + \dfrac{\partial u_y}{\partial t} \\[3mm]
a_z = Z - \dfrac{1}{\rho}\dfrac{\partial p}{\partial z} + \nu\,\nabla^2 u_z = u_x\dfrac{\partial u_z}{\partial x} + u_y\dfrac{\partial u_z}{\partial y} + u_z\dfrac{\partial u_z}{\partial z} + \dfrac{\partial u_z}{\partial t}
\end{array}\right\} \qquad (3\text{-}20)$$

式中，符号 ∇^2 为拉普拉斯算子，$\nabla^2 = \dfrac{\partial^2}{\partial x^2} + \dfrac{\partial^2}{\partial y^2} + \dfrac{\partial^2}{\partial z^2}$。

与理想流体运动微分方程相比，N-S 方程增加了黏性项 $\nu\nabla^2 u$，表示单位质量黏性流体所受的切向应力。$\nu\nabla^2 u_x$、$\nu\nabla^2 u_y$、$\nu\nabla^2 u_z$ 表示单位质量黏性流体所受切向应力在各轴投影。从理论上讲，N-S 方程加上连续性方程共 4 个方程，完全可以求解 4 个未知量 u_x、u_y、u_z 和 p，但在实际流动中，大多边界条件复杂，所以很难求解。

3.6.2　实际流体微元流束的伯努利方程

讨论实际流体伯努利方程的前提与理想流体中一样，运动流体所受质量力为有势的质量力，流体是不可压缩的，其运动是定常流动。N-S 方程变为：

$$\left.\begin{array}{l}\dfrac{\partial}{\partial x}\left(W-\dfrac{p}{\rho}-\dfrac{u^2}{2}\right)+\nu\,\nabla^2 u_x=0\\[2mm]\dfrac{\partial}{\partial y}\left(W-\dfrac{p}{\rho}-\dfrac{u^2}{2}\right)+\nu\,\nabla^2 u_y=0\\[2mm]\dfrac{\partial}{\partial z}\left(W-\dfrac{p}{\rho}-\dfrac{u^2}{2}\right)+\nu\,\nabla^2 u_z=0\end{array}\right\} \tag{3-21}$$

将上式各乘以 $\mathrm{d}x$、$\mathrm{d}y$、$\mathrm{d}z$ 后相加，得：

$$\mathrm{d}\left(W-\frac{p}{\rho}-\frac{u^2}{2}\right)+\nu\left(\nabla^2 u_x\mathrm{d}x+\nabla^2 u_y\mathrm{d}y+\nabla^2 u_z\mathrm{d}z\right)=0$$

第二项为切向应力在流线微元长度 $\mathrm{d}l$ 上所做的功，为负功，将第二项表示为 $\nu\left(\nabla^2 u_x\mathrm{d}x+\nabla^2 u_y\mathrm{d}y+\nabla^2 u_z\mathrm{d}z\right)=-\mathrm{d}w_R$，$w_R$ 为阻力功，代入上式得：

$$\mathrm{d}\left(W-\frac{p}{\rho}-\frac{u^2}{2}-w_R\right)=0$$

沿流线积分，得：

$$W-\frac{p}{\rho}-\frac{u^2}{2}-w_R=c$$

此方程为实际流体定常流动微分方程的伯努利积分。它表明在有势质量力作用下，黏性流体作定常流动时，函数值 $W-\dfrac{p}{\rho}-\dfrac{u^2}{2}-w_R$ 是沿流线不变的。在同一流线上任取 1、2 两点，有：

$$W_1-\frac{p_1}{\rho}-\frac{u_1^2}{2}-w_{R1}=W_2-\frac{p_2}{\rho}-\frac{u_2^2}{2}-w_{R2}$$

若质量力只有重力，取垂直向上为 z 轴，有：

$$W_1=-gz_1;\qquad W_2=-gz_2$$

代入上式，经整理得：

$$z_1+\frac{p_1}{\gamma}+\frac{u_1^2}{2g}=z_2+\frac{p_2}{\gamma}+\frac{u_2^2}{2g}+\frac{1}{g}(w_{R2}-w_{R1})$$

式中，$w_{R2}-w_{R1}$ 表示单位质量实际流体沿流线从点 1 运动到点 2 过程中内摩擦力做功的增量。令 $\dfrac{1}{g}(w_{R2}-w_{R1})=h_1'$，它表示单位质量实际流体沿流线从点 1 到点 2 的路程上所接受的摩阻功。则：

$$z_1+\frac{p_1}{\gamma}+\frac{u_1^2}{2g}=z_2+\frac{p_2}{\gamma}+\frac{u_2^2}{2g}+h_1'$$

此式为实际流体运动的伯努利方程。它表明单位质量黏性流体沿流线运动时，其有关值（与 z、p、u 有关的函数值）的总和沿流向逐渐减少。可推广到微元流束，得到实际流体微元流束伯努利方程。

3.6.3　实际流体总流的伯努利方程

为了应用伯努利方程来解决工程中的实际流体流动问题，应将微元流束的伯努利方程推广到总流，得出总流的伯努利方程。对于微元流束而言，过流断面面积 dA 很小，在同一 dA 上，各流体质点的 z、p、u 等物理量可以看作是相同的；但是总流，由于其过流断面面积 A 为有限大，在同一 A 上，各流体质点的 z、p、u 等物理量之值变化较大。因此，先分析总流的情况，再推导总流的伯努利方程。

（1）急变流和缓变流。急变流是指流线的曲率半径 r 很小，流线之间的夹角 β 很大的流动。如图 3-17 所示，流段 1—2、2—3、4—5 内的流动是急变流。在急变流段中，既有不能忽略的离心惯性力，且内摩擦力在垂直于流线的过流断面上也有分量。在这种流段的过流断面上有多种成因复杂的力，因此，不宜在此过流断面列伯努利方程。

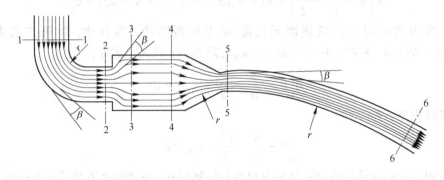

图 3-17　急变流与缓变流

缓变流是指流线的曲率半径 r 无限大，流线之间的夹角 β 无限小，即流线接近于平行直线流动。如图 3-17 中，流段 3—4、5—6 内的流动是缓变流。在缓变流段中，过流断面基本上都是平面。由于流线曲率半径很大，形成的离心惯性力很小，可以忽略，而且内摩擦力在垂直于流线的过流断面上几乎没有分量。因此，在这种过流断面上的压强分布符合流体静压强分布规律。

可以证明，在缓变流段中，同一过水断面的任一点，如图 3-18 所示，其压强的分布遵循重力场中流体静力学规律，即：$z + \dfrac{p}{\gamma} = c$。

所以，应将伯努利方程中的过水断面取在缓变流段中。在不同的缓变流过水断面上 $z + \dfrac{p}{\gamma}$ 有不同的常数值，即：

$$z_1 + \frac{p_1}{\gamma} = c_1 \; ; \; z_2 + \frac{p_2}{\gamma} = c_2 \quad (3\text{-}22)$$

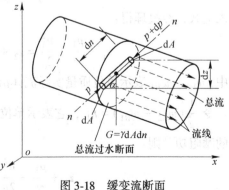

图 3-18　缓变流断面

（2）实际流体总流的伯努利方程。假定流体是不可压缩的实际流体，并且作定常流动，其中任一微元流束的伯努利方程为：

$$z_1 + \frac{p_1}{\gamma} + \frac{u_1^2}{2g} = z_2 + \frac{p_2}{\gamma} + \frac{u_2^2}{2g} + h_1' \tag{3-23}$$

此式为单位质量流体能量的变化关系。

如图 3-19 所示，假设单位时间内流过微元流束断面 1—1 和 2—2 的流体质量为 $\gamma \mathrm{d}Q$，用 $\gamma \mathrm{d}Q$ 乘以上式各项，得其能量关系为：

$$z_1 \gamma \mathrm{d}Q + \frac{p_1}{\gamma} \gamma \mathrm{d}Q + \frac{u_1^2}{2g} \gamma \mathrm{d}Q = z_2 \gamma \mathrm{d}Q + \frac{p_2}{\gamma} \gamma \mathrm{d}Q + \frac{u_2^2}{2g} \gamma \mathrm{d}Q + h_1' \gamma \mathrm{d}Q$$

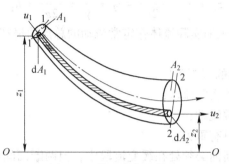

图 3-19　微元流束和总流

将上式沿总流相应的过水断面 A_1 和 A_2 对流量进行积分，得：

$$\int_Q z_1 \gamma \mathrm{d}Q + \int_Q \frac{p_1}{\gamma} \gamma \mathrm{d}Q + \int_Q \frac{u_1^2}{2g} \gamma \mathrm{d}Q = \int_Q z_2 \gamma \mathrm{d}Q + \int_Q \frac{p_2}{\gamma} \gamma \mathrm{d}Q + \int_Q \frac{u_2^2}{2g} \gamma \mathrm{d}Q + \int_Q h_1' \gamma \mathrm{d}Q$$

即：$\gamma \int_{A_1} \left(z_1 + \dfrac{p_1}{\gamma}\right) u_1 \mathrm{d}A_1 + \dfrac{\gamma}{2g} \int_{A_1} u_1^3 \mathrm{d}A_1 = \gamma \int_{A_2} \left(z_2 + \dfrac{p_2}{\gamma}\right) u_2 \mathrm{d}A_2 + \dfrac{\gamma}{2g} \int_{A_2} u_2^3 \mathrm{d}A_2 + \gamma \int_{A_2} h_1' u_2 \mathrm{d}A_2$

上式中的积分可以分解为三个部分，第一部分取过流断面在缓变流段中，则

因为 $z + \dfrac{p}{\gamma} = c$（常数），所以：

$$\gamma \int_A \left(z + \frac{p}{\gamma}\right) u \mathrm{d}A = \gamma \left(z + \frac{p}{\gamma}\right) \int_A u \mathrm{d}A = \left(z + \frac{p}{\gamma}\right) \gamma Q$$

第二部分的积分可以用均速表示，即：

$$\frac{\gamma}{2g} \int_A u^3 \mathrm{d}A = \frac{\gamma}{2g} \alpha v^2 A = \frac{\alpha v^2}{2g} \gamma Q \tag{3-24}$$

此式表示单位时间内通过总流过水断面的流体动能的总和，式中 α 表示动能修正系数，是用点速 u 表示的流经过流断面 A 的流体动能 E_u 和用均速 v 表示的流经过流断面 A 的流体动能 E_v 的比值。

$$E_u = \int_A \frac{1}{2}(\rho u \mathrm{d}A) u^2 = \frac{1}{2} \int_A \rho u^3 \mathrm{d}A = \frac{1}{2} \int_A \rho \, (v \pm \Delta u)^3 \mathrm{d}A \approx \frac{1}{2} \left(\rho v^3 \int_A \mathrm{d}A + 3v\rho \int_A \Delta u^2 \mathrm{d}A\right)$$

$$E_v = \frac{1}{2}(\rho v A) v^2 = \frac{1}{2} \rho v^3 A$$

故，$\alpha = \dfrac{E_u}{E_v} > 1$。

α 取决于 u 在 A 上的分布，如果流速分布较均匀时 $\alpha = 1.05 \sim 1.10$；在圆管层流动中

$\alpha = 2$；工程实际中的湍流运动常取 $\alpha = 1$。

第三部分式中最后一项 $\int_Q h'_1 \gamma \mathrm{d}Q$，表示流体质点从过流断面 1—1 流到 2—2 时机械能损失之和。若用 h_1 表示单位质量流体的平均能量损失，则：

$$\int_Q h'_1 \gamma \mathrm{d}Q = h_1 \gamma Q$$

将上面三项积分分别代回原式，两边同时除以 γQ，就得出总流的伯努利方程为：

$$z_1 + \frac{p_1}{\gamma} + \frac{\alpha_1 v_1^2}{2g} = z_2 + \frac{p_2}{\gamma} + \frac{\alpha_2 v_2^2}{2g} + h_1 \tag{3-25}$$

此式为重力场中不可压缩实际流体作定常流动的总流伯努利方程，是工程流体力学中最重要的方程之一。

（3）总流伯努利方程的限制条件。

1）流体为不可压缩的实际流体；

2）流体的运动为定常流动；

3）流体所受质量力只有重力；

4）所选取的两过水断面必须处在缓变流段中，但两断面间不必是缓变流段，且过流断面上所取的点不要求在同一流线上；

5）总流的流量沿程不变，即所取两过流断面间没有流量的汇入或流出；

6）除 h_1 外，总流没有能量的输入或输出。

（4）使用伯努利方程时的注意事项。

1）方程中 z_1、z_2 的基准面可任选，但必须选择同一基准面，一般使 $z \geqslant 0$；

2）方程中的压强 p_1 和 p_2，既可用绝对压强，也可用相对压强，但等式两边的标准必须一致；

3）当 $h_1 = 0$ 时，方程变为理想流体总流的伯努利方程。

当流体为气体时，由于气体在流动时，重度 γ 是个变量，如果不考虑气体内能的影响，伯努利方程为：

$$z_1 + \frac{p_1}{\gamma_1} + \frac{\alpha_1 v_1^2}{2g} = z_2 + \frac{p_2}{\gamma_2} + \frac{\alpha_2 v_2^2}{2g} + h_1 \tag{3-26}$$

矿井中的通风过程就属于这种情况，如果 γ 变化不大，也可直接使用原式。

当在两个过水断面之间通过泵、风机或水轮机等流体机械，有机械能的输入或输出时，此输入或输出的能量可以用 $\pm E$ 表示，则伯努利方程变为：

$$z_1 + \frac{p_1}{\gamma} + \frac{\alpha_1 v_1^2}{2g} \pm E = z_2 + \frac{p_2}{\gamma} + \frac{\alpha_2 v_2^2}{2g} + h_1 \tag{3-27}$$

式中　E——输入或输出的能量，使用泵或风机对系统输入能量时，E 前冠以正号；使用水轮机，由系统输出能量时，E 前冠以负号。

如果在两过流断面间有流量的汇入，如图 3-20（a）所示，则伯努利方程为：

$$\left. \begin{aligned} z_1 + \frac{p_1}{\gamma} + \frac{\alpha_1 v_1^2}{2g} &= z_3 + \frac{p_3}{\gamma} + \frac{\alpha_3 v_3^2}{2g} + h_{11-3} \\ z_2 + \frac{p_2}{\gamma} + \frac{\alpha_2 v_2^2}{2g} &= z_3 + \frac{p_3}{\gamma} + \frac{\alpha_3 v_3^2}{2g} + h_{12-3} \end{aligned} \right\} \tag{3-28}$$

如果在两过流断面间有流量的分出，如图 3-20（b）所示，则伯努利方程为：

$$z_1 + \frac{p_1}{\gamma} + \frac{\alpha_1 v_1^2}{2g} = z_2 + \frac{p_2}{\gamma} + \frac{\alpha_2 v_2^2}{2g} + h_{l1-2} \\ z_1 + \frac{p_1}{\gamma} + \frac{\alpha_1 v_1^2}{2g} = z_3 + \frac{p_3}{\gamma} + \frac{\alpha_3 v_3^2}{2g} + h_{l1-3} \Bigg\} \tag{3-29}$$

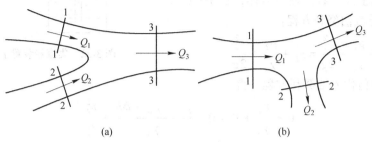

（a）　　　　　　　　　　　　（b）

图 3-20　流量的汇入与分出

3.6.4　伯努利方程的应用

[例题 3-5]　某污染处理厂从一高位水池引出一条供水管路 AB，如图 3-21 所示。已知管中流量 $Q=0.04\text{m}^3/\text{s}$，管路直径 $D=0.3\text{m}$，安装在 B 点的压力表读数为 1 个工程大气压，高度 $H=20\text{m}$，求管路 AB 段的水头损失。

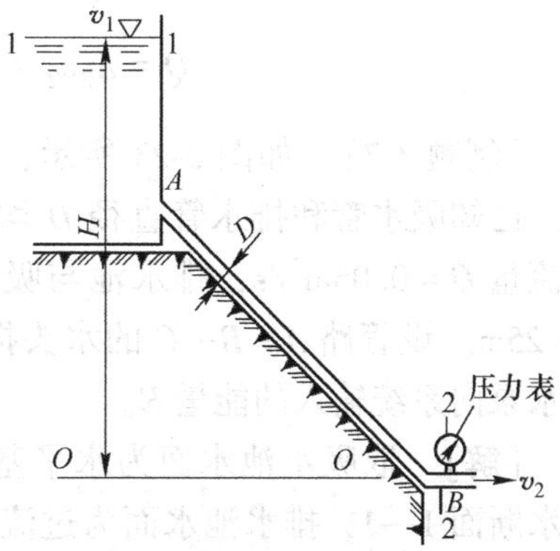

[解]　取水平基准面为 $O—O$，过流断面 1—1、2—2 如图所示，列两断面间的伯努利方程：

$$z_1 + \frac{p_1}{\gamma} + \frac{\alpha_1 v_1^2}{2g} = z_2 + \frac{p_2}{\gamma} + \frac{\alpha_2 v_2^2}{2g} + h_1$$

图 3-21　供水管路

由已知条件知，$z_1 = H = 20\text{m}$，$z_2 = 0$，方程两端使用相对压强，有：

$$\frac{p_1}{\gamma} = 0, \quad \frac{p_2}{\gamma} = \frac{1 \times 9.8 \times 10^4}{9800} = 10\text{m}, \quad \alpha_1 = \alpha_2 = 1, \quad v_1 \approx 0,$$

$$v_2 = \frac{Q}{A} = \frac{0.04}{\frac{\pi}{4} \times 0.3^2} = 0.566\text{m/s}$$

将上述各值代入伯努利方程，得：

$$h_1 = z_1 + \frac{p_1}{\gamma} + \frac{\alpha_1 v_1^2}{2g} - z_2 - \frac{p_2}{\gamma} - \frac{\alpha_2 v_2^2}{2g} = 20 - 10 - \frac{0.566^2}{2 \times 9.8} = 9.98\text{m}$$

即管路 AB 段的水头损失为 9.98m 水柱。

[例题 3-6]　如图 3-22 所示，为测量风机流量的常用集流器装置的示意图，集流器入口为圆弧或圆锥形，直管内径 $D=0.3\text{m}$，气体重度 $\gamma_a = 12.6\text{N/m}^3$，在距入口直管段 $D/2$ 处（过水断面 2—2 位置）安装静压测压管，测得 $\Delta h = 0.25\text{m}$。试计算风机的风量 Q。

[解]　取 $O—O$ 为水平基准面。

在入口前方稍远处取过水断面1—1，由于过水断面1—1远远大于集流器断面，近似取$v_1 = 0$；过水断面1—1上的压强$p_1 = p_a$。

过水断面2—2的流速为v_2，压强$p_2 = p_a - \gamma_W \Delta h$，$z_1 = z_2 = 0$。

不计能量损失，看作理想流体，在1—1和2—2断面列总流伯努利方程：

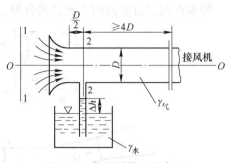

图3-22　集流器装置示意图

$$z_1 + \frac{p_1}{\gamma_a} + \frac{v_1^2}{2g} = z_2 + \frac{p_2}{\gamma_a} + \frac{v_2^2}{2g}$$

将上述各值代入伯努利方程，得：

$$0 + \frac{p_a}{\gamma_a} + 0 = 0 + \frac{p_a - \gamma_W \cdot \Delta h}{\gamma_a} + \frac{v_2^2}{2g}$$

$$v_2 = \sqrt{2g \frac{\gamma_W}{\gamma_a} \Delta h} = 61.7 \text{m/s}$$

$$Q = A_2 v_2 = \frac{\pi}{4} \times 0.3^2 \times 61.7 = 4.36 \text{m}^3/\text{s}$$

[例题 3-7]　如图3-23所示，为水泵管路系统。已知吸水管和排水管直径D均为200mm，管中流量$Q = 0.06\text{m}^3/\text{s}$，排水池与吸水池水面高差$H = 25$m。设管路$A$—$B$—$C$的水头损失为$h_1 = 5$m，求水泵向系统输入的能量$E$。

[解]　取吸水池水面为水平基准面O—O及过水断面1—1，排水池水面为过流断面2—2，列两断面间的伯努利方程：

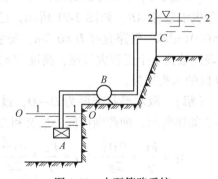

图3-23　水泵管路系统

$$z_1 + \frac{p_1}{\gamma_a} + \frac{\alpha_1 v_1^2}{2g} + E = z_2 + \frac{p_2}{\gamma_a} + \frac{\alpha_2 v_2^2}{2g} + h_1$$

由已知条件，$p_1 = p_2 = p_a$，$z_1 = 0$，$z_2 = 25$，$v_1 = v_2 \approx 0$，$h_1 = 5$m。

因此，$E = z_2 + h_1 = 25 + 5 = 30$m。

工程中E称为水泵的扬程，用来提高水位和克服管路中的阻力损失。

3.7　伯努利方程式的意义

3.7.1　物理意义（能量意义）

伯努利方程中的每一项都具有相应的能量意义。方程式中z、$\frac{p}{\gamma}$、$\frac{u^2}{2g}$分别表示单位质量流体流经某点时所具有的位能（称为比位能）、压能（称为比压能）和动能（称为比动能）。h_1'表示单位质量流体在流动过程中损耗的机械能（称为能量损失）。$z + \frac{p}{\gamma}$表示单位质量流体的总势能（称为比势能）；$z + \dfrac{p}{\gamma} + \dfrac{u^2}{2g}$ 表示单位质量流体的总机械能（称为总比能）。

理想流体运动的伯努利方程表明单位质量无黏性流体沿流线自位置 1 流到位置 2 时，其位能、压能、动能可能有变化，或相互转化，但其总和（总比能）不变。伯努利方程是能量守恒与转换原理在流体力学中的体现。

实际流体运动的伯努利方程表明单位质量实际流体沿流线自位置 1 流到位置 2 时，各项能量可能有变化，或相互转化，而且其总机械能也有损失。

3.7.2　几何意义

伯努利方程中的每一项都具有相应的几何意义。参照流体静力学中水头的概念，方程式中 z、$\dfrac{p}{\gamma}$、$\dfrac{u^2}{2g}$ 分别表示单位质量流体流经某点时所具有的位置水头（简称位头）、压强水头（简称压头）和速度水头（简称速度头）。速度水头表示单位质量流体流经给定点时，因其速度 u 向上自由喷射能够达到的高度。h_1' 表示损失水头，$z + \dfrac{p}{\gamma} + \dfrac{u^2}{2g}$ 表示总水头。如图 3-24 所示，曲线 AB 表示位置水头线；曲线 CD 表示测压管水头线或静压水头线；直线 EF 表示理想总水头线。图 3-25 中，EF' 表示实际总水头。

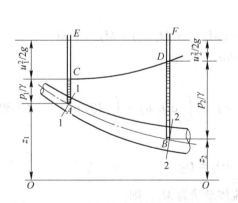

图 3-24　理想流体伯努利方程的几何意义

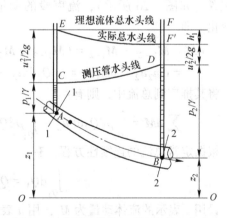

图 3-25　实际流体伯努利方程的几何意义

理想流体伯努利方程式表示理想流体沿流线运动时，其位置水头、压强水头、速度水头可能有变化或三个水头间相互转化，但其各水头之和总是保持不变，即理想流体各过水断面上的总水头永远相等。总水头线是一条水平线，测压管水头线/静压水头线是一条随过水断面改变而起伏的曲线。

实际流体伯努利方程式表示实际流体在流动过程中，各水头不但可能有变化，或相互转化，而且总水头也必然沿流向降低。实际流体的总水头线沿流体的流动路程是一条下降的曲线（若微元流束的过流断面相等，则为斜直线），不像理想流体水头线是一条水平线。

3.8　定常流动总流的动量方程及其工程应用

流体动量方程是动量守恒定律在流体运动中的具体表达式，反映了流体动量变化与作用力间的关系。讨论运动流体与固体边界面上的相互作用力，例如：流体在弯曲管道内流动，弯管的受力情况；水力采矿时，高压水枪射流对水枪、对矿床的作用力；火箭飞行过程中，从火箭尾部喷射出的高温高压气体对火箭的反推力等等。这类问题，需应用运动流体的动量方程来分析。

3.8.1　定常流动总流的动量方程

从物理学知，动量定律是指物体运动过程中，动量对时间 t 的变化率，等于作用在物体上全部外力的矢量和，即：

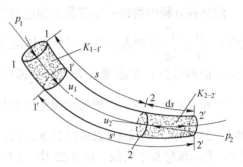

$$\frac{d\boldsymbol{M}}{dt} = \frac{d}{dt}\sum m\boldsymbol{v} = \sum\boldsymbol{F}$$

现将这一定理应用到流体定常流动中：在弯管总流中任取一微元流束段 1—2，经 dt 时间后，流束段 1—2 将沿流线运动到 1′—2′ 段位置（如图 3-26 所示），流束段的动量发生变化，即：

图 3-26　流体动量方程的推导

$$d\boldsymbol{M} = \boldsymbol{M}_{1'-2'} - \boldsymbol{M}_{1-2} = (\boldsymbol{M}_{1'-2} + \boldsymbol{M}_{2-2'}) - (\boldsymbol{M}_{1-1'} + \boldsymbol{M}_{1'-2}) = \boldsymbol{M}_{2-2'} - \boldsymbol{M}_{1-1'}$$

$$= dm_2\boldsymbol{u}_2 - dm_1\boldsymbol{u}_1 = \rho dQ_2 dt\boldsymbol{u}_2 - \rho dQ_1 dt\boldsymbol{u}_1$$

将其推广到总流中，则有：

$$\sum d\boldsymbol{M} = \int_{Q_2}\rho dQ_2 dt\,\boldsymbol{u}_2 - \int_{Q_1}\rho dQ_1 dt\,\boldsymbol{u}_1 = \rho dt\left(\int_{Q_2}dQ_2\,\boldsymbol{u}_2 - \int_{Q_1}dQ_1\,\boldsymbol{u}_1\right) \qquad (3\text{-}30)$$

根据定常总流的连续性方程，有：

$$\int_{Q_1}dQ_1 = Q_1 = \int_{Q_2}dQ_2 = Q_2$$

设用 v 表示的流体动量为 M_v，用 u 表示的流体动量为 M_u，则：

$$M_u = \int_A\rho u dAu = \rho\int_A u^2 dA, \quad M_v = \int_A\rho v dAv = \rho\int_A v^2 dA$$

因 n 个数值平方的和总大于其算术平均值平方的 n 倍，故：

$$\frac{M_u}{M_v} = \frac{\rho\int_A u^2 dA}{\rho\int_A v^2 dA} = \frac{\int_A u^2 dA}{\int_A v^2 dA} = \alpha_0 > 1$$

即

$$M_u = \alpha_0 M_v$$

α_0 称为动量校正系数，据实测，在直管（渠）的高速水流中，$\alpha_0 = 1.02 \sim 1.05$，在一般的工程计算中，为了简化计算，可取 $\alpha_0 \approx 1$，即实际上可以不需校正。根据动量校正系数的概念，引入均速，得：

$$\sum \mathrm{d}\boldsymbol{M} = \rho Q \mathrm{d}t(\alpha_{02}\boldsymbol{v}_2 - \alpha_{01}\boldsymbol{v}_1)$$

即

$$\sum \boldsymbol{F} = \rho Q(\alpha_{02}\boldsymbol{v}_2 - \alpha_{01}\boldsymbol{v}_1) \tag{3-31}$$

上式即为不可压缩流体定常流动总流的动量方程，通常用来确定运动流体与固体壁面间的相互作用力，其物理意义表示，外力矢量和等于单位时间内流出与流入的动量差。$\sum \boldsymbol{F}$ 为作用于流体上所有外力的合力，包括流束段 1—2 的重力 $\boldsymbol{G}$，两过流断面上的流体动压力 $\boldsymbol{P}_1$、$\boldsymbol{P}_2$ 及其他边界面上所受到的表面压力的总值 $\boldsymbol{R}$，因此上式也可写成：

$$\boldsymbol{F} = \boldsymbol{G} + \boldsymbol{R} + \boldsymbol{P}_1 + \boldsymbol{P}_2 \tag{3-32}$$

在一般的工程计算中，可取 $\alpha_{01} = \alpha_{02} \approx 1$，并将上述矢量方程投影到三个坐标轴上，可得到动量方程的实用形式，即：

$$\left. \begin{array}{l} \sum F_x = \rho Q(v_{2x} - v_{1x}) \\ \sum F_y = \rho Q(v_{2y} - v_{1y}) \\ \sum F_z = \rho Q(v_{2z} - v_{1z}) \end{array} \right\} \tag{3-33}$$

3.8.2 动量方程的应用

（1）流体作用于弯管上的力。如图 3-27 所示一渐缩弯管，取断面 1—1、断面 2—2 间流体为控制体，其受力包括：流体重力 G、弯管对流体作用力 R，过流断面上外界流体对控制体压力 p_1A_1、p_2A_2，设流入断面 1—1 的平均速度为 v_1，流出断面 2—2 的平均速度为 v_2，取图中所示坐标系，列 x 轴、y 轴的动量方程为：

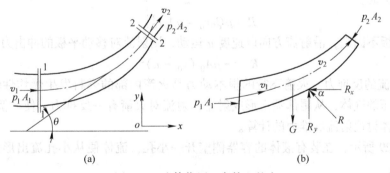

图 3-27 流体作用于弯管上的力

$$\left. \begin{array}{l} \sum F_x = p_1 A_1 - p_2 A_2 \cos\theta - R_x = \rho Q(v_{2x} - v_{1x}) \\ \sum F_y = -p_2 A_2 \sin\theta - G + R_y = \rho Q(v_{2y} - v_{1y}) \end{array} \right\}$$

所以

$$R_x = p_1 A_1 - p_2 A_2 \cos\theta - \rho Q(v_2 \cos\theta - v_1)$$

$$R_y = p_2 A_2 \sin\theta + G + \rho Q v_2 \sin\theta$$

则

$$R = \sqrt{R_x^2 + R_y^2}$$

$$\boldsymbol{R} = R_x \boldsymbol{i} + R_y \boldsymbol{j} \tag{3-34}$$

R 的方向为：

$$\alpha = \arctan \frac{R_y}{R_x}$$

流体对弯管的作用力，与 R 是一对作用力和反作用力，大小与 R 相等，方向与 R 相反。

（2）射流作用在固定平面上的冲击力。流体从管嘴喷射出而形成射流。如射流在同一大气压强之下，并忽略自身重力，则作用在流体上的力，只有固定平面对射流的阻力 R，它与射流对固定平面的冲击力构成一对作用力和反作用力。

如图 3-28 所示固定平板与水平面成 θ 角，流体从喷嘴射出，其断面面积为 A_0，平均流速为 v_0，射向平板后分散成两股，其速度分别为 v_1 和 v_2，由伯努利方程知：$v_1 = v_2 = v_0$，以平板方向为 x 轴，平板法线方向为 y 轴，列射流的动量方程为：

$$\left. \begin{array}{l} \sum F_x = 0 = \rho Q_1 v_1 - \rho Q_2 v_2 - \rho Q_0 v_0 \cos\theta \\ \sum F_y = R = -\left(-\rho Q_0 v_0 \sin\theta\right) = \rho Q_0 v_0 \sin\theta \end{array} \right\} \tag{3-35}$$

由连续性方程 $Q_1 + Q_2 = Q_0$，解方程得：

$$\left. \begin{array}{l} Q_1 = \frac{1}{2} Q_0 (1 + \cos\theta); \quad Q_2 = \frac{1}{2} Q_0 (1 - \cos\theta) \\ R = \rho Q_0 v_0 \sin\theta = \rho A_0 v_0^2 \sin\theta \end{array} \right\} \tag{3-36}$$

射流对平板的冲击力： $\qquad\qquad R' = -R$

当 $\theta = 90°$ 时：

$$\left. \begin{array}{l} Q_1 = Q_2 = \frac{Q_0}{2} \\ R = \rho Q_0 v_0 = \rho A_0 v_0^2 \end{array} \right\} \tag{3-37}$$

如果平板不固定，沿射流方向以速度 u 运动，则射流对移动平板的冲击力为：

$$R' = -\rho A_0 (v_0 - u)^2 \tag{3-38}$$

（3）射流的反推力。火箭飞行的根本动力是火箭内部的燃料发生爆炸性燃烧，产生大量高温高压的气体，从尾部喷出形成射流，射流对火箭有一反推力，使火箭向前运动。下面我们具体讨论射流反推力的计算。

如图 3-29 所示，在装有液体的容器侧壁开一小孔，流体便从小孔流出形成射流，则射流速度为：

$$v = \sqrt{2gh}$$

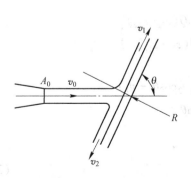

图 3-28　射流对固定平板的冲击力

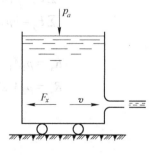

图 3-29　射流的反推力

在 x 轴方向上，流体动量对时间的变化率为：$\dfrac{\mathrm{d}M}{\mathrm{d}t} = \rho Q v = \rho A v^2$

则射流给容器的反推力 F_x（其大小与 R_x 相等，方向与 R_x 相反）为：

$$F_x = -\rho A v^2 \tag{3-39}$$

如果容器与底面间无摩擦，可沿 x 轴自由运动，那么容器在反推力 F_x 的作用下，将沿与射流相反的方向运动，这就是射流的反推力。火箭、喷气式飞机、喷水船等都是借助这种反推力而工作的。

[例题 3-8] 在直径为 $D = 100\text{mm}$ 的水平管路末端，接上一个出口直径为 $d = 50\text{mm}$ 的喷嘴，如图 3-30 所示。已知管中流量为 $Q = 1\text{m}^3/\text{min}$，求水流沿 x 轴作用于喷嘴的力。

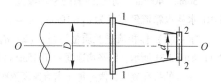

[解] 由连续性方程可知：

$$v_1 = \frac{Q}{A_1} = \frac{Q}{\pi D^2/4} = \frac{\frac{1}{60} \times 4}{\pi \times 0.1^2} = 2.123\text{m/s}$$

$$v_2 = \frac{Q}{A_2} = \frac{Q}{\pi d^2/4} = \frac{\frac{1}{60} \times 4}{\pi \times 0.05^2} = 8.492\text{m/s}$$

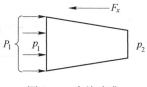

图 3-30 水枪喷嘴

取管轴线为水平基准面 O—O，过流断面为 1—1、2—2，列伯努利方程：

$$z_1 + \frac{p_1}{\gamma} + \frac{u_1^2}{2g} = z_2 + \frac{p_2}{\gamma} + \frac{u_2^2}{2g}$$

由于 $z_1 = z_2$、$p_2 = 0$，故：

$$p_1 = \frac{\gamma}{2g}(v_2^2 - v_1^2) = \frac{9800}{2 \times 9.8}(8.496^2 - 2.123^2) = 33837\text{N/m}^2$$

设喷嘴作用于流体上的力沿 x 轴的分力为 F_x，列射流动量方程：

$$p_1 A_1 - F_x = \rho Q(v_2 - v_1)$$

得：

$$F_x = p_1 A_1 - \rho Q(v_2 - v_1) = 159.4\text{N}$$

水流沿 x 轴作用于喷嘴的力大小为 159.4N，方向向右。

习 题 3

3-1 已知一平面流场，其速度表达式为 $\boldsymbol{u} = (4y - 6x)t\boldsymbol{i} + (6y - 9x)t\boldsymbol{j}$，求：$t = 2\text{s}$ 时，$(2, 4)$ 点的加速度为多少？

3-2 已知一平面流场，其速度表达式为 $u_x = 1 - y$，$u_y = t$，求：$t = 1$ 时过 $(0, 0)$ 点的迹线和流线。

3-3 已知一平面流场，其速度表达式为 $u_x = xt$，$u_y = 2$，在 $t = 0$ 时刻流体质点 A 位于点 $(1, 1)$。试求：

(1) 质点 A 的迹线方程；(2) 在 $t = 1$，2，3 时刻通过点 $(1, 1)$ 的流线方程。

3-4 设平面不定常流动的速度分布为 $u_x = xt$，$u_y = -yt$，试求迹线与流线方程。

3-5 试判断下列各三维流场的速度分布是否满足不可压缩流体连续性条件：

（1）$u_x = x^2y$，$u_y = y^2z$，$u_z = -2xyz - yz^2$；

（2）$u_x = xyt$，$u_y = -2yzt^2$，$u_z = z^2t^2 - yzt$；

（3）$u_x = 2xz + y^2$，$u_y = -2yz + x^2yz$，$u_z = 2xy + xz^2$。

3-6　对不可压缩二维流场，已知 $u_x = a(x^2 - y^2)$，a 为常数，试求 u_y 的表达式。

3-7　对不可压缩三维流场，已知 $u_x = x^2 + y^2 + z^2$，$u_y = xy^2 - yz^2 + xy$，试求 u_z 的表达式。

3-8　直径为150mm的给水管道，输水量为980.7kg/h，试求断面平均流速。

3-9　断面为300mm×400mm的矩形风道，风量为2700m³/h，求平均流速。如风道出口处断面收缩为150mm×400mm，求该断面的平均流速。

3-10　水从水箱流经直径为 $d_1 = 10\text{cm}$、$d_2 = 5\text{cm}$、$d_3 = 2.5\text{cm}$ 的管道流入大气中，当出口流速为10m/s时，求：（1）体积流量及质量流量；（2）d_1 及 d_2 管段的流速。

3-11　如图3-31所示，以平均速度 $v = 0.15\text{m/s}$ 流入直径为 $D = 2\text{cm}$ 的排孔管中的液体，全部经8个直径为 $d = 1\text{mm}$ 的排孔流出，假定每孔出流速度依次降低2%，试求第一孔与第八孔的出流平均速度各为多少？

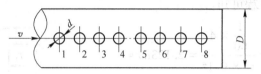

图3-31　习题3-11图

3-12　如图3-32所示的U形管测压计测量水管中的流速。U形管一端垂直壁面，一端正对轴线上的来流。设U形管内液体的密度为 $\rho = 680\text{kg/m}^3$，液位差为 $\Delta h = 0.1\text{m}$，试求轴线上测得的速度 u。

3-13　一股空气射流以速度 u 吹到一与之垂直的壁面上，壁面上的测压孔与U形管水银测压计相通，如图3-33所示。设测压计读数 $\Delta h = 4\text{mmHg}$，空气密度 $\rho = 1.269\text{kg/m}^3$，试求空气射流的速度 u。

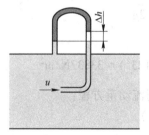

图3-32　习题3-12图

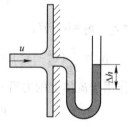

图3-33　习题3-13图

3-14　如图3-34所示，为管径不同的两段管路，已知 A 点的参数为：$d_A = 0.25\text{m}$，$p_A = 0.8×9.81×10^4\text{N/m}^2$；$B$ 点的参数为：$d_B = 0.5\text{m}$，$p_B = 0.5×9.81×10^4\text{N/m}^2$，流速 $v_B = 1.2\text{m/s}$，$z_B = 1\text{m}$。求 A、B 两断面间的能量差及判断水流运动的流向？

3-15　如图3-35所示的虹吸管中，已知：$H_1 = 2\text{m}$，$H_2 = 6\text{m}$，管径 $D = 15\text{mm}$；如不计损失，问 S 处的压强应为多大时此管才能吸水？此时管内流速 v 及流量 Q 各为多少（注意：管 B 端并未接触水面或伸入水中）？

3-16　用U形水银差压计测量变截面水管中 A、B 两点的压强差，如图3-36所示。已知：$h = 10\text{cm}$，$H = 20\text{cm}$，试求水管水平与垂直放置两种情况下的压强差 $p_A - p_B$。

3-17　如图3-37所示，有一容器的出水管管径为 $d = 10\text{cm}$，当龙头关闭时压力计读数为49000N/m²，龙头开启后压力计读数降至19600N/m²。如果总能量损失为4900N/m²，试求通过管路的速度及流量。

3-18　如图3-38所示，某水泵在运行时的进水口真空表读数为3mH₂O，出水口压力表读数为28mH₂O，吸水管直径为400mm，压水管直径为300mm，流量读数为180L/s，求水泵扬程（即水经过水泵后的水头增加值)。

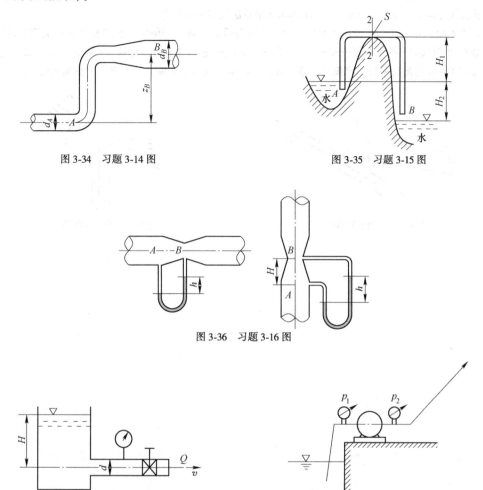

图 3-34　习题 3-14 图　　　　　　图 3-35　习题 3-15 图

图 3-36　习题 3-16 图

图 3-37　习题 3-17 图　　　　　　图 3-38　习题 3-18 图

3-19　如图 3-39 所示，直径为 $d_1 = 150mm$ 的水管末端，接上分叉管嘴，其直径分别为 $d_2 = 100mm$，$d_3 = 75mm$。水自管嘴均以 12m/s 的速度射入大气。它们的轴线在同一水平面上，夹角 $\alpha = 15°$，$\beta = 30°$，若忽略摩擦阻力，求水作用在分叉嘴上的力的大小和方向。

3-20　如图 3-40 所示，在水平平面上的 45°弯管，已知：入口直径 $d_1 = 600mm$，出口直径 $d_2 = 300mm$，入口相对压强 $p_1 = 140kPa$，流量 $Q = 0.425m^3/s$。水流经弯管射入大气，若忽略摩擦，试求水对弯管的作用力。

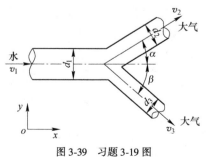

图 3-39　习题 3-19 图

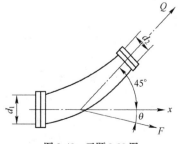

图 3-40　习题 3-20 图

3-21 如图 3-41 所示，水射流直径 $d=4\text{cm}$，速度 $v=20\text{m/s}$，平板法线与射线方向的夹角 $\theta=30°$，平板沿其法线方向运动速度 $u=8\text{m/s}$。试求作用在平板法线方向上的力 F。

3-22 如图 3-42 所示，将一平板插入水的自由射流内并垂直于射流的轴线，该平板截去射流流量的一部分 Q_1 并引起射流的剩余部分偏转角 α。已知：射流速度 $v=30\text{m/s}$，流量 $Q=36\text{L/s}$，$Q_1=12\text{L/s}$，若液体质量和射流对平板的摩擦力忽略不计，试确定射流加于平板上的力 R 和射流偏转角 α。

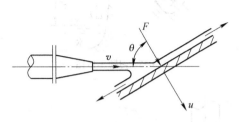

图 3-41　习题 3-21 图

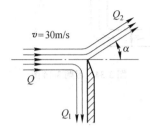

图 3-42　习题 3-22 图

4 流体的流动阻力计算

上一章讨论了流体动力学的三大基本方程，但没有解决流体的水头损失（或称单位机械能损失）的计算问题，而在实际工程中流体水头损失的大小直接关系到工程目的的实现及工程投资的多少。实际流体运动要比理想流体复杂得多，黏性的存在会使实际流体在流动过程中，流体之间因相对运动切应力的做功，以及流体与固壁之间摩擦力的做功，从而将一部分机械能不可逆地转化为热能而散失，形成能量损失。引起流动能量损失的阻力与流体的黏滞性和惯性，与固壁对流体的阻滞作用和扰动作用有关。因此，为了得到能量损失的规律，必须分析各种阻力产生的机理和特性，研究壁面特征的影响。

本章的主要内容包括流动阻力的形式，流体运动状态，流体在圆管中的层流和湍流以沿程阻力损失计算，边界层理论以及局部阻力损失计算。通过本章的学习要求学生了解沿程损失、局部损失、层流、湍流及边界层等的基本概念及有关公式，重点掌握管路中的沿程阻力和局部阻力计算。

4.1 流体运动与流动阻力

4.1.1 过水断面上影响流动阻力的主要因素

过水断面上影响流动阻力的因素有两个，一是过水断面的面积 A；二是过流断面上与液体接触的那部分固体边界的长度 χ，称为湿润周长，简称湿周。

当流量 Q 相同的流体经过面积 A 相等而湿周 χ 不等的两个过水断面时，湿周 χ 长的过流断面对流体阻力大；当流量 Q 相同的流体经过湿周 χ 相等而面积 A 不等的两个过水断面时，面积 A 小的过流断面对流体阻力大。由此可见，流动阻力与过水断面面积 A 的大小成反比，而与湿周 χ 的大小成正比。

为了描述过水断面与流动阻力的关系，引入水力半径 R 的概念：

$$R = \frac{A}{\chi} \tag{4-1}$$

注意，水力半径与一般圆截面的半径是完全不同的概念。如充满流体的圆管，假设其直径为 d，则其水力半径为：

$$R = \frac{A}{\chi} = \frac{\pi d^2/4}{\pi d} = \frac{d}{4}$$

由此可以看出，充满液体的圆管，其水力半径是圆截面半径的一半。

4.1.2 流体运动与流动阻力的两种形式

流体运动及其阻力与过流断面密切相关。如果运动流体连续通过的过流断面是不变的，则它在每一过流断面上所受到的阻力将是不变的。但如果流体通过的过流断面面积、形状及方位任一发生变化，则流体在每一过流断面上所受的阻力将是不同的。在工程流体力学中，常根据过流断面的变化情况将流体运动及其所受阻力分为两种形式。

（1）均匀流动和沿程阻力损失。流体通过的过水断面，其面积大小、形状和流动方向不变，流线为直线且相互平行的流动称为均匀流动。如图 4-1 所示的 1—2、3—4、5—6 等流段内的流体运动为均匀流动。在均匀流动中，流体只受沿程不变的摩擦力，称为沿程阻力。克服沿程阻力而消耗的能量，与流程长度成正比，称为沿程阻力损失或沿程水头损失，简称沿程损失，用 h_f 表示。

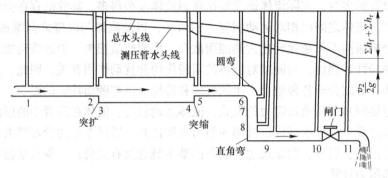

图 4-1　流体运动及其阻力形式

（2）非均匀流动和局部阻力损失。流体通过的过水断面，其面积大小、形状和流动方向发生急剧变化，则该流体的流速分布也产生急剧变化，这种流动称为非均匀流动。如图 4-1 所示的 2—3、4—5、6—7 等流段内的流体运动为非均匀流动。在非均匀流动中，流体所受到的阻力是各式各样的，但都集中在很短的流段内，如弯头、三通、异径管、管径突然扩大、管径突然缩小以及闸门等处，这种阻力称为局部阻力。克服局部阻力而产生的能量损失则称为局部阻力损失，简称局部损失，用 h_r 表示。

无论是沿程损失还是局部损失，都是由于流体在运动过程中克服阻力做功而形成的，并各有特点。而总的水头损失是沿程损失和局部损失之和，即：

$$h_1 = \sum h_f + \sum h_r \tag{4-2}$$

4.2　流体运动的两种状态

4.2.1　雷诺实验

虽然在很久以前人们就注意到，由于流体具有黏性，使得流体在不同流速范围内，断面流速分布和能量损失规律都不相同，但是直到 1876 年至 1883 年间，英国物理学家雷诺（O. Reynolds）经过多次实验，发表了他的实验结果以后，人们对这一问题才有了全面而正确的理解。现在简单介绍雷诺实验。

如图 4-2（a）所示，A 为供水管，B 为水箱，为了保持箱内水位稳定，在箱内水面处装有溢流板 J，让多余的水从泄水管 C 流出。水箱 B 中的水流入玻璃管，在经过阀门 H 流入量水箱 I 中，以便计量。E 为小水箱，内盛有红色液体，开启小活栓 D 后，红色液体流

入玻璃管 G，与清水一道流走。

进行实验时，先微微开启阀门 H，让清水以很低的速度在管 G 内流动，同时开启活栓 D，使红色液体与清水一道流动。此时可见红色液体形成一条明显的红线，与周围清水并不相互混杂，如图 4-2（b）所示。这种流动状态称为流体的层流运动。

如果继续开启阀门 H，管 G 中的水流速度逐渐增大，在流速未达到一定数值之前，还可看到流体运动仍为层流状态。但继续开启阀门 H，管 G 中的水流速度达到一定值时，便可看到红色流线开始波动，显示个别地方开始断裂，最后形成与周围清水互相混杂、穿插的紊乱流动，如图 4-2（c）所示。这种流动状态称为流体的紊流运动。

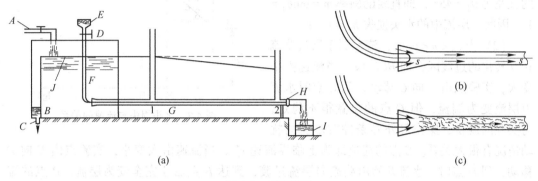

图 4-2　雷诺实验

由此可得初步结论：当流速较低时，流体层作彼此平行且不互相混杂的层流运动；当流速逐渐增大到一定值后时，流体运动便成为相互混杂、穿插的紊流运动。流速越大，紊乱程度也越强烈。由层流状态转变为紊流状态时的速度称为上临界流速，可用 v'_c 表示。

也可按相反的顺序进行试验，即先将阀门 H 开启得很大，使流体以高速在管 G 中流动，然后慢慢将阀门 H 关小，使流体以低速、更低速在管 G 中流动。这时可看到以下现象：在高速流动时流体作紊流运动；当速度慢慢降低到一定值时，流体便做彼此不互相混杂的层流运动；如果速度再降低，层流运动状态也更加稳定。由紊流状态转变成层流状态时的流速称为下临界流速，用 v_c 表示。

实验表明，在不同条件下，流体有层流和紊流两种运动状态，并且形成不同的水头损失。根据实验可得出结论：当 $v > v'_c$ 时，流体作紊流运动；当 $v < v_c$ 时，流体作层流运动；当 $v_c < v < v'_c$ 时，流态不稳，可能保持原有的层流或紊流运动。

实际工程中，水在毛细管和岩石缝隙中的流动，重油在管道中的流动，多处于层流运动状态，而水在管道（或水渠）中的流动，空气在管道中的流动，大多是紊流运动。

4.2.2　流动状态与水头损失的关系

流体的流动状态不同，则其流动阻力不同，也必然形成不同的水头损失。不同流动状态的水头损失规律可由雷诺实验说明。如图 4-2 所示，在玻璃管 G 上选取距离为 l 的 1、2 两点，装上测压管。根据伯努利方程可知，两断面的测压管水头差即为该两断面间流段的沿程损失 h_f。管内的水流断面平均流速 v，则可由所测得的流量求出。

为了研究 h_f 的变化规律，可以调节玻璃管中的流速 v，分别从大到小，再从小到大，并测出对应的 h_f 值。将实验结果绘制在对数坐标纸上，即得关系曲线 $\lg h_f - \lg v$，如图 4-3

所示，图中 *EDBA* 表示流速由大到小的实验
结果，线段 *ABCDE* 表示流速由小到大的实验
结果。水头损失与流速的关系可表示为：

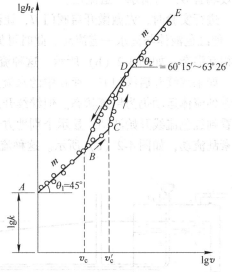

$$\lg h_f = \lg k + m\lg v$$

即： $h_f = kv^m$ (4-3)

分析可得如下的水头损失规律：

（1）当 $v < v_c$ 时，流动处于层流状态，
$\lg h_f$ 与 $\lg v$ 的关系以 *AB* 直线表示，它与 $\lg v$ 轴
的夹角为 $\theta_1 = 45°$，即直线的斜率 $m = \tan\theta_1 = 1$。因此，层流中的水头损失 $h_f = k \cdot v$。

（2）当 $v_c < v < v_c'$ 时，流动属于层流湍流
相互转化的过渡区，即 *BCD* 段。当流速由小
变大，实验点由 *A* 向 *C* 移动，到 *C* 点时水流
由层流变为湍流，但 *C* 点的位置很不稳定，
与实验的设备、操作等外界条件对水流的扰

图 4-3   水头损失与流速的关系

动情况有很大关系。*C* 点的流速即为上临界流速 v_c'。当流速由大变小，实验点由 *E* 向 *D*
移动，到 *D* 点时，水流开始由湍流向层流过渡，到达 *B* 点后才完全变为层流，*B* 点的流
速即为下临界流速 v_c。

（3）当 $v > v_c'$ 时，流动处于湍流状态，$\lg h_f$ 与 $\lg v$ 的关系以 *DE* 线表示，它与 $\lg v$ 轴的夹
角是变化的，湍流中的水头损失 $h_f = kv^m$，$m = 1.75 \sim 2$。

4.2.3   流动状态判别准则——雷诺数

层流和湍流两种流态，可以直接用临界流速来判断，但存在很多困难。因为在实际管
道或渠道中，临界流速不仅不能直接观测到，而且还与其他因素如流体密度 ρ、动力黏度
μ、管径 d 等有关。

雷诺根据大量实验归纳出临界流速与流体的密度 ρ 和管径 d 成反比，而与流体的动力
黏度 μ 成正比，即：

$$v = Re \frac{\mu}{\rho d}$$

或

$$Re = v\frac{\rho d}{\mu} = v\frac{d}{\nu}$$

式中，Re 是一个无因次综合量，称为雷诺数。圆管中恒定流动的流态发生转化时对应的雷
诺数称为临界雷诺数，又分为上临界雷诺数和下临界雷诺数。

对应上临界速度的雷诺数为上临界雷诺数，即 $Re_c' = \dfrac{v_c' d}{\nu}$，对应下临界速度的雷诺数

为下临界雷诺数，即 $Re_c = \dfrac{v_c d}{\nu}$。

实验结果表明，对几何形状相似的一切流体其下临界雷诺数基本上相等，即 $Re_c = 2320$；上临界雷诺数可达 12000 或更大，并且随实验环境、流动起始状态的不同而有所不

同。雷诺数是流体运动状态的判别标准，当 $Re < Re_c$ 时流动为层流；当 $Re > Re_c'$ 时流动为湍流；当 $Re_c < Re < Re_c'$ 时，流动可能是层流，也可能是湍流，处于极不稳定的状态。

上临界雷诺数在工程上无实用意义，通常用 Re_c 判别层流与湍流。实际工程中，圆管内流体流动 $Re_c = 2000$，即：

$$Re < 2000 \text{ 为层流；} Re > 2000 \text{ 为湍流}$$

当流体的过水断面为非圆形管道时，用水力半径 R 作为特征长度，其临界雷诺数则为：

$$Re_c = \frac{v_c R}{\nu} = 500$$

水利、矿山等工程中常见的明渠流更不稳定，其下临界雷诺数更低，工程计算时一般取 Re_c 为 $Re_c = 300$。

当流体绕过固体物而流动时，其常用的雷诺数表达式为：

$$Re = \frac{vl}{\nu} \tag{4-4}$$

式中　v——流体的绕流速度；

　　　ν——流体的运动黏性系数；

　　　l——固体物的特征长度。

大量实验得出流体绕球形物体流动时下临界雷诺数为：

$$Re_c = \frac{vl}{\nu} = 1$$

这一数据对于选矿、水力输送等工程计算，具有重大的意义。

[**例题 4-1**]　在大气压力下，15℃水的运动黏性系数 $\nu = 1.442 \times 10^{-6} \text{m}^2/\text{s}$。如果水在内径为 $d = 50\text{mm}$ 的圆管中流动，从湍流逐渐降低流速，问降到多大速度时才能变为层流？

[**解**]　已知从湍流变为层流的临界雷诺数 $Re_c = 2000$，则临界速度为：

$$v = \frac{Re_c \nu}{d} = \frac{2000 \times 1.442}{0.05 \times 1.0 \times 10^6} = 0.05768 \text{ m/s}$$

故，当水流速度降低到 0.05768m/s 时，水流的流态从湍流变为层流。

4.3　流体在圆管中的层流运动

工程中某些很细的圆管流动，或者低速、高黏流体的圆管流动，如阻尼管、润滑油管、原油输油管道内的流动多属层流，层流运动规律也是流体黏度测量和研究湍流运动的基础，因此本节主要研究流体在圆管中层流的运动规律。

4.3.1　分析层流运动的两种方法

第一种方法是从 N-S 方程式出发，结合层流运动的数学特点建立常微分方程。第二种方法是从微元体的受力平衡关系出发建立层流的常微分方程。

（1）N-S 方程分析法。定常不可压缩完全扩展段的管中层流具有如下 6 个方面的特点。

1）只有轴向运动。取如图 4-4 所示坐标系，使 y 轴与管轴线重合。由于流体只有轴向运动，因此 $u_y \neq 0$，$u_x = u_z = 0$。N-S 方程简化为：

$$
\left.
\begin{array}{l}
X - \dfrac{1}{\rho} \dfrac{\partial p}{\partial x} = 0 \\[2mm]
Y - \dfrac{1}{\rho} \dfrac{\partial p}{\partial y} + \nu \left(\dfrac{\partial^2 u_y}{\partial x^2} + \dfrac{\partial^2 u_y}{\partial y^2} + \dfrac{\partial^2 u_y}{\partial z^2} \right) = u_y \dfrac{\partial u_y}{\partial y} + \dfrac{\partial u_y}{\partial t} \\[2mm]
Z - \dfrac{1}{\rho} \dfrac{\partial p}{\partial z} = 0
\end{array}
\right\}
\tag{4-5}
$$

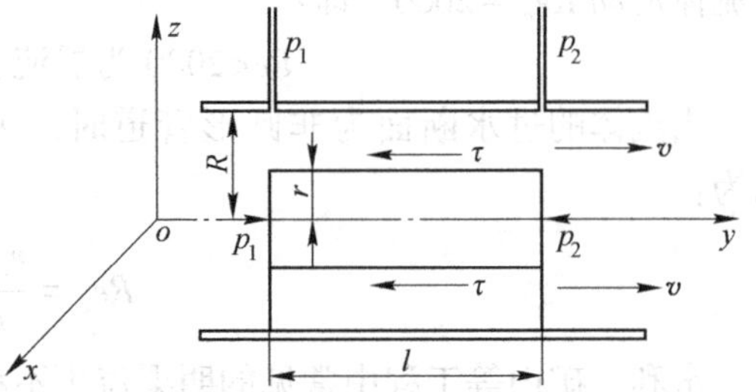

图 4-4 圆管层流

2）流体做定常运动，因此 $\dfrac{\partial u_y}{\partial t} = 0$。

3）流体不可压缩。由不可压缩流体的连续性方程 $\dfrac{\partial u_x}{\partial x} + \dfrac{\partial u_y}{\partial y} + \dfrac{\partial u_z}{\partial z} = 0$，可得 $\dfrac{\partial u_y}{\partial y} = 0$，于是 $\dfrac{\partial^2 u_y}{\partial y^2} = 0$。

4）速度分布的轴对称性。过流断面上各点流速不同，但圆管流动对称，因而速度 u_y 沿 x 方向、z 方向及任意半径方向的变化规律相同，且只随 r 变化，故：

$$
\frac{\partial^2 u_y}{\partial x^2} = \frac{\partial^2 u_y}{\partial z^2} = \frac{\partial^2 u_y}{\partial r^2} = \frac{\mathrm{d}^2 u_y}{\mathrm{d} r^2}
$$

5）等径管路压强变化的均匀性。因壁面及流体内部的摩擦，压强沿流动方向逐渐下降，在等径管路上下降是均匀的，单位长度上的压强变化率可以任何长度 l 上压强变化的平均值表示，即 $\dfrac{\partial p}{\partial y} = \dfrac{\mathrm{d} p}{\mathrm{d} y} = -\dfrac{p_1 - p_2}{l} = -\dfrac{\Delta p}{l}$，式中 "–" 号表示压强是沿流动方向下降的。

6）管路中质量力不影响流体的流动性能。过流断面上压强是按照流体静力学的规律分布，而质量力对水平管道的流动特性没有影响。非水平管道中质量力只影响位能，与流动特性无关。

根据上述 6 个特点，可以将式（4-5）简化为：

$$
\frac{\Delta p}{\rho l} + 2\nu \frac{\mathrm{d}^2 u_y}{\mathrm{d} r^2} = 0
$$

积分得：

$$
\frac{\mathrm{d} u_y}{\mathrm{d} r} = -\frac{\Delta p}{2\mu l} r + C
$$

当 $r = 0$ 时，管轴线上的流体速度有最大值，$\dfrac{\mathrm{d} u_y}{\mathrm{d} r} = 0$，求得积分常数 $C = 0$，故：

$$
\frac{\mathrm{d} u_y}{\mathrm{d} r} = -\frac{\Delta p}{2\mu l} r
\tag{4-6}
$$

这就是圆管层流的运动常微分方程。

（2）受力平衡分析法。在圆管中任取一圆柱体，分析它的受力平衡状态，再引用层流的牛顿内摩擦定律进行推导。如图 4-4 所示，取半径为 r，长度为 l 的一个圆柱体。作用在圆柱体上的外力有两端面上压力和圆柱面上摩擦力，定常流动该圆柱体处于平衡状态，作用在 y 方向的外力投影和为零，故：

$$\sum F_y = 0 = （p_1 - p_2）\pi r^2 - \tau 2\pi r l$$

根据层流的牛顿内摩擦定律 $\tau = -\mu \dfrac{\mathrm{d}u_y}{\mathrm{d}r}$，由以上两式可得：

$$\frac{\mathrm{d}u_y}{\mathrm{d}r} = -\frac{p_1 - p_2}{2\mu l} r = -\frac{\Delta p}{2\mu l} r$$

这样也得出了与第一种方法相同的结果。由以上分析可见，第二种方法比较简捷，不过这种方法也同样包含着第一种方法所论述的流体运动的数学特点，因为只有在定常、单向流动、轴对称、等径均匀流等情况下才有可能取出上述平衡圆柱体，建立简单的受力平衡方程。

4.3.2 圆管层流中的速度分布规律

对 $\dfrac{\mathrm{d}u_y}{\mathrm{d}r} = -\dfrac{\Delta p}{2\mu l} r$ 进行积分可得：

$$u_y = -\frac{\Delta p}{4\mu l} r^2 + C$$

根据边界条件：$r = R$ 时，$u_y = 0$，于是

有 $C = \dfrac{\Delta p}{4\mu l} R^2$。因此圆管层流的速度分布为：

$$u_y = \frac{\Delta p}{4\mu l}(R^2 - r^2)$$

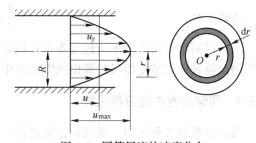

图 4-5 圆管层流的速度分布

上式称为斯托克斯公式，它表明圆管层流过水断面上流速分布图形是一个旋转抛物面，其形状大致如图 4-5 所示。最大流速在圆管中心，即 $r = 0$ 处，其大小为：

$$u_{\max} = \frac{\Delta p}{4\mu l} R^2 \tag{4-7}$$

4.3.3 圆管层流中切应力分布

根据牛顿内摩擦定律，在圆管中可得：

$$\tau = -\mu \frac{\mathrm{d}u_y}{\mathrm{d}r} = \frac{\Delta p r}{2l} \tag{4-8}$$

此式说明在圆管层流的过流断面上，切应力与半径成正比，切应力的分布规律如图 4-6 所示，称为切应力的 K 字形分布。它表明其中的内摩擦切应力是沿着半径 r 按直线规律分布的。箭头表示慢速流层作用在快速流层上切应力的方向。当 $r = 0$ 时，$\tau = 0$；当 $r = r_0$ 时，$\tau = \tau_0$ 为最大值，即：

$$\tau_0 = \frac{\Delta p r_0}{2l} \tag{4-9}$$

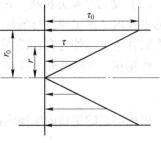

图 4-6　圆管层流的切应力分布

4.3.4　圆管层流中的流量和平均速度

（1）流量。在圆形管道半径 r 处取厚度为 dr 的微小圆环，断面积为 $dA = 2\pi r dr$，管中流量为：

$$Q = \int_A u_y dA = \int_0^R \frac{\Delta p}{4\mu l}(R^2 - r^2) 2\pi r dr = \frac{\pi \Delta p R^4}{8\mu l} = \frac{\pi \Delta p d^4}{128\mu l} \tag{4-10}$$

上式称为哈根-泊肃叶定律。由于 Q、Δp、l、d 等量是已知或可测量出的，因此，可求出流体的动力黏性系数。许多测量流体黏性系数的实验就是根据这一原理进行的。从式（4-10）得：

$$\mu = \frac{\pi \Delta p d^4}{128 Q l} = \frac{\pi \Delta p d^4 t}{128 l V}$$

在固定内径 d、长度 l 的管路两端测压强差 $\Delta p = p_1 - p_2$ 及流出一定体积 V 的时间 t，即可计算出流体的动力黏度 μ。

（2）平均速度。圆管中平均速度为：

$$v = \frac{Q}{A} = \frac{\pi \Delta p R^4}{8\mu l \cdot \pi R^2} = \frac{\Delta p}{8\mu l} R^2$$

比较可得：

$$v = \frac{1}{2} u_{\max} \tag{4-11}$$

上式说明圆管层流中平均速度等于管轴处流速的一半，其速度分布很不均匀。如用毕托管测出管轴的点速度即可以算出圆管层流中的平均速度 v 和流量 Q。

4.3.5　圆管层流中的沿程损失

根据伯努利方程可知，等径管路的沿程损失就是管路两端压强水头差，即：

$$h_f = \frac{\Delta p}{\gamma} = \frac{8\mu l v}{\gamma R^2} = \frac{32\mu l v}{\gamma d^2} \tag{4-12}$$

雷诺实验层流沿程损失 $h_f = k_1 v$，故 $k_1 = \frac{8\mu l}{\gamma R^2} = \frac{32\mu l}{\gamma d^2}$，理论分析与实验结果一致。

工程中，圆管中沿程水头损失习惯表示为：

$$h_f = \frac{32\mu l v}{\gamma d^2} = \frac{32\mu l v}{\rho g d^2} \cdot \frac{2v}{2v} = \frac{64}{Re} \cdot \frac{l}{d} \cdot \frac{v^2}{2g} = \frac{\lambda l}{d} \cdot \frac{v^2}{2g} \tag{4-13}$$

该式为圆管层流沿程损失计算公式，称为达西公式。式中，λ 称为沿程阻力系数，$\lambda = \frac{64}{Re}$，该式表明 λ 只与雷诺数有关，与其他因素无关。

流体以层流状态在长度为 l 的管中运动时，所消耗的功率为：

$$N = \gamma Q h_f = \gamma Q \frac{\lambda l}{d} \frac{v^2}{2g} \tag{4-14}$$

若用泵在管路中输送流体，常计算用来克服沿程阻力所消耗的功率。应保证 $Re < 2000$，否则该流动可能变成湍流。

[**例题 4-2**] 在长度 $l = 1000\text{m}$，直径 $d = 300\text{mm}$ 的管路中输送重度为 $\gamma = 9.31\text{kN/m}^3$ 的重油，其质量流量 $G = 2371.6\text{kN/h}$，求油温分别为 10°C（运动黏度为 $\nu = 25\text{cm}^2/\text{s}$）和 40°C（运动黏度为 $\nu = 15\text{cm}^2/\text{s}$）时的水头损失。

[**解**] 管中重油的体积流量：

$$Q = \frac{G}{\gamma} = \frac{2371.6}{9.31 \times 3600} = 0.0708\text{m}^3/\text{s}$$

平均速度：

$$v = \frac{Q}{A} = \frac{0.0708}{\frac{\pi}{4} \times 0.3^2} = 1\text{m/s}$$

10°C时的雷诺数：

$$Re_1 = \frac{vd}{\nu} = \frac{100 \times 30}{25} = 120 < 2000$$

40°C时的雷诺数：

$$Re_2 = \frac{vd}{\nu} = \frac{100 \times 30}{15} = 200 < 2000$$

该流动属层流，故可以应用达西公式计算沿程水头损失：

$$h_{f1} = \frac{\lambda l}{d} \cdot \frac{v^2}{2g} = \frac{64}{Re_1} \cdot \frac{l}{d} \cdot \frac{v^2}{2g} = \frac{64 \times 1000 \times 1^2}{120 \times 0.3 \times 2 \times 9.8} = 90.703\text{m 油柱高}$$

同理，可计算 40°C时的沿程水头损失：

$$h_{f2} = \frac{64 \times 1000 \times 1^2}{200 \times 0.3 \times 2 \times 9.8} = 54.421\text{m 油柱高}$$

4.3.6 层流起始段

圆管中层流断面上的流速分布是抛物线型的，但是并非流体一进入管道就立即形成这种流速分布。通常在管道的入口断面上，除了管壁上速度由于黏着作用突降为零外，其他各点 u 都是相等的。随后，内摩擦力的影响逐渐扩大，而靠近管壁各层 u 便依次滞缓下来。根据连续性条件，管轴中心的 u 就越来越大，当中心的速度 $u_{\max}$ 增加到接近 $2v$ 时，抛物线型的流速分布才算形成（如图 4-7 所示）。从入口断面到抛物线型的流速分布形成断面之间的距离称为层流的起始段，以 l_e 表示。圆管起始段的长度有不同的计算公式，其中之一为：

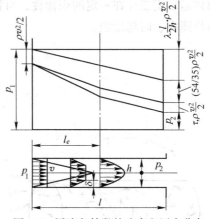

图 4-7 层流起始段的速度和压力分布

$$l_e = 0.065dRe \tag{4-15}$$

这一公式曾得到尼古拉兹的实验验证。在液压设备的短管路计算中，l_e 值是很有实际意义的。还有一些计算 l_e 的公式，读者可参阅有关资料。

4.4 流体在圆管中的湍流运动

在实际工程中，除少数流动是层流运动外，绝大多数流动是湍流运动，因此研究湍流流动比研究层流流动更有实用意义和理论意义。在湍流运动中，流体质点做彼此混杂、互相碰撞和穿插的混乱运动，并产生大小不等的旋涡，同时具有横向位移。湍流运动中流体质点在经过流场中的某一位置时，其运动要素 u、p 等都是随时间而剧烈变动的，牛顿内摩擦定律不能适用。

由于湍流运动的复杂性，湍流运动的研究在近几十年内虽然取得了一定成果，但仍然没有完全掌握湍流运动的规律。因此，在讨论湍流的某些具体问题时，还必须引用一些经验公式和实验资料。

4.4.1 湍流的特征

通过雷诺实验可知，当 $Re>Re_c$ 时，管中湍流流体质点是杂乱无章地运动的，不但 u 瞬息变化，而且，一点上流体 p 等参数都存在类似的变化，这种瞬息变化的现象称为脉动。层流破坏以后，在湍流中形成许多大大小小方向不同的旋涡，这些旋涡是造成速度脉动的原因。

湍流的特征是 u、p 等运动要素，在空间、时间上均具有随机性质，是一种非定常流动。

4.4.2 湍流运动要素的时均化

对湍流的分析通常采用统计时均法，如图 4-8 和图 4-9 所示，若观测时间足够长，这种流体运动仍然存在一定的规律性，可得出各运动参量对时间的平均值，故称为时均值，如时均速度、时均压强。

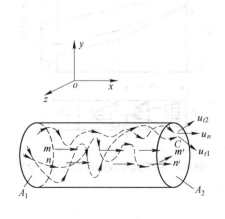

图 4-8　湍流运动图

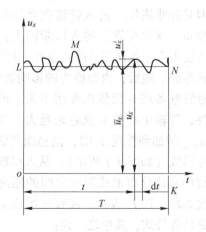

图 4-9　时均速度

$$
\left.\begin{array}{l}
u_x = \overline{u_x} + u'_x \\
u_y = \overline{u_y} + u'_y \\
u_z = \overline{u_z} + u'_z \\
p = \overline{p} + p'
\end{array}\right\}
\tag{4-16}
$$

式(4-16)表示的是由时均值和脉动值所构成的瞬时值。以速度在 x 轴方向的投影 u_x 为例，其中 $\overline{u_x}$ 是瞬时速度 u_x 对时间 T 的平均值，故称为时均速度。u_x 与 $\overline{u_x}$ 的差 u'_x，则称为脉动速度。由数学分析可知，$\overline{u_x}$ 可由式（4-17）计算：

$$
\overline{u_x} = \frac{1}{T} \int_0^T u_x \mathrm{d}t
\tag{4-17}
$$

u'_x 的时间平均值 $\overline{u'_x}$ 在足够长的时间内为零，即：

$$
\overline{u'_x} = \frac{1}{T} \int_0^T u'_x \mathrm{d}t = 0
\tag{4-18}
$$

通过时均化处理，湍流运动变成了与 t 无关的假想的准定常流动。这样，前面基于定常流动所建立的连续性方程、运动方程、能量方程等，都可以用来分析湍流运动。因此，湍流运动中的符号 u、p 都具有时均化的含义。

时均化了的湍流运动只是一种假想的定常流动，并不意味着流体脉动可以忽略。实际上，湍流中的脉动对时均运动有很大影响，主要反映在流体能量方面。此外，脉动对工程还有特殊的影响，例如脉动流速对污水中颗粒污染物的作用，脉动压力对构筑物荷载、振动及气蚀的影响等，这些都需要专门研究。

4.4.3 湍流中的摩擦阻力

普朗特（Prandtl）在 1925 年提出了湍流的混合长度理论，它比较合理地解释了脉动对时均流动的影响，为解决湍流中的切应力、速度分布及阻力计算等问题奠定了基础，是工程中应用最广的半经验公式。

根据普朗特的混合长度理论，在层流运动中，由于流层间的相对运动所引起的黏滞切应力可由牛顿内摩擦定律计算。但在湍流运动中，由于有垂直流向的脉动分速度，使相邻的流体层中的流体质点会受到周围流体质点的拖曳作用（亦为摩擦阻力作用），这样在相邻的两层流体之间便产生了动量交换，从而将形成不同于层流运动中的另一种摩擦阻力，称为湍流运动中的附加切应力，或称为雷诺切应力。因此，在一般的湍流中，其内摩擦力包括牛顿内摩擦阻力和附加内摩擦阻力两部分。

$$
\overline{\tau} = \overline{\tau_1} + \overline{\tau_2} = \mu \frac{\mathrm{d}\overline{u}}{\mathrm{d}y} + \rho l^2 \left(\frac{\mathrm{d}\overline{u}}{\mathrm{d}y}\right)^2 ; \quad l^2 = c l_1^2
\tag{4-19}
$$

式中，l 为混合长度，表示湍流混杂程度；l_1 为质点从一流层跳入另一流层所经过的距离，脉动距离。两切应力随流动情况有所不同：雷诺数较小时，$\overline{\tau_1}$ 占主导地位；雷诺数较大时，即湍流时 $\overline{\tau_1}$ 可忽略不计。

4.4.4　湍流运动中的速度分布

实验中不能直接测定l，根据卡门实验，l与流体层质点到管壁的径向距离y存在近似关系：

$$l = ky\sqrt{1 - \frac{y}{R}} \tag{4-20}$$

当$y \ll R$时，有$l = ky$，即混合长度l正比于y，边壁上$l = 0$。式中，k为实验常数，称卡门通用常数，取$k = 0.4$。则当雷诺数较大时，

$$\bar{\tau} = \bar{\tau}_2 = \rho l^2 \left(\frac{\mathrm{d}\bar{u}}{\mathrm{d}y} \right)^2 = \rho k^2 y^2 \left(\frac{\mathrm{d}\bar{u}}{\mathrm{d}y} \right)^2 \tag{4-21}$$

为了简便，省去了时均符号，并且只讨论完全发展的湍流。上式变化后得：

$$\mathrm{d}u = \frac{1}{k}\sqrt{\frac{\tau}{\rho}}\frac{\mathrm{d}y}{y} \tag{4-22}$$

如以管壁处摩擦阻力τ_0代替τ，并令$\sqrt{\dfrac{\tau_0}{\rho}} = v_*$，称切应力速度，则有：

$$\mathrm{d}u = \frac{v_*}{k}\frac{\mathrm{d}y}{y}$$

积分得：

$$u = \frac{v_*}{k}\ln y + c \tag{4-23}$$

上式即为混合长度理论下推导的湍流流速分布规律。由此可知，在湍流运动中，过流断面上的速度成对数曲线分布，管轴附近各点上的速度大大平均化了。根据实测，圆管湍流过水断面上平均速度$v = (0.75 \sim 0.87)u_{\max}$。而由4.3.4节可知，在圆管层流过水断面上，平均速度为管轴处最大流速$u_{\max}$的0.5倍。此外，也有学者认为，湍流运动中的速度分布曲线是指数曲线。

4.4.5　湍流核心与层流底层

由实验得知，在圆管湍流中，并非所有流体质点都参与湍流运动。首先，由于流体与管壁之间的附着力作用，总有一层极薄的流体附着在管壁上，流速为零，不参与运动。其次，在靠近管壁处，由于管壁及流体黏性影响，有一层厚度为δ的流体作层流运动，这一流体层称为层流底层。只有层流以外的流体才参与湍流运动。湍流的结构由层流底层、过渡区及湍流区三个部分组成。湍流区（湍流核心或流核）是湍流的主体，黏性影响在远离管壁的地方逐渐减弱，管中大部分区域是湍流的活动区，因此被称为湍流核心。过渡区是湍流核心与层流底层之间的一层很薄区域。

层流底层的厚度δ不固定，与沿程阻力系数λ和雷诺数Re有关，可用如下经验公式计算：

$$\delta = 32.8\frac{d}{Re\sqrt{\lambda}} \tag{4-24}$$

由实验得知，即使黏性很大的流体（例如石油），δ 值也只有几毫米；一般流体 δ 值通常只有十分之几毫米。虽然 δ 很薄，但在有些问题中影响很大。如在计算能量损失时，δ 厚度越大能量损失越小；但在热传导性能上，δ 越厚，放热效果越差。

4.4.6 水力光滑管和水力粗糙管

任何管道，由于材料、加工方法、使用条件以及使用年限等因素影响，使得管壁会出现各种不同程度的凹凸不平，如图 4-10 所示。

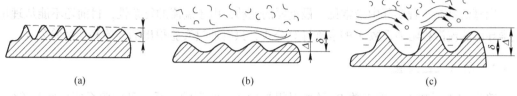

(a)　　　　　　　　　(b)　　　　　　　　　(c)

图 4-10　水力光滑管和水力粗糙管

表面峰谷之间的平均距离为 Δ，称为管壁的绝对粗糙度。当 $\delta > \Delta$ 时，层流底层完全淹没了管壁的粗糙凸出部分，粗糙度对湍流核心几乎没有影响，这种情况称为水力光滑管。当 $\delta < \Delta$ 时，管壁的凹凸不平部分暴露在层流底层之外，湍流核心的运动流体冲击在凸起部分而产生新的旋涡，这种情况称为水力粗糙管，粗糙度大小对湍流产生直接影响。当 $\delta \approx \Delta$ 时，粗糙凸出部分开始显露于层流底层，但未对湍流产生决定性作用，这种情况称为过渡粗糙管，有时也把它归入水力粗糙管的范围。

水力光滑和水力粗糙同几何上的光滑和粗糙有联系，但不等同。几何光滑管出现水力光滑的可能性大些，几何粗糙管出现水力粗糙的可能性大些。几何光滑和粗糙是固定的，而水力光滑和粗糙是可变的；几何粗糙程度不变时，即 Δ 不变时，若 Re 变化，其层流底层的厚度 δ 则是变化的。因此，同一管路对雷诺数不同的流动，所形成的阻力也是不相同的。

4.4.7 圆管湍流中的水头损失

均匀流动时，管壁处的摩擦阻力满足牛顿内摩擦定律 $\tau_0 = \dfrac{\Delta p R}{2l} = \dfrac{\Delta p d}{4l}$，而 $h_f = \dfrac{\Delta p}{\gamma} = \dfrac{\Delta p}{\rho g}$，则湍流中的水头损失：

$$h_f = \frac{4\tau_0 l}{\rho g d} \tag{4-25}$$

τ_0 成因复杂，目前不能求解析解，通过实验有：

$$\tau_0 = f(Re,\ v,\ \Delta/r) = f_1(Re,\ \Delta/r)v = Fv^2 \tag{4-26}$$

则湍流中水头损失：

$$h_f = \frac{4Fv^2 l}{\rho g d} = \frac{8F}{\rho}\ \frac{l}{d}\ \frac{v^2}{2g} = \lambda\ \frac{l}{d} \cdot \frac{v^2}{2g} \tag{4-27}$$

式中，$\lambda = \dfrac{8F}{\rho} = f_1\!\left(Re,\ \dfrac{\Delta}{r}\right)$，称为湍流沿程阻力系数，只能由实验确定，$\dfrac{\Delta}{r}$ 为相对粗糙度。

层流和湍流的阻力损失计算具有相同的形式，即达西公式：

$$h_f = \frac{\lambda l}{d} \cdot \frac{v^2}{2g} \tag{4-28}$$

其区别在于层流 $\lambda = \dfrac{64}{Re}$，湍流 $\lambda = \dfrac{8F}{\rho} = f_1\left(Re, \dfrac{\Delta}{r}\right)$，是一个只能由实验确定的系数。所以，计算湍流 h_f 的关键是确定沿程阻力系数 λ，下节重点就是确定 λ。

4.5　沿程阻力系数的确定

圆管流动是工程实际中最常见、最重要的流动，由于湍流的复杂性，目前还不能从理论上推导出湍流沿程阻力系数 λ 的准确计算公式，只有通过实验得出的经验和半经验公式。

4.5.1　尼古拉兹实验

确定阻力系数 λ 是雷诺数 Re 及相对粗糙度 Δ/r 之间的关系，具体关系要由实验确定，最著名的是尼古拉兹于 1932～1933 年间做的实验。管壁的绝对粗糙度 Δ 不能表示出管壁粗糙度的确切状况及其与流动阻力的关系，而相对粗糙度 Δ/r 可以表示出管壁粗糙状况与流动阻力的关系，是不同性质或不同大小的管壁粗糙状况的比较标准。尼古拉兹在不同相对粗糙度 Δ/r 的管路中，进行阻力系数 λ 的测定，分析 λ 与 Re 及 Δ/r 的关系。

尼古拉兹用人为的办法制造不同相对粗糙度的管子时，先在直径为 d 的管壁上涂一层胶，再将经过筛分后具有一定粒径 Δ 的砂子，均匀地撒在管壁上，这就人工地做成不同相对粗糙度 Δ/r 的管子。尼古拉兹共制作出了相对粗糙度 Δ/r 分别为 $\dfrac{1}{507}$，$\dfrac{1}{256}$，$\dfrac{1}{126}$，$\dfrac{1}{60}$，$\dfrac{1}{30.6}$，$\dfrac{1}{15}$ 的六种管子。实验中，先对每一根管子测量出在不同流量时的断面平均流速 v 和沿程阻力损失 h_f，再由公式计算出 λ 和 Re，然后以 $\lg Re$ 为横坐标、$\lg(100\lambda)$ 为纵坐标描绘出管路 λ 与 Re 的对数关系曲线，即尼古拉兹实验图，如图 4-11 所示。

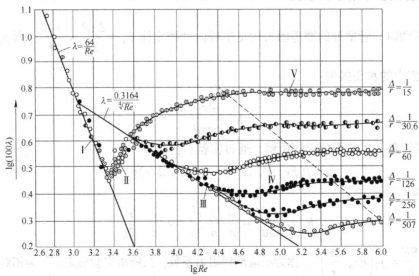

图 4-11　尼古拉兹实验曲线

由图可以看出 λ 与 Re 及 Δ/r 的关系可以分成五个区间，在不同的区间，流动状态不同，λ 的规律也不同。

（1）第Ⅰ区间——层流区，$Re < 2320$（即 $\lg Re < 3.36$）。λ 与 Re 的关系点都集中在直线Ⅰ上，即 λ 只与 Re 有关而与 $\dfrac{\Delta}{r}$ 无关，符合 $\lambda = \dfrac{64}{Re}$，说明粗糙度对层流的沿程阻力系数没有影响。

（2）第Ⅱ区间——临界区，层流开始转变为湍流，$2320 < Re < 4000$（即 $3.36 < \lg Re < 3.6$）。在此区间内，λ 急剧升高，所有实验点几乎都集中在Ⅱ线上，由于雷诺数在此区域的变化范围很小，实用意义不大，人们对它的研究也不多。

（3）第Ⅲ区间——湍流水力光滑管区，$4000 < Re < 22.2\left(\dfrac{d}{\Delta}\right)^{\frac{8}{7}}$。实验指出，在此区域内，不同相对粗糙度的管中流动虽然都已处于湍流状态，但对某一相对粗糙度的管流来说，在一定的雷诺数下，如果层流底层的厚度 $\delta > \Delta$，即为水力光滑管，则实验点就都集中在直线Ⅲ上，表明 λ 与 Δ 仍然无关，而只与 Re 有关。不同相对粗糙度的管中流动服从这一关系的极限雷诺数是各不相同的，相对粗糙度 Δ/r 越大的管流，其实验点越早离开直线Ⅲ，即在 Re 越小的情况下进入第Ⅳ区间。

（4）第Ⅳ区间——湍流水力光滑管到湍流水力粗糙管的过渡区，$22.2\left(\dfrac{d}{\Delta}\right)^{\frac{8}{7}} < Re < 597\left(\dfrac{d}{\Delta}\right)^{\frac{9}{8}}$。在此区间内，随着 Re 增大，各种相对粗糙度的管流的层流底层的厚度 δ 减小，以致相对粗糙度较大的管流，其阻力系数 λ 在雷诺数 Re 较小时便与相对粗糙度有关，即转变为水力粗糙管；而相对粗糙度较小的管流，其阻力系数 λ 在雷诺数 Re 较大时才出现这一情况。在过渡区域，各种相对粗糙度管流的阻力系数 λ 与粗糙度 Δ 和雷诺数 Re 都有关。

（5）第Ⅴ区间——湍流水力粗糙管区，$Re > 597\left(\dfrac{d}{\Delta}\right)^{\frac{9}{8}}$。到达这一区间后，每一相对粗糙度的管流的实验点连线，几乎都是与 $\lg Re$ 轴平行的，即阻力系数 λ 与雷诺数 Re 无关。当 $Re > 597\left(\dfrac{d}{\Delta}\right)^{\frac{9}{8}}$ 时，其层流底层的厚度 δ 已变得非常小，以至于对最小的粗糙度 Δ 也掩盖不了。所以相对粗糙度是决定阻力系数 λ 值的唯一因素，且 Δ/r 越大，阻力系数 λ 值也越大。实验测得，在此区域水头损失 h_f 与速度 v 的二次方成正比，因此，此区域又称为完全粗糙区或阻力平方区。

4.5.2 计算 λ 的经验或半经验公式

（1）半经验公式。

1）人工粗糙管 λ 值的半经验公式。人工粗糙管的湍流沿程阻力系数 λ 的半经验公式可根据断面流速分布的对数公式结合尼古拉兹实验资料推出。

当 $5 \times 10^4 < Re < 3 \times 10^6$ 时，湍流光滑区可用公式：

$$\frac{1}{\sqrt{\lambda}} = 2\lg(Re\sqrt{\lambda}) - 0.8 \tag{4-29}$$

当 $Re > (382/\sqrt{\lambda})(r/\Delta)$ 时，湍流粗糙区可用公式：

$$\lambda = \frac{1}{\left[2\lg\left(\dfrac{r}{\Delta}\right) + 1.74\right]^2} \tag{4-30}$$

2）工业管道 λ 值的半经验公式。1938 年，科尔布鲁克（C. F. Colebrook）根据大量工业管道实验资料，提出工业管道过渡区公式，即科尔布鲁克（Colebrook）公式：

$$\frac{1}{\sqrt{\lambda}} = 1.14 - 2\lg\left(\frac{\Delta}{d} + \frac{9.35}{Re\sqrt{\lambda}}\right) \tag{4-31}$$

上式的基本特征是当 Re 值很小时，右边括号的第二项很大，相对来说，第一项很小，科氏公式就接近尼古拉兹光滑区公式；当 Re 值很大时，公式右边括号内第二项很小，公式接近尼古拉兹粗糙管区公式。因此，科氏公式不仅适用于湍流过渡区，而且也适用于湍流光滑区和湍流粗糙区，又称湍流的综合公式。

（2）经验公式。

1）光滑区的布拉修斯公式。1912 年，布拉修斯总结光滑管的实验资料提出光滑区的布拉修斯公式，适用条件为 $4000 < Re < 10^5$ 光滑管区。

$$\lambda = \frac{0.3164}{Re^{0.25}} \tag{4-32}$$

2）舍维列夫公式。1953 年，舍维列夫根据给水钢管和铸铁管的实测资料提出舍维列夫公式。过渡区（$v<1.2\text{m/s}$，水温 283K）可用公式：

$$\lambda = \frac{0.0179}{d^{0.3}}\left(1 + \frac{0.867}{v}\right)^{0.3} \tag{4-33}$$

粗糙管区（$v \geqslant 1.2\text{m/s}$）可用公式：

$$\lambda = \frac{0.021}{d^{0.3}} \tag{4-34}$$

舍维列夫公式在给排水工程的钢管和铸铁管的水力计算中常采用。

3）谢才公式和谢才系数。

$$h_\text{f} = \lambda\,\frac{l}{d}\,\frac{v^2}{2g}, \quad v^2 = \frac{2g}{\lambda}d\frac{h_\text{f}}{l} \tag{4-35}$$

以 $d = 4R$，$J = h_\text{f}/l$ 代入上式，整理得：

$$v = \sqrt{\frac{8g}{\lambda}}\sqrt{RJ} = c\sqrt{RJ} \tag{4-36}$$

上式称为谢才公式，c 为谢才系数，$c = \sqrt{\dfrac{8g}{\lambda}}\,(\text{m}^{1/2}/\text{s})$，$c$ 是反应沿程阻力变化规律的系数。

4.5.3 莫迪图

1940 年，美国普林斯顿大学的莫迪对天然粗糙管（指工业用管）做了大量实验，绘

制出 λ 与 Re 及 Δ/d 的关系图（如图4-12所示），即著名的莫迪图，供实际计算使用。

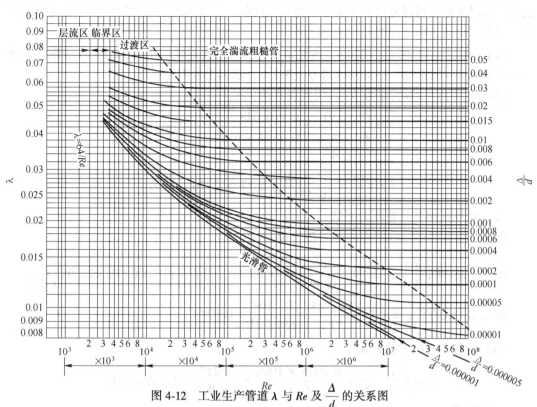

图4-12 工业生产管道 λ 与 Re 及 $\dfrac{\Delta}{d}$ 的关系图

已知 Re 与 Δ/d，从莫迪图上容易查出 λ 的值。例如：$Re = 902866$，$\Delta/d = 0.00052$，查莫迪图，得 $\lambda = 0.017$；$Re = 902866$，$\Delta/d = 0.0016$，查莫迪图，得 $\lambda = 0.022$；$Re = 4986$，$\Delta/d = 0.00125$，查莫迪图，得 $\lambda = 0.0387$。

表4-1给出常用管材绝对粗糙度 Δ 的参考值，Δ 值是随管壁的材料、加工方法、加工精度、新旧程度及使用情况等因素而改变的。

表4-1 常用管材的绝对粗糙度

管　材	Δ 值/mm	管　材	Δ 值/mm
干净的黄铜管、铜管	0.0015~0.002	沥青铁管	0.12
新的无缝钢管	0.04~0.17	镀锌铁管	0.15
新钢管	0.12	玻璃、塑料管	0.001
精致镀锌钢管	0.25	橡胶软管	0.01~0.03
普通镀锌钢管	0.39	木管、纯水泥表面	0.25~1.25
旧的生锈的钢管	0.60	混凝土管	0.33
普通的新铸铁管	0.25	陶土管	0.45~6.0
旧的铸铁管	0.50~1.60		

实际管材的凹凸不平与均匀砂粒粗糙度是有很大区别的，当层流底层厚度减小时，均匀砂粒要么全被覆盖，要么一起暴露在湍流脉动之中，而实际管材凸凹不平的高峰，不等

层流底层减小很多时，却早已伸入湍流脉动之中了。这样就加速了光滑管向粗糙管的过渡进程，所以实际管道过渡区开始得早，这只要比较一下莫迪图和尼古拉兹曲线就可以看出来。因此，用图去查 Δ 值要以莫迪图为准。

[**例题 4-3**]　长度 $l = 1000\text{m}$，内径 $d = 200\text{mm}$ 的普通镀锌钢管，用来输送黏性系数 $\nu = 0.355\text{cm}^2/\text{s}$ 的重油，测得其流量 $Q = 38\text{L/s}$，求其沿程阻力损失。

[**解**]　（1）计算雷诺数 Re 以便判别流动状态：

$$v = \frac{Q}{A} = \frac{Q}{\frac{\pi}{4}d^2} = \frac{0.038}{0.7884 \times 0.2^2} = 1.21\text{m/s}$$

$$Re = \frac{vd}{\nu} = \frac{121 \times 20}{0.355} = 6817 > 2320 \quad 湍流$$

（2）判断区间并计算阻力系数 λ：

由于　　　　　　　　　　　　$Re = 6817 > 4000$

而　　$26.98\left(\frac{d}{\Delta}\right)^{\frac{8}{7}} = 26.98\left(\frac{200}{0.39}\right)^{1.143} = 33770$，符合条件 $4000 < Re < 26.98\left(\frac{d}{\Delta}\right)^{\frac{8}{7}}$

故为水力光滑管，则：$\lambda = \frac{0.3164}{\sqrt[4]{Re}} = \frac{0.3164}{6817^{0.25}} = 0.0348$

（3）计算沿程阻力损失 h_f：

$$h_f = \lambda \frac{l}{d} \cdot \frac{v^2}{2g} = \frac{0.0348 \times 1000}{0.2} \times \frac{1.21^2}{2 \times 9.8} = 12.99\text{m 油柱}$$

（4）验算：

$$\delta = 32.8 \times \frac{d}{Re\sqrt{\lambda}} = \frac{32.8 \times 200}{6817\sqrt{0.0348}} = 5.16\text{mm}$$

因为 $\delta = 5.16\text{mm} > \Delta = 0.39\text{mm}$，故确为水力光滑管。

[**例题 4-4**]　无介质磨矿送风管道（钢管），长度 $l = 30\text{m}$，直径 $d = 750\text{mm}$，在温度 $t = 20℃$（$\nu = 0.157\text{cm}^2/\text{s}$）的情况下，送风量 $Q = 30000\text{m}^3/\text{h}$。求：（1）此风管中的沿程阻力损失是多少；（2）使用一段时间后其绝对粗糙度为 $\Delta = 1.2\text{mm}$，其沿程阻力损失又是多少。

[**解**]　因为 $v = \frac{Q}{A} = \frac{30000}{\frac{\pi}{4} \times 0.75^2 \times 3600} = 18.9\text{m/s}$

$$Re = \frac{vd}{\nu} = \frac{1890 \times 75}{0.157} = 902866 > 2320 \quad 湍流$$

取 $\Delta = 0.39\text{mm}$，则 $26.98\left(\frac{d}{\Delta}\right)^{\frac{8}{7}} = 26.98\left(\frac{750}{0.39}\right)^{\frac{8}{7}} = 152985 < Re$

根据 $\frac{\Delta}{d} = \frac{0.39}{750} = 0.00052$ 及 $Re = 902866$，查莫迪图，得 $\lambda = 0.017$。也可应用半经验公式计算出 $\lambda = 0.0173$。

所以，风管中的沿程阻力损失为：

$$h_{\mathrm{f}} = \lambda \frac{l}{d} \cdot \frac{v^2}{2g} = 0.0173 \times \frac{30}{0.75} \times \frac{18.9^2}{2 \times 9.8} = 12.61\mathrm{m}\ 气柱$$

当 $\Delta = 1.2\mathrm{mm}$ 时，$\dfrac{\Delta}{d} = \dfrac{1.2}{750} = 0.0016$，按 $Re = 902866$，查莫迪图，得 $\lambda = 0.022$，则此风管中的沿程阻力损失为：

$$h_{\mathrm{f}} = \lambda \frac{l}{d} \cdot \frac{v^2}{2g} = 0.022 \times \frac{30}{0.75} \times \frac{18.9^2}{2 \times 9.8} = 16\mathrm{m}\ 气柱$$

[例题 4-5]　直径 $d = 200\mathrm{mm}$，长度 $l = 300\mathrm{m}$ 的新铸铁管，输送重度为 $\gamma = 8.82\mathrm{kN/m}^3$ 的石油，已测得流量 $Q = 882\mathrm{kN/h}$。如果冬季时，油的运动黏性系数 $\nu_1 = 1.092\mathrm{cm}^2/\mathrm{s}$，夏季时，油的运动黏性系数 $\nu_2 = 0.355\mathrm{cm}^2/\mathrm{s}$。问：冬季和夏季输油管中沿程水头损失 h_{f} 是多少？

[解]　（1）计算雷诺数。

$$Q = \frac{882}{3600 \times 882} = 0.0278\mathrm{m}^3/\mathrm{s},\ v = \frac{Q}{A} = \frac{0.0278}{\frac{\pi}{4} \times 0.2^2} = 0.885\mathrm{m/s}$$

$$Re_1 = \frac{vd}{\nu_1} = \frac{88.5 \times 20}{1.092} = 1621 < 2320 \quad 层流$$

$$Re_2 = \frac{vd}{\nu_2} = \frac{88.5 \times 20}{0.355} = 4986 > 2320 \quad 湍流$$

（2）计算沿程水头损失 h_{f}。

冬季为层流，则：

$$h_{\mathrm{f}} = \lambda \frac{l}{d} \cdot \frac{v^2}{2g} = \frac{64}{Re_1} \times \frac{300 \times 0.885^2}{0.2 \times 2 \times 9.8} = 2.37\mathrm{m}\ 油柱$$

夏季时为湍流，由表 4-1 查得，新铸铁管的 $\Delta = 0.25\mathrm{mm}$，则：

$$\frac{\Delta}{d} = \frac{0.25}{200} = 0.00125$$

结合 $Re_2 = 4986$，查莫迪图得 $\lambda = 0.0387$，则：

$$h_{\mathrm{f}} = \lambda \frac{l}{d} \cdot \frac{v^2}{2g} = 0.0387 \times \frac{300 \times 0.885^2}{0.2 \times 2 \times 9.8} = 2.32\mathrm{m}\ 油柱$$

4.6　非圆形截面均匀湍流的阻力计算

实际工程中流体流动的管道不一定是圆形截面，例如大多数通风管道为矩形截面，矿井中的回风巷道也是非圆形截面。非圆形截面均匀湍流的阻力计算有两种方法：一是利用原有公式（达西公式）计算，将圆形截面的直径 d 改为非圆形截面的水力半径 R；二是利用蔡西公式计算。

4.6.1　利用原有公式计算

圆形截面的特征长度是直径 d，而非圆形截面的特征长度是水力半径 R，充满流体的圆管的直径：

$$d = \frac{\pi d^2}{\pi d} = \frac{4A}{X} = 4R$$

则非圆形管道的当量直径 d_e 为：

$$d_e = \frac{4A}{X} = 4R$$

所以

$$h_f = \lambda \cdot \frac{l}{4R} \cdot \frac{v^2}{2g} \tag{4-37}$$

注意：应用 d_e 计算非圆管的 h_f 是近似的方法，并不适用于所有情况。

4.6.2　用蔡西公式计算

工程上为了能将达西公式广泛应用于非圆形截面的均匀流动，常将其改写为

$$h_f = \lambda \frac{l}{d} \cdot \frac{v^2}{2g} = \frac{\lambda l}{4R} \cdot \frac{v^2}{2g} = \frac{l}{\frac{8g}{\lambda}} \cdot \frac{1}{R} \cdot \frac{Q^2}{A^2} = \frac{Q^2 l}{c^2 R A^2}$$

令 $c^2 R A^2 = k^2$，则 $h_f = \frac{Q^2 l}{k^2}$，得：

$$Q = k \sqrt{\frac{h_f}{l}} = k\sqrt{i}，v = \frac{Q}{A} = \frac{\sqrt{c^2 R A^2 i}}{A} = c\sqrt{Ri} \tag{4-38}$$

式中　c——蔡西系数，$c = \sqrt{\frac{8g}{\lambda}}$；

　　　k——流量模数，$k = cA\sqrt{R}$。

上式是蔡西在 1775 年提出，被称为蔡西公式，它在管路、渠道等工程计算中得到广泛应用。

[例题 4-6]　长 $l = 30\text{m}$，截面积 $A = 0.3 \times 0.5\text{m}^2$ 的镀锌钢板制成的矩形风道，风速 $v = 14\text{m/s}$，风温度 $t = 20℃$，试求沿程阻力损失 h_f。若风道入口截面 1 处的风压 $p_1 = 980.6\text{N/m}^2$，而风道出口截面 2 比入口位置高 10m，求截面 2 处风压 p_2 是多少？

[解]　风道的当量直径：

$$d_e = \frac{4a \times b}{2(a + b)} = \frac{4 \times 0.3 \times 0.5}{2 \times (0.3 + 0.5)} = 0.375\text{m}$$

$t = 20℃$ 时，空气的运动黏度 $\nu = 1.57 \times 10^{-5}\ \text{m}^2/\text{s}$。

$$Re = \frac{v d_e}{\nu} = \frac{14 \times 0.375}{1.57 \times 10^{-5}} = 334395 > 500 \quad 湍流$$

$$\frac{\Delta}{d_e} = \frac{0.15}{375} = 0.0004$$

查莫迪图可得到 $\lambda = 0.0176$，则：

$$h_f = 0.0176 \times \frac{30}{0.375} \times \frac{14^2}{2 \times 9.8} = 14.1\text{m} \ 气柱$$

查表，空气 $t = 20℃$ 时，密度 $\rho = 1.205\text{kg/m}^3$，则：

$$p_2 = p_1 - \rho g(z_2 - z_1) - \rho g h_f$$
$$= 980.6 - 1.205 \times 9.806 \times 10 - 1.205 \times 9.8 \times 14.1$$
$$= 696 \text{ N/m}^2$$

4.7 边界层理论基础

边界层理论是普朗特在 1904 年提出的，该理论将雷诺数较大的实际流体流动看作由两种不同性质的流动所组成。一种是固体边界附近的边界层流动，黏滞性的作用在这个流动里不能忽略，但边界层一般都很薄；另一种是边界层以外的流动，在这里黏滞性作用可以忽略，流动可以按简单的理想流体来处理。普朗特这种处理实际流体流动的方法，不仅使历史上许多似是而非的流体力学疑问得以澄清，更重要的是，为近代流体力学的发展开辟了新的途径，所以，边界层理论在流体力学中有着极其深远的意义。

4.7.1 边界层的基本概念

如图 4-13 所示，有一等速平行的平面流动，各点流速均是 u_0，在这样一个流动中，放置一与流动平行的薄板，平板不动。假设平板上下方流场边界无穷远，由于实际流体与固体相接触时，固体边界上的流体质点必然贴附在边界上，不会与边界发生相对运动，因此平板上质点流速必定是零。因黏性作用，

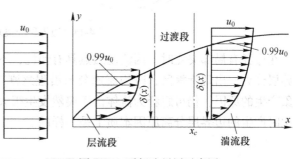

图 4-13 平板边界层示意图

平板附近质点流速有不同程度的减小，形成横向的流速梯度，离板越远流速越接近于原有的流速 u_0。严格讲，黏性影响是逐步减小的，无穷远处流速恢复到 u_0，为理想流体运动。但从实际上看，如果规定将 $u = 0.99u_0$ 的边界作为边界层界限，该边界层以外，流速梯度甚小，完全可近似看作理想流体。因此，边界层厚度规定为从平板壁面至 $u = 0.99u_0$ 处的垂直距离，用 δ 表示。

边界层开始于平板前端，越往下游，边界层越发展，即黏性力的影响逐渐从边界发展到流区的内部。在边界层前部，其厚度小，流速梯度大，黏性作用大，边界层内流动属于层流状态，这种边界层称为层流边界层。随着边界层厚度增大，流速梯度减小，黏性作用也减小，流态从层流经过渡段变为湍流，这种边界层称为湍流边界层。边界层内流动由过渡段转变为湍流的位置称为边界层的转折点，用 x_c 表示。湍流边界层内流动结构存在不同层次，板面附近为层流底层，向外依次是过渡层和湍流层。

4.7.2 边界层分离

边界层分离是边界层流动在一定条件下发生的一种极为重要的现象。

如图 4-14 所示，一等速 u_0 平行的平面流动，流场中放置一固定的圆柱体。取正对圆心的一条流线，沿该流线的流速越接近圆柱体流速越小。因该流线为水平线，根据伯努利

方程，压强沿该流线越接近圆柱体越大。到达 A 点时，流速减为零，压强增至最大，该点称为驻点或停滞点。质点到达驻点后停滞不前，但因流体不可压缩，继续流来的质点无法在驻点停滞，将压能部分转化为动能，改变原来的运动方向，沿圆柱面两侧向前流动。从 A 点开始形成边界层内流动，从 A 点到 C 点区间，因圆柱面的弯曲，流线密集，边界层内流动处于加速减压阶段；过了 C 点后，情况相反，流线扩散，流动减速加压，同时切应力消耗动能，导致边界层迅速扩大，边界层内流速和横向流速梯度迅速降低，到达某一点流速、流速梯度都为零，又出现驻点，如 D 点。因不可压缩，继续流来质点在驻点改变原流向，脱离边界，向外侧流去，该现象称边界层分离，D 点称为分离点。D 点下游，必将有新的流体来补充，形成反向的回流，即出现旋涡区。以上是边界缓变，流体流动时减速增压导致的边界层分离。

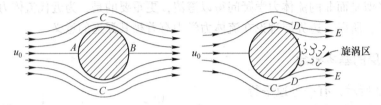

图 4-14　边界层分离现象

在边界有局部突变时，因流动质点具有惯性，不能沿突变边界作急剧的转折，也产生边界层分离，出现旋涡区，时均流速分布沿程急剧改变，如图 4-15 所示。这种流动分离现象产生的原因，仍可解释为流体由于突然发生很大减速增压的缘故，它与边界情况缓慢变化时产生的边界层分离原因本质上是一样的。

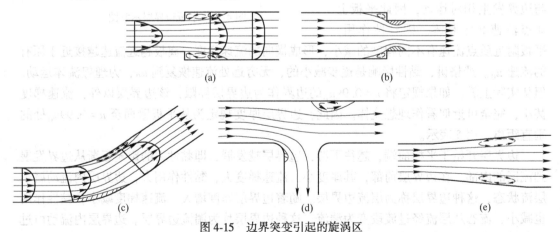

图 4-15　边界突变引起的旋涡区
（a）突扩管；（b）突缩管；（c）圆弯管；（d）圆角分流三通；（e）渐扩管

边界层分离现象以及回流漩涡区的产生，在工程实际的流体流动中是很常见的。例如管道或渠道的突然扩大、突然缩小、转弯以及连续扩大等，或在流动中遇到障碍物，如闸阀、桥墩、拦物栅等。由于在边界层分离产生的回流区中存在着许多大小尺度的涡体，它们在运动、破裂、形成等过程中，经常从流体中吸取一部分机械能，通过摩擦和碰撞的方式转化为热能而损耗掉，这就形成了能量损失，即局部阻力损失。

边界层分离现象还会导致物体的绕流阻力，绕流阻力是指物体在流场中所受到的流动方向向上的流体阻力（垂直流动方向上的作用力为升力）。例如飞机、舰船、桥墩等，都存在流动中的绕流阻力，所以这也是一个很重要的概念。根据实际流体的边界层理论，可以分析得出绕流阻力实际上由摩擦阻力和压强阻力（或称压差阻力）两部分组成。当发生边界层分离现象时，特别是分离旋涡区较大时，压强阻力较大，将起主导作用。在工程实际中减小边界层的分离区，就能减小阻力损失及绕流阻力。所以，管道、渠道的进口段，闸墩、桥墩的外形，汽车、飞机、舰船的外形都要设计成流线型，以减少边界层的分离。

4.8　管路中的局部损失

不均匀流动中，各种局部阻力形成的原因很复杂，譬如，流动方向或过水断面有改变，产生旋涡、撞击，进而使流体内部结构进行再调整。但目前还不能逐一进行理论分析和建立计算公式。本节仅对圆管管径突然扩大处局部阻力加以讨论，其他类型的局部阻力，则用相仿的经验公式或实验方法处理。

4.8.1　圆管突然扩大处的局部损失

流体从小的过水断面骤然进入大的过水断面，如图 4-16 所示。这时，流体不是沿着圆管边界流动，由于惯性和边界层的分离作用，在扩大区将形成绕管轴环状的旋涡区，产生回流区，回流区长度 l 约为 $(5\sim8)d_2$，由于主流的黏性作用，将带动该区旋转和质量交换，引起能量损失。取过水断面 1—1、2—2，水平基准面 O—O。因 l 较短，该段 h_f 与 h_r 相比可忽略，列总流伯努利方程：

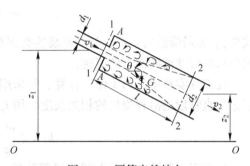

图 4-16　圆管突然扩大

$$z_1 + \frac{p_1}{\gamma} + \frac{\alpha_1 v_1^2}{2g} = z_2 + \frac{p_2}{\gamma} + \frac{\alpha_2 v_2^2}{2g} + h_r \tag{4-39}$$

于是局部阻力损失为：

$$h_r = \left(z_1 + \frac{p_1}{\gamma}\right) - \left(z_2 + \frac{p_2}{\gamma}\right) + \frac{v_1^2 - v_2^2}{2g} \tag{4-40}$$

取断面 A—A 和 2—2 间的流体为隔离体，忽略边壁切力，沿管轴的总流动量方程：

$$\sum F = p_1 A_1 - p_2 A_2 + P + G\sin\theta = \rho Q(\alpha_{02} v_2 - \alpha_{01} v_1) \tag{4-41}$$

P 为位于断面 A—A 上环形面积 A_2—A_1 的管壁反作用力：

$$P = p_1(A_2 - A_1) \tag{4-42}$$

重力 G 在管轴上的投影为：

$$G\sin\theta = \gamma A_2 l \frac{z_1 - z_2}{l} = \gamma A_2(z_1 - z_2) \tag{4-43}$$

联合 $Q = A_1 v_1 = A_2 v_2$ 代入动量方程，有：

$$(z_1 - z_2) + \left(\frac{p_1}{\gamma} - \frac{p_2}{\gamma}\right) = \frac{(\alpha_{02} v_2 - \alpha_{01} v_1) v_2}{g} \tag{4-44}$$

则

$$h_r = \frac{(\alpha_{02} v_2 - \alpha_{01} v_1) v_2}{g} + \frac{\alpha_1 v_1^2 - \alpha_2 v_2^2}{2g}$$

雷诺数较大时，α_{01}，α_{02}，α_1 和 α_2 均接近于 1，则上式可写为：

$$h_r = \frac{(v_1 - v_2)^2}{2g} \tag{4-45}$$

上式被称为包达定理。将 $v_2 = A_1 v_1 / A_2$ 和 $v_1 = A_2 v_2 / A_1$ 分别代入包达公式，可得：

$$h_r = \left(1 - \frac{A_1}{A_2}\right)^2 \frac{v_1^2}{2g} = \zeta_1 \frac{v_1^2}{2g}, \; h_r = \left(\frac{A_2}{A_1} - 1\right)^2 \frac{v_2^2}{2g} = \zeta_2 \frac{v_2^2}{2g} \tag{4-46}$$

式中，ζ_1、ζ_2 称为管径突然扩大的局部阻力系数，其值与 A_1 / A_2 有关。

4.8.2 局部损失计算的一般公式

由以上分析可以看出，局部损失可用包达公式，即流速水头乘上一个系数来表示，通用计算公式为：

$$h_r = \zeta \frac{v^2}{2g} \tag{4-47}$$

式中，ζ 为局部阻力系数，与局部装置类型有关；v 为平均速度，一般应取产生局部损失部位以后的缓变流断面上的流速。

在工程实践中，为了便于计算，常采用当量管长的概念。当量管长是指局部损失相当于某一直管段的沿程损失的相当长度，用 l_e 表示。则上式可以改写为：

$$h_r = \zeta \frac{v^2}{2g} = \lambda \frac{l_e}{d} \cdot \frac{v^2}{2g} \tag{4-48}$$

局部阻力系数 ζ 对于不同的局部装置，有不同值。若局部装置装在等径管路中，则系数 ζ 只有一个；若装在两种直径的管路中间，则出现两个系数。若不加说明，系数 ζ 是与局部装置后速度水头 v_2 相配合的 ζ_2。

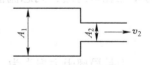

图 4-17 管径突然缩小管

几种常见局部装置的阻力系数确定如下：

（1）管径突然缩小（如图 4-17 所示）。局部阻力系数 ζ 值随截面缩小 A_2 / A_1 的比值不同而异，见表 4-2。其计算公式为：

$$\zeta = 0.5 \left(1 - \frac{A_2}{A_1}\right)$$

表 4-2 管径突然缩小的局部阻力系数 ζ

A_2/A_1	0.01	0.1	0.2	0.3	0.4	0.5	0.6	0.7	0.8	0.9	1
ζ	0.490	0.469	0.431	0.387	0.343	0.298	0.257	0.212	0.161	0.070	0

（2）逐渐扩大管（如图 4-18 所示）。局部阻力系数 ζ 计算公式为：

$$\zeta = \frac{\lambda}{8\sin\dfrac{\alpha}{2}}\left[1 - \left(\frac{A_1}{A_2}\right)^2\right] + K\left(1 - \frac{A_1}{A_2}\right)$$

式中，K 值是与扩张角 α 有关的系数，当 $A_1/A_2 = 1/4$ 时的 K
值列于表 4-3 中。

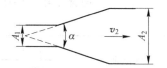

图 4-18　逐渐扩大管

表 4-3　计算逐渐扩大管局部阻力系数 ζ 时的 K 值

$\alpha/(°)$	2	4	6	8	10	12	14	16	20	25
K	0.022	0.048	0.072	0.103	0.138	0.177	0.221	0.270	0.386	0.645

（3）逐渐缩小管（如图 4-19 所示）。局部阻力系数 ζ
计算公式为：

$$\zeta = \frac{\lambda}{8\sin\dfrac{\alpha}{2}}\left[1 - \left(\frac{A_2}{A_1}\right)^2\right]$$

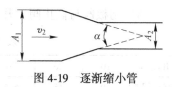

图 4-19　逐渐缩小管

（4）弯管与折管（如图 4-20 和图 4-21 所示）。由于流动惯性，在弯管和折管内侧往往产生流线分离形成旋涡区。在外侧，流体冲击壁面增加液流的混乱。

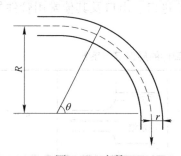

图 4-20　弯管

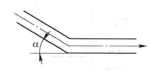

图 4-21　折管

弯管局部阻力系数 ζ 计算公式为：

$$\zeta = \left[0.131 + 1.847\left(\frac{r}{R}\right)^{3.5}\right]\frac{\theta}{90°}$$

当 $\theta = 90°$ 时，可得常用弯管的阻力系数，见表 4-4。

表 4-4　90°弯管的局部阻力系数

r/R	0.1	0.2	0.3	0.4	0.5	0.6	0.7	0.8	0.9	1
ζ	0.132	0.138	0.158	0.206	0.294	0.440	0.661	0.977	1.408	1.978

折管局部阻力系数 ζ 计算公式为：

$$\zeta = 0.946\sin^2\left(\frac{\alpha}{2}\right) + 2.407\sin^4\left(\frac{\alpha}{2}\right)$$

折管的局部阻力系数见表 4-5。

表 4-5　折管的局部阻力系数

$\alpha/(°)$	20	40	60	80	90	100	110	120	130	160
ζ	0.046	0.139	0.364	0.741	0.985	1.260	1.560	1.861	2.150	2.431

（5）三通管。45°与90°三通管不同流向所对应的 ζ 值见表4-6。

表4-6 三通管的局部阻力系数

90°三通	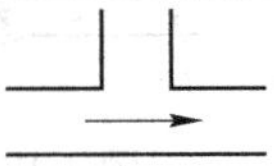	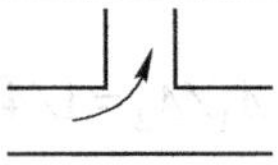	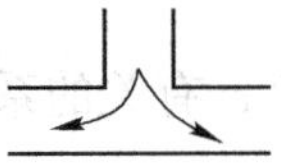	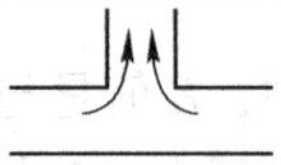
ζ	0.1	1.3	1.3	3
45°三通	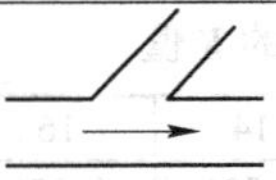	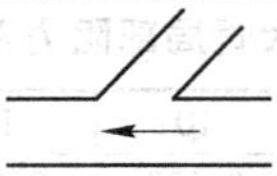	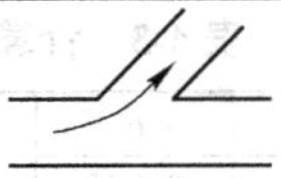	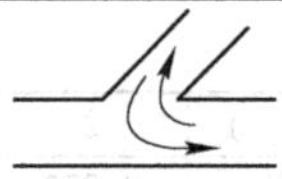
ζ	0.15	0.05	0.5	3

（6）闸板阀与截止阀。开度不同所对应的 ζ 值见表4-7。

表4-7 闸板阀与截止阀的局部阻力系数

开度/%	10	20	30	40	50	60	70	80	90	100
闸板阀 ζ	60	15	6.5	3.2	1.8	1.1	0.6	0.3	0.18	0.1
截止阀 ζ	85	24	12	7.5	5.7	4.8	4.4	4.1	4.0	3.9

（7）管路的进口、出口及其他常用管件。管路的进口、出口及其他常用管件的局部阻力系数值见表4-8。

表4-8 管路的进口、出口及其他常用管件的局部阻力系数

锐缘进口	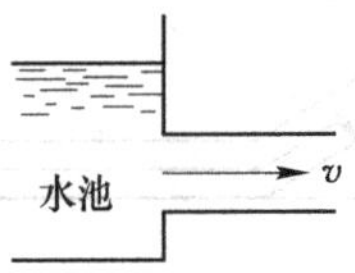	$\zeta = 0.5$	圆角进口	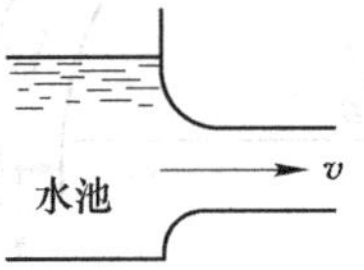	$\zeta = 0.2$
锐缘斜进口	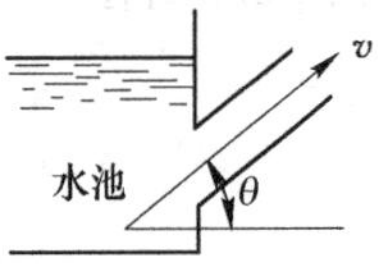	$\zeta = 0.505 + 0.303\sin\theta + 0.226\sin^2\theta$	管道出口	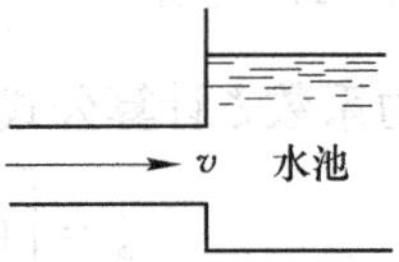	$\zeta = 1$
闸门	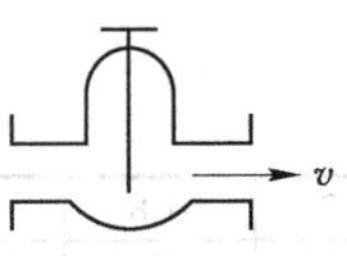	$\zeta = 0.12$（全开）	蝶阀	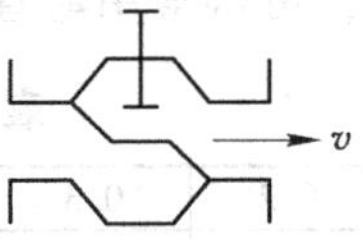	$\alpha = 20°$ 时，$\zeta = 1.54$；$\alpha = 45°$ 时，$\zeta = 18.7$
旋风分离器	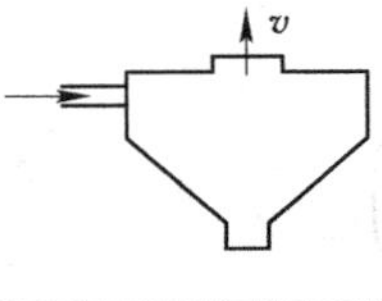	$\zeta = 2.5 \sim 3.0$	吸水网（有底阀）	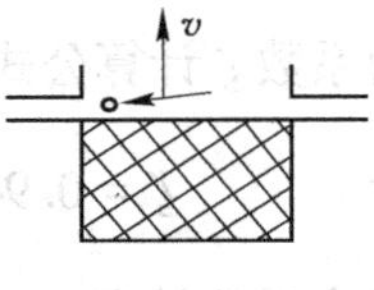	$\zeta = 10$ 无底阀时，$\zeta = 5 \sim 6$
逆止阀	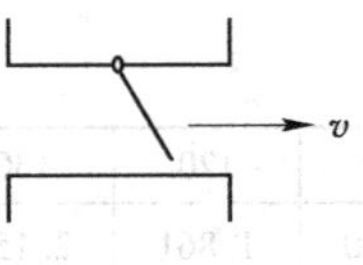	$\zeta = 1.7 \sim 14$ 视开启大小而定	渐缩短管（锥角5°）	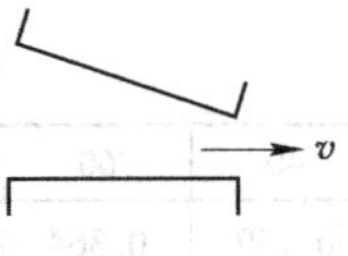	$\zeta = 0.06$（水枪喷嘴同此）

4.8.3 能量损失叠加原则

工程实际中的管路，总损失：

$$h_1 = \sum h_f + \sum h_r = \sum_{i=1}^{m} \frac{\lambda_i l_i}{d_i} \cdot \frac{v_i^2}{2g} + \sum_{i=1}^{m} \zeta_i \frac{v_i^2}{2g}$$

或

$$h_1 = \sum_{i=1}^{m} \frac{\lambda_i l_i}{d_i} \cdot \frac{v_i^2}{2g} + \sum_{i=1}^{m} \frac{\lambda_i l_{ei}}{d_i} \cdot \frac{v_i^2}{2g} \tag{4-49}$$

上式可以计算任意一条管路能量损失的基本方程，体现了能量损失的叠加原则。

为减少局部损失，在管路设计中，就要尽量减少局部装置。如在矿井通风网路设计中明确提出要求：尽量避免大小巷道相连接（特别是突然扩大或缩小），不要拐 90° 的弯道等；在选矿厂的矿浆管路设计中，管道拐弯都要求极为平缓，否则矿砂将在这些地方沉积下来堵塞管道。

[**例题 4-7**]　输水管路某处直径 $d_1 = 100\text{mm}$，突然扩大为 $d_2 = 200\text{mm}$，若已知通过流量 $Q = 90\text{m}^3/\text{h}$，问经过此处损失了多少水头？

[**解**]　因为

$$v_1 = \frac{Q}{A_1} = \frac{\dfrac{90}{3600}}{\dfrac{\pi}{4} \times 0.1^2} = 3.184\text{m/s}, \quad v_2 = \frac{Q}{A_2} = \frac{\dfrac{90}{3600}}{\dfrac{\pi}{4} \times 0.2^2} = 0.796\text{m/s}$$

得

$$h_r = \frac{(v_1 - v_2)^2}{2g} = \frac{(3.184 - 0.796)^2}{2 \times 9.8} = 0.291\text{m 水柱}$$

[**例题 4-8**]　采矿用水枪，出口流速为 50m/s，问经过水枪喷嘴时的水头损失为多少？

[**解**]　由表4-8查得，流经水枪喷嘴的局部阻力系数 $\zeta = 0.06$，故其水头损失为：

$$h_r = \zeta \frac{v^2}{2g} = 0.06 \times \frac{50^2}{2 \times 9.8} = 7.65\text{m 水柱}$$

[**例题 4-9**]　某厂自高位水池加装一条管路，向一个新建的居民点供水，已知：两水池高差 $H = 40\text{m}$，管长 $l = 500\text{m}$，管径 $d = 50\text{mm}$，用普通镀锌管（绝对粗糙度 $\Delta = 0.4\text{mm}$）。问在平均温度为 20℃时，这条管路在一个昼夜中能供应多少水量？

[**解**]　选水池水面为基准面 O—O，并取过水断面 1—1、2—2，由伯努利方程得：

$$H + \frac{p_a}{\gamma} + \frac{\alpha_1 v_1^2}{2g} = \frac{p_a}{\gamma} + \frac{\alpha_2 v_2^2}{2g} + \frac{\lambda l}{d} \cdot \frac{v^2}{2g} + \sum \frac{\lambda l_e}{d} \cdot \frac{v^2}{2g} \tag{4-50}$$

因为 $v_1 = v_2 \approx 0$，所以 $\dfrac{\alpha_1 v_1^2}{2g} = \dfrac{\alpha_2 v_2^2}{2g} = 0$。

查表得：

进口处　　$l_d = 20d = 20 \times 0.05 = 1\text{m}$。

90°弯管　$l_d = 30d = 30 \times 0.05 = 1.5\text{m}$。

90°圆弯　$l_d = 4d = 4 \times 0.05 = 0.2\text{m}$。

闸阀　　　$l_d = 15d = 15 \times 0.05 = 0.75\text{m}$。

出口处　　$l_d = 40d = 40 \times 0.05 = 2\text{m}$。

故 $$\sum l_e = 1+1.5+0.2+0.75+2 = 5.45\text{m}$$

代入式 (4-50) 得:

$$40 = \frac{\lambda(l + \sum l_e)}{d} \cdot \frac{v^2}{2g} = \frac{\lambda \times 505.45}{0.05} \times \frac{v^2}{2 \times 9.8}$$

因 $\Delta/d = 0.4/50 = 0.008$,设在过渡区,并从莫迪图中相应位置暂取 $\lambda = 0.036$,代入上式得:

$$v = \sqrt{\frac{2gdH}{\lambda(l+ \sum l_e)}} = \sqrt{\frac{2 \times 9.8 \times 0.05 \times 40}{0.036 \times (500 + 5.45)}} = 1.468\text{m/s}$$

当 $t = 20℃$ 时,查表得水的运动黏度 $\nu = 1.007 \times 10^{-6}\text{m}^2/\text{s}$。

$$Re = \frac{vd}{\nu} = \frac{146.8 \times 5}{0.01007} = 72889$$

由于

$$\frac{1}{\sqrt{\lambda}} = -2\lg\left(\frac{\Delta}{3.7d} + \frac{2.51}{Re\sqrt{\lambda}}\right)$$

$$左端 = \frac{1}{\sqrt{0.036}} = 5.27$$

$$右端 = -2\lg\left(\frac{0.4}{3.7 \times 50} + \frac{2.51}{72889\sqrt{0.036}}\right) = 5.26$$

左右两端几乎相等,故所选的 $\lambda = 0.036$ 是合适的。

总的水头损失: $h_f = \frac{\lambda l}{d} \cdot \frac{v^2}{2g} = \frac{0.036 \times 505.45}{0.05} \times \frac{1.468^2}{2 \times 9.8} = 40\text{m}$ 水柱

一昼夜供水量: $Q = 24 \times 3600Av = 24 \times 3600 \times \frac{\pi}{4} \times 0.05^2 \times 1.468 = 249\text{m}^3$

习题 4

4-1 某管路的直径 $d = 100\text{mm}$,通过 $Q = 4\text{L/s}$ 的水,水温 $t = 20℃$,试判别流态?若管道中流过的是重燃油,运动黏度 $\nu = 150 \times 10^{-6}\text{m}^2/\text{s}$,流态又如何?

4-2 温度为 $0℃$ 的空气,以 4m/s 的速度在直径为 100mm 的圆管中流动,试确定流态(空气的运动黏度为 $1.33 \times 10^{-5}\text{m}^2/\text{s}$)。若管中的流体换成运动黏度为 $1.792 \times 10^{-6}\text{m}^2/\text{s}$ 的水,问水在管中呈何流态?

4-3 水流经过一个渐扩管,如小断面的直径为 d_1,大断面的直径为 d_2,而 $d_2/d_1 = 2$,试问哪个断面雷诺数大?这两个断面的雷诺数的比值 Re_1/Re_2 是多少?

4-4 如图 4-22 所示,用毛细管测定油液黏度,已知毛细管直径 $d = 4\text{mm}$,长度 $l = 0.5\text{m}$;流量 $Q = 1\text{cm}^3/\text{s}$ 时,测压管的高差 $h = 15\text{cm}$,试求油液的运动黏度。

4-5 如图 4-23 所示,管径 $d = 5\text{cm}$,管长 $l = 6\text{m}$ 的水平管中有密度为 900kg/m^3 的油液流动,水银差压计读数为 $h = 14.2\text{cm}$,3min 内流出的油液重为 5000N,试求油的动力黏度 μ。

4-6 设圆管直径 $d = 2\text{cm}$,流速 $v = 12\text{m/s}$,水温 $t = 10℃$,试求在管长 $l = 20\text{m}$ 上的沿程损失?

4-7 在管径 $d = 1\text{cm}$,管长 $l = 5\text{m}$ 的圆管中,冷冻机润滑油做层流运动,测得流量 $Q = 80\text{cm}^3/\text{s}$,损失 $h_f = 30\text{mm}$ 油柱,试求油的运动黏度。

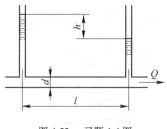

图 4-22 习题 4-4 图

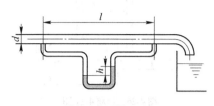

图 4-23 习题 4-5 图

4-8 如图 4-24 所示，水在直径 $d=30\text{cm}$ 的管中流动呈湍流状态，测得在距壁面 $y=3\text{cm}$ 的 A 点处的水流速度 $u=2\text{m/s}$，速度梯度 $\dfrac{\mathrm{d}u}{\mathrm{d}y}=10.5\text{s}^{-1}$，试求：

（1）A 点处的混合长度 L；

（2）A 点处的切应力 τ；

（3）壁面上的切应力 τ_0；

（4）如果沿程阻力系数 $\lambda=0.03$，试求管平均流速 v 与流量 Q。

4-9 如图 4-25 所示，密度为 850kg/m^3，$\nu=0.125\text{cm}^2/\text{s}$ 的油，在粗糙度 $\Delta=0.04\text{mm}$ 的无缝钢管中流动，管径 $d=30\text{cm}$，流量 $Q=0.1\text{m}^3/\text{s}$，试判断流体的流动状态。求：

（1）沿程阻力系数 λ；

（2）层流底层厚度 δ；

（3）管壁上的切应力 τ_0。

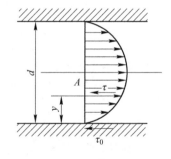

图 4-24 习题 4-8 图

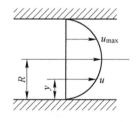

图 4-25 习题 4-9 图

4-10 有一圆管水流，直径 $d=20\text{cm}$，管长 $l=20\text{m}$，管壁粗糙度 $\Delta=0.2\text{mm}$，水温 $t=6\text{℃}$，求通过流量 $Q=24\text{L/s}$ 时，沿程损失 h_{f}。

4-11 如图 4-26 所示，水平管路直径由 $d_1=24\text{cm}$，突然扩大为 $d_2=48\text{cm}$，在突然扩大的管路前后各安装一测压管，读得局部阻力前后的测压管水柱升高 $h=1\text{cm}$，试求管中流量 Q。

4-12 如图 4-27 所示，水平突然缩小管路的 $d_1=15\text{cm}$，$d_2=10\text{cm}$，水的流量为 $Q=2\text{m}^3/\text{min}$，用水银测压计测得 $h=8\text{cm}$，试求管路中水头损失。

4-13 水平管路直径由 $d_1=10\text{cm}$ 突然扩大到 $d_2=15\text{cm}$，水的流量 $Q=2\text{m}^3/\text{min}$。试求：

（1）突然扩大的局部水头损失；

（2）突然扩大前后的压强水头之差；

（3）如果管道是逐渐扩大而忽略损失，试求逐渐扩大前后的压强水头之差。

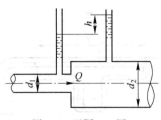

图 4-26　习题 4-11 图

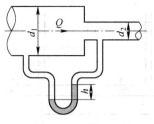

图 4-27　习题 4-12 图

5 有压管流与孔口、管嘴出流

有压管流是管道被液体充满，无自由表面的流动。在管路的计算中，按管路的结构常分为简单管和复杂管。简单管又可分为长管和短管，复杂管包括串联管、并联管、连续出流管等。由多个复杂管可构成管网。孔口及管嘴出流是一个有广泛应用的实际问题，例如水处理工程中的供水、通风工程中通过门窗的气流、安全工程中的排水、水利水电工程中的泄水闸泄水、消防及水力采矿用的水枪等。

本章内容包括简单管路的水力计算、管网的水力计算基础、孔口出流、管嘴出流。要求理解串联管路、并联管路、连续均匀出流管路、管网类型、小孔口出流、管嘴出流类型、管嘴的真空度与使用条件等概念，掌握长管的水力计算、串联管路与并联管路的水力计算、薄壁小孔口定常出流的计算、圆柱形外管嘴定常出流的计算，重点掌握长管的水力计算、小孔口与管嘴定常出流速度与流量的计算。

5.1 简单管路的水力计算

管路计算是流体力学工程应用的一个重要方面，在环境、矿冶、安全、土建、水利、石化等工程中都会遇到。管路中的能量损失一般包括沿程损失和局部损失，根据它们所占比例的不同，可将管路分为短管与长管两种类型。短管是指管路中局部损失与速度水头之和超过沿程损失或与沿程损失相差不大，在计算时不能忽略局部损失与速度损失。长管是指管路中局部损失与速度水头之和与沿程损失相比很小，以至于可以忽略不计。

简单管路是一种直径不变、而且没有支管分出即流量沿程不变的管路。它是管路中最简单的一种情况，是计算各种管路的基础。

5.1.1 短管的水力计算

水泵的吸水管、虹吸管、液压传动系统的输油管等，都属于短管，它们的局部阻力在水力计算时不能忽略。短管的水力计算没有什么特殊的原则，主要是如何运用前一章的公式和图表，下面举一例加以说明。

[**例题 5-1**] 水泵管路如图5-1所示，铸铁管直径 $d = 150$ mm ，管长 $l = 180$m ，管路上装有吸水网（无底阀）一个，全开截止阀一个，管半径与曲率半径之比为 $r/R = 0.5$ 的弯头三个，高程 $h = 100$m ，流量 $Q = 225$m^3/h ，水温为 20℃ 。试求水泵的输出功率。

[**解**] 当 $t = 20$℃ 时，查表得水的运动黏度 $\nu = 1.007 \times 10^{-6}$m^2/s ，于是：

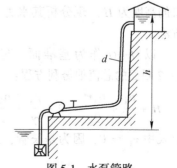

图 5-1 水泵管路

$$Re = \frac{vd}{\nu} = \frac{4Q}{\pi d\nu} = \frac{4 \times 225}{3600\pi \times 0.15 \times 1.007 \times 10^{-6}} = 5.25 \times 10^{5}$$

铸铁管 $\Delta = 0.30\text{mm}$ ，$\dfrac{\Delta}{d} = 0.002$ ，$\dfrac{d}{\Delta} = 500$ ，

$$22.2\left(\frac{d}{\Delta}\right)^{\frac{8}{7}} = 22.2 \times 500^{\frac{8}{7}} = 26970 < Re，而\ 597\left(\frac{d}{\Delta}\right)^{\frac{9}{8}} = 597 \times 500^{\frac{9}{8}} = 6.49 \times 10^{5} > Re$$

故管中流体的流动状态为过渡区。先用阿里特苏里公式求 λ 的近似值：

$$\lambda = 0.11\left(\frac{\Delta}{d} + \frac{68}{Re}\right)^{0.25} = 0.0236$$

再将此值代入科尔布鲁克公式的右端，从其左端求 λ 的第二次近似值，于是：

$$\frac{1}{\sqrt{\lambda}} = -2\lg\left(\frac{\Delta}{3.7d} + \frac{2.51}{Re\sqrt{\lambda}}\right) = 6.486$$

解得 $\lambda = 0.0238$ ，与第一次近似值相差不多，即以此值为准。

由已知条件可知，局部阻力系数为：吸水网 $\zeta_1 = 6$ ，进口 $\zeta_2 = 0.5$ ，弯头 $\zeta_3 = 0.294 \times 3$ ，截止阀 $\zeta_4 = 3.9$ ，出口 $\zeta_5 = 1$ 。因此 $\sum\zeta = \zeta_1 + \zeta_2 + \zeta_3 + \zeta_4 + \zeta_5 = 12.28$ ，局部阻力的当量管长为：

$$\sum l_e = \frac{\sum\zeta}{\lambda}d = \frac{12.28}{0.0238} \times 0.15 = 77.39\text{m}$$

将 $v = \dfrac{4Q}{\pi d^2}$ 代入公式 $h_1 = \lambda\dfrac{l + \sum l_e}{d}\dfrac{v^2}{2g}$ 中可得：

$$h_1 = \frac{8\lambda(l + \sum l_e)Q^2}{g\pi d^5} = \frac{8 \times 0.0238 \times (180 + 77.39) \times 225^2}{9.8 \times \pi^2 \times 0.15^5 \times 3600^2} = 26.06\text{m}$$

水泵的扬程：$H = h + h_1 = 100 + 26.06 = 126.06\text{m}$ 。

最后得水泵的输出功率为：

$$P = \gamma QH = 9800 \times \frac{225}{3600} \times 126.06 = 77211\text{W} = 77.2\text{kW}$$

5.1.2　长管的水力计算

如图 5-2 所示，由水池接出一根长为 l ，管径为 d 的简单管路，水池的水面距管口的高度为 H 。现分析其水力特点和计算方法。

以 $O—O$ 作为基准面，写出 1—1 和 2—2 断面的总流伯努利方程：

$$H + \frac{p_a}{\gamma} + \frac{\alpha_1 v_1^2}{2g} = 0 + \frac{p_a}{\gamma} + \frac{\alpha_2 v_2^2}{2g} + h_1$$

上式中 $v_1 \approx 0$ ，因为是长管，忽略局部阻

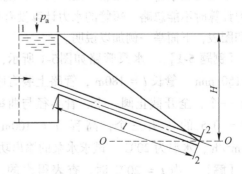

图 5-2　简单管路

力 h_r 和速度水头 $\dfrac{\alpha_2 v_2^2}{2g}$ ，则 $h_1 = h_f$ ，故：

$$H = h_f \tag{5-1}$$

上式表明，长管的全部水头都消耗于沿程损失中，总水头线与测压管水头线重合。此时管路的沿程阻力可用蔡西公式计算，即：

$$h_f = \frac{Q^2 l}{K^2} \tag{5-2}$$

上式是工程中长管水力计算的基本公式，式中流量模数（也称特性流量）K 为：

$$K = cA\sqrt{R} = \sqrt{\frac{8g}{\lambda}} \times \frac{1}{4}\pi d^2 \sqrt{\frac{d}{4}} = 3.462\sqrt{\frac{d^5}{\lambda}} \ (\text{m}^3/\text{s})$$

阻力系数 λ 与蔡西系数 c 的关系为：

$$\lambda = \frac{8g}{c^2} \quad \text{或} \quad c = \sqrt{\frac{8g}{\lambda}}$$

c 值可按巴甫洛夫斯基公式计算，即：

$$c = \frac{1}{n}R^y \tag{5-3}$$

$$y = 2.5\sqrt{n} - 0.13 - 0.75\sqrt{R}(\sqrt{n} - 0.10) \tag{5-4}$$

式中，n 为管壁的粗糙系数，公式的适用范围为 $0.1\text{m} \leqslant R \leqslant 3\text{m}$ 。对于一般输水管道，常取 $y = \dfrac{1}{6}$ ，即曼宁公式：

$$c = \frac{1}{n}R^{\frac{1}{6}} \tag{5-5}$$

管壁的粗糙系数 n 值随管壁材料、内壁加工情况以及铺设方法的不同而异。一般工程初步估算时可采用表 5-1 数值。

表 5-1 粗糙系数 n 值

序号	壁面种类及状况	n
1	安装及联结良好的新制清洁铸铁管及钢管，精刨木板	0.0111
2	混凝土和钢筋混凝土管道	0.0125
3	焊接金属管道	0.012
4	铆接金属管道	0.013
5	大直径木质管道	0.013
6	岩石中不衬砌的压力管道	0.025~0.04
7	污秽的给水管和排水管，一般情况下渠道的混凝土面	0.014

因流量模数 K 是管径 d 及壁面粗糙系数 n 的函数，因此对不同粗糙度及不同直径的管道，可预先将流量模数 K 的值列成表，以方便水力计算，见表 5-2。

表 5-2　不同粗糙度系数 n 及不同管径 d 的流量模数 K

管径 d /mm	铸铁圆管的管壁粗糙状况		
	$n=0.0111$ 时，$\dfrac{1}{n}=90$ 清洁管	$n=0.0125$ 时，$\dfrac{1}{n}=80$ 正常管	$n=0.0143$ 时，$\dfrac{1}{n}=70$ 污垢管
	$K/\mathrm{L\cdot s^{-1}}$	$K/\mathrm{L\cdot s^{-1}}$	$K/\mathrm{L\cdot s^{-1}}$
50	9.624	8.46	7.043
75	28.31	24.94	21.83
100	61.11	53.72	47.01
125	110.8	97.4	85.23
150	180.2	158.4	138.6
200	388.0	341.0	298.5
250	703.5	618.5	541.2
300	1144	1006	880
350	1727	1517	1327
400	2464	2166	1895
450	3373	2965	2594
500	4467	3927	3436
600	7264	6386	5587
700	10960	9632	8428
800	15640	13750	12030
900	21420	18830	16470
1000	28360	24930	21820

根据式（5-2）可解决下列三类问题：

（1）当已知流量 Q、管长 l、管壁粗糙系数 n 及能量损失时，可通过流量模数 K 求出管道直径 d；

（2）当已知流量 Q、管长 l 和管径 d 时，可求出能量损失；

（3）当已知管长 l、管径 d 和能量损失时，可求出流量 Q。

[例题 5-2]　已知管中流量 $Q=250\mathrm{L/s}$，管路长 $l=2500\mathrm{m}$，作用水头 $H=30\mathrm{m}$。如用新的铸铁管，求此管的直径是多少？

[解]　此题属于上述第一类问题，先求出流量模数 K，再确定管径 d。

$$K=\frac{Q}{\sqrt{\dfrac{H}{l}}}=\frac{250}{\sqrt{\dfrac{30}{2500}}}=2283\mathrm{L/s}$$

查表 5-2，当 $n=0.0111$，$K=2283\mathrm{L/s}$ 时，所需管径在 350mm 和 400mm 之间，可用插值法确定：

$$d = 350 + \frac{400 - 350}{2464 - 1727} \times (2283 - 1727) = 378\text{mm}$$

也可以利用标准管，做成两种直径（350mm 和 400mm）串联起来的管路，这将在下一节介绍。

5.2 管网的水力计算基础

实际管路通常由许多简单管路组合，构成一网状系统，称为管网。简单管路通过组合后变成了复杂管路，其水力计算通常按长管算。常见的复杂管路有串联管路、并联管路、连续均匀出流管路、分叉管路等。

5.2.1 串联管路

如图 5-3 所示，由直径不同的几段简单管道依次连接而成，这种管道称为串联管路。串联管路的流量可沿程不变，也可在每一段的末端有流量分出，从而各管段的流量不同。

设串联管路中各管段的长度为 l_i，直径为 d_i，流量为 Q_i，各段末端分出的流量为 q_i。根据连续性方程，流量关系式为：

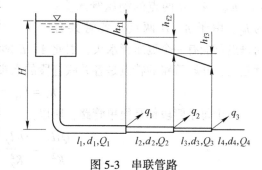

图 5-3 串联管路

$$Q_i = Q_{i+1} + q_i \qquad (5-6)$$

各管段的流量与水头损失的关系式为：

$$h_{\text{fi}} = \frac{Q_i^2 l_i}{K_i^2}$$

串联管路的总水头损失等于各管段水头损失之和，即：

$$H = h_{\text{f}} = \sum_{i=1}^{n} h_{\text{fi}} = \sum_{i=1}^{n} \frac{Q_i^2 l_i}{K_i^2} = \frac{Q_1^2 l_1}{K_1^2} + \frac{Q_2^2 l_2}{K_2^2} + \cdots + \frac{Q_n^2 l_n}{K_n^2} \qquad (5-7)$$

联立式（5-6）、式（5-7）可解出 H、Q、d 等参数。

若各管段末端无流量分出，则：

$$H = h_{\text{f}} = Q^2 \sum_{i=1}^{n} \frac{l_i}{K_i^2} \qquad (5-8)$$

[**例题 5-3**] 利用串联管路求解例题 5-2。

[**解**] 取管径 $d_1 = 350\text{mm}$ 的管长为 l_1，则管径为 $d_2 = 400\text{mm}$ 的管长 $l_2 = l - l_1$，按串联管路的计算公式（5-8），有：

$$H = Q^2 \left(\frac{l_1}{K_1^2} + \frac{l - l_1}{K_2^2} \right)$$

即

$$30 = 250^2 \left(\frac{l_1}{1727^2} + \frac{2500 - l_1}{2464^2} \right)$$

解得：$\qquad\qquad l_1 = 400\mathrm{m}$

因此得出串联管路 $d_1 = 350\mathrm{mm}$ 的管长为 400m，$d_2 = 400\mathrm{mm}$ 的管长为 $2500 - 400 = 2100\mathrm{m}$。

5.2.2　并联管路

凡是两根或以上的简单管道在同一点分叉而又在另一点汇合而组成的管路称为并联管路。如图 5-4 所示，在 A、B 两点间有三根管道并联，总流量为 Q，各管的直径分别为 d_1、d_2、d_3，长度分别为 l_1、l_2、l_3，流量分别为 Q_1、Q_2、Q_3，水头损失为 h_{f1}、h_{f2}、h_{f3}，A、B 两点的测压管水头差为 h_f。由于 A、B 两点是各管共有，

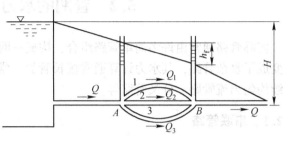

图 5-4　并联管路

而每点只能有一个测压管水头，因此 A、B 两点的测压管水头差就是各管的水头损失，也就是说，并联管路的特点是各并联管段的水头损失相等，即有：

$$h_f = h_{f1} = h_{f2} = h_{f3} \tag{5-9}$$

由于每个管段都是简单管路，所以：

$$\frac{Q_1^2 l_1}{K_1^2} = \frac{Q_2^2 l_2}{K_2^2} = \frac{Q_3^2 l_3}{K_3^2} = h_f \tag{5-10}$$

根据连续性方程，有：$\qquad Q = Q_1 + Q_2 + Q_3 \tag{5-11}$

根据式（5-10）和式（5-11）可以解决并联管路水力计算的各种问题。

必须强调指出：虽然各并联管路的水头损失相等，但这只说明各管段上单位质量的液体机械能损失相等。由于并联各管段的流量并不相等，所以各管段上全部液体质量的总机械能损失并不相等，流量大的管段，其总机械能损失也大。

[**例题 5-4**]　一并联管路如图5-4所示，各并联管段的直径和长度分别为 $d_1 = 150\mathrm{mm}$，$l_1 = 500\mathrm{m}$；$d_2 = 150\mathrm{mm}$，$l_2 = 350\mathrm{m}$；$d_3 = 200\mathrm{mm}$，$l_3 = 1000\mathrm{m}$。管路总的流量 $Q = 80\mathrm{L/s}$，所有管段均为正常管。试求：并联管路各管段的流量是多少？并联管路的水头损失是多少？

[**解**]　查表5-2可得 $K_1 = K_2 = 1584$，$K_3 = 341.0$

管段 1 的流量为 Q_1，根据式（5-10）得：

管段 2 的流量为：$Q_2 = Q_1 \dfrac{K_2}{K_1}\sqrt{\dfrac{l_1}{l_2}} = Q_1 \times \sqrt{\dfrac{500}{350}} = 1.195 Q_1$

管段 3 的流量为：$Q_3 = Q_1 \dfrac{K_3}{K_1}\sqrt{\dfrac{l_1}{l_3}} = Q_1 \times \dfrac{341.0}{158.4} \times \sqrt{\dfrac{500}{1000}} = 1.522 Q_1$

总流量：$Q = Q_1 + Q_2 + Q_3 = Q_1 + 1.195 Q_1 + 1.522 Q_1 = 3.715 Q_1$

解得：$\qquad\qquad Q_1 = 21.5\mathrm{L/s}$，$Q_2 = 25.8\mathrm{L/s}$，$Q_3 = 32.7\mathrm{L/s}$

并联管路的水头损失为：$h_f = \dfrac{Q_1^2 l_1}{K_1^2} = \dfrac{21.5^2 \times 500}{158.4^2} = 9.2 \text{mH}_2\text{O}$

5.2.3　连续均匀出流管路

图 5-5 为连续出流管路，其通过流量为 Q_T，向外泄出流量为 Q_P。如果沿管段任一单位长度上分出的流量都一样，即 $\dfrac{Q_P}{l} = q$ 为常数，则此管路为连续均匀出流管路。

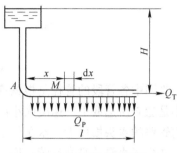

图 5-5　连续出流管路

在离起点 A 距离为 x 处的 M 点流量为：

$$Q_M = Q_T + Q_P - \frac{Q_P}{l}x$$

按管路计算的基本公式有：

$$dh_f = \frac{Q_M^2 dx}{K^2} = \frac{1}{K^2}\left(Q_T + Q_P - \frac{Q_P}{l}x\right)^2 dx$$

积分得：

$$h_f = \frac{1}{K^2}\int_0^l \left(Q_T + Q_P - \frac{Q_P}{l}x\right)^2 dx$$

$$= \frac{l}{K^2}\left(Q_T^2 + Q_T Q_P + \frac{1}{3}Q_P^2\right) \tag{5-12}$$

或近似地认为：

$$h_f = \frac{l}{K^2}(Q_T + 0.55Q_P)^2 \tag{5-13}$$

在工程计算中常引入计算流量，即 $Q_c = Q_T + 0.55Q_P$，则式（5-13）可写成：

$$h_f = \frac{Q_c^2 l}{K^2} \tag{5-14}$$

当通过流量 $Q_T = 0$ 时，式（5-12）变为：

$$h_f = \frac{1}{3}\frac{Q_P^2 l}{K^2} \tag{5-15}$$

由上式可以看出，连续均匀出流管路的能量损失，仅为同一通过流量所损失能量的 1/3，这是因为沿管路流速递减的缘故。

5.2.4　管网的类型及水力计算

管网按其布置方式可分为枝状管网和环状管网两种，如图 5-6 所示。枝状管网是管路在某点分出供水后不再汇合到一起，呈一树枝形状。一般地说，枝状管网的总长度较短，建筑费用较低。当干管某处发生事故切断管路时，位于该处后的管段无水，故供水的可靠度差。电厂的机组冷却用水常采用这种供水方式。

环状管网的管路连成闭合环路，管线的总长度较长，供水的可靠度高，不会因为某处故障而中断该点以后各处供水，但这种管网需要管材较多、造价较高。因此，一般比较大的、重要的用水单位通常采用环状管网供水，例如城镇的供水管网一般采用环状管网。

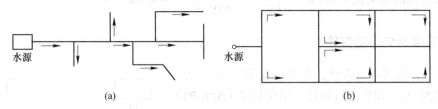

(a)　　　　　　　　　　　　　　　(b)

图 5-6　管网

(a) 枝状管网；(b) 环状管网

管网中各管段的管径是根据流量及平均流速来决定的。在一定的流量条件下，管径的大小是随着所选取平均速度大小而不同。如果管径选择较小时，管路造价较低，由于流速大而管路的水头损失大，水泵的电耗大；如果管径选择过大，由于流速小，减少了水头损失，减少了水泵的日常运营费用，但是提高了管路造价。解决这个矛盾只有选择适当的平均流速，使得供水的总成本为最小，这种流速称为经济流速，用 v_e 表示。经济流速的选择可参阅有关书籍，以下经验值供参考：

$$d = 100 \sim 400 \text{mm} \text{ 时, } v_e = 0.6 \sim 0.9 \text{m/s}$$

$$d = 400 \sim 1000 \text{mm} \text{ 时, } v_e = 0.9 \sim 1.4 \text{m/s}$$

5.2.4.1　枝状管网的水力计算

枝状管网的水力计算主要是确定管径和水头损失，并在此基础上确定水塔高度。计算时从管路最末端支管起，逐段向干管起点计算，一般计算步骤如下：

（1）根据已知流量和经济流速，按公式 $Q = A v_e = \dfrac{\pi}{4} d^2 v_e$ 计算各管段直径，然后按产品规格选用接近计算结果而又能满足输水要求的管径。

（2）依据选用的管径，按公式 $h_f = \dfrac{Q^2 l}{K^2}$ 计算各管段的水头损失，同时按各用水设备的要求，在管网末端保留一定的压强水头 h_e。

（3）确定水塔的高度 H。

$$H = \sum_{i=1}^{n} h_{fi} + h_e + z_0 - z_B \tag{5-16}$$

式中　$\displaystyle\sum_{i=1}^{n} h_{fi}$ ——从水塔到最不利点的总水头损失；

　　　　z_0 ——最高的地形标高；

　　　　z_B ——水塔处的地形标高。

[例题 5-5]　一枝状管网从水塔 B 沿 B—1 干线输送用水，如图 5-7 所示。已知每一段的流量及管路长度，B处地形标高为 28m，供水点末端点 4 和点 7 处标高为 14m，保留水头均为 16m，管道用普通铸铁管。求各管段直径、水塔离地面的高度。

[解]　为了计算方便，将全部已知数和计算结果列成表 5-3。

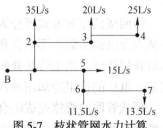

图 5-7　枝状管网水力计算

（1）根据经济流速选取各管段管径。例如对管段 3—4，流量 $Q = 25\text{L/s}$，采用经济流速 $v_e = 1\text{m/s}$，则管径：

$$d = \sqrt{\frac{4Q}{\pi v}} = \sqrt{\frac{4 \times 0.025}{\pi \times 1}} = 0.18\text{m} = 180\text{mm}$$

采用 $d = 200\text{mm}$，则管中实际流速：

$$v = \frac{4Q}{\pi d^2} = \frac{4 \times 0.025}{\pi \times 0.2^2} = 0.79\text{m/s} \quad （在经济流速范围内）$$

（2）水头损失的计算。采用粗糙系数 $n = 0.0125$，查表 5-2 可得 K 值，然后计算各管段水头损失。

对管段 3—4
$$h_f = \frac{Q^2 l}{K^2} = \frac{25^2 \times 350}{341^2} = 1.88\text{m}$$

表 5-3　枝状管路的水力计算

管　段		管段长度 l/m	管段流量 $q/\text{L} \cdot \text{s}^{-1}$	管道直径 d/mm	流速 $v/\text{m} \cdot \text{s}^{-1}$	水头损失 h_f/m
		已知数值		**计算所得数值**		
上侧支管	3—4	350	25	200	0.79	1.88
	2—3	350	45	250	0.92	1.82
	1—2	200	80	300	1.13	1.28
下侧支管	6—7	500	13.5	150	0.76	3.63
	5—6	200	25	200	0.79	1.08
	1—5	300	40	250	0.81	1.27
水塔到分叉点	B—1	400	120	350	1.25	2.50

（3）确定水塔高度。由水塔到最远点 4 和点 7 的沿程损失分别为：

沿 4—3—2—1—B 线，$\sum h_f = 1.88 + 1.82 + 1.28 + 2.50 = 7.48\text{m}$

沿 7—6—5—1—B 线，$\sum h_f = 3.63 + 1.08 + 1.27 + 2.50 = 8.48\text{m}$

选 7—6—5—1—B 线确定水塔高度：

$$H = \sum h_f + h_e + z_0 - z_B = 8.48 + 16 + 14 - 28 = 10.48\text{m}$$

5.2.4.2　环状管网的水力计算

环状管网的计算比较复杂。在计算环状管网时，首先根据地形图确定管网的布置及确定各管段的长度，根据需要确定节点的流量。接着用经济流速决定各管段的通过流量，并确定各管段管径及计算水头损失。环状管网的计算必须遵循下列两个原则：

（1）在各个节点上流入的流量等于流出的流量，如以流入节点的流量为正，流出节点的流量为负，则二者的总和应为零，即：

$$\sum Q_i = 0 \tag{5-17}$$

（2）在任一封闭环内，水流由某一节点沿两个方向流向另一节点时，两方向的水头损失应相等。如以水流顺时针方向的水头损失为正，逆时针方向的水头损失为负，则二者的总和应为零，即：

$$\sum h_{fi} = 0 \tag{5-18}$$

根据以上两个条件进行环状管网的水力计算时，在理论上没有什么困难，但在计算上却相当繁杂。详细内容可参考有关管网的专门书籍和资料。

5.3 孔 口 出 流

容器侧壁或底部开一孔，孔的形状规则，液体自孔口流入另一部分流体中，这种流动称为孔口出流。当液体经孔口出流直接与大气接触，称为自由出流。若出流进入充满液流的空间，则称为淹没出流。

孔口直径 d 小于孔口前水头 H 或孔口前后水头差 H 的 1/10，称为小孔口出流，否则为大孔口出流。当孔口具有尖锐的边缘，且器壁厚度不影响孔口出流形状和出流条件，即壁厚小于 $3d$ 时，称为薄壁孔口。壁厚大于 $3d$ 的厚壁孔口则按管嘴出流考虑，这将在下节中讨论。

5.3.1 薄壁小孔口定常出流

5.3.1.1 小孔口自由出流

如图 5-8 所示，孔口中心的水头 H 保持不变，由于孔径较小，可以认为孔口各处的水头都为 H。水流由各个方向向孔口集中射出，由于惯性的作用，液流的流线不能急剧改变而形成圆滑曲线，约在离孔口 $\dfrac{d}{2}$ 处的 c—c 断面收缩完毕后流入大气。c—c 断面称为收缩断面，设收缩断面的面积为 A_c，孔口的面积为 A，则 $\dfrac{A_c}{A} = \varepsilon < 1$，$\varepsilon$ 称为收缩系数。

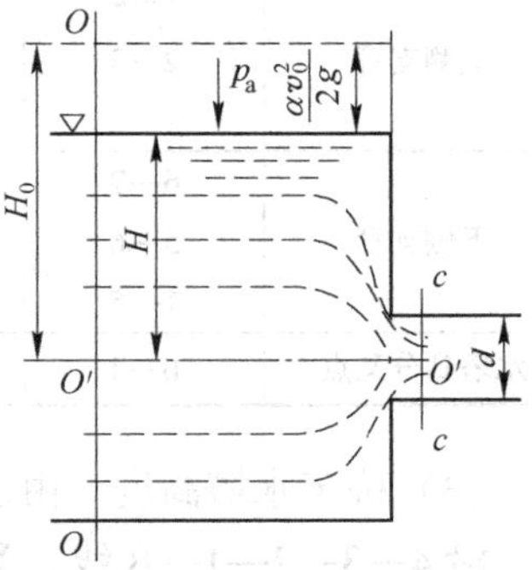

以过孔口中心的水平面 O'—O' 为基准面，写出上游符合缓变流的 O—O 断面及收缩断面 c—c 的能量方程：

图 5-8　薄壁小孔口自由出流

$$H + \frac{p_a}{\gamma} + \frac{\alpha_0 v_0^2}{2g} = 0 + \frac{p_c}{\gamma} + \frac{\alpha_c v_c^2}{2g} + h_1 \tag{5-19}$$

c—c 断面的水流与大气接触，故 $p_c = p_a$。因孔口出流是在一极短的流程上完成的，可以只计流经孔口的局部阻力，即 $h_1 = h_r = \zeta \dfrac{v_c^2}{2g}$，$\zeta$ 为孔口出流的局部阻力系数。因为是小孔口，流速分布均匀，可取 $\alpha_0 = \alpha_c = 1.0$，于是式 (5-19) 可写成：

$$H + \frac{v_0^2}{2g} = \frac{v_c^2}{2g} + \zeta \frac{v_c^2}{2g} = (1 + \zeta) \frac{v_c^2}{2g}$$

因而

$$v_c = \frac{1}{\sqrt{1 + \zeta}} \sqrt{2g\left(H + \frac{v_0^2}{2g}\right)} \tag{5-20}$$

令 $\varphi = \dfrac{1}{\sqrt{1+\zeta}}$，$\varphi$ 称为流速系数；$H_0 = H + \dfrac{v_0^2}{2g}$，$H_0$ 为考虑行近流速时的水头，称为作用水头或有效水头。则式 (5-20) 成为：

$$v_c = \varphi \sqrt{2gH_0} \qquad (5\text{-}21)$$

因为行近流速 v_0 很小，与 v_c 相比可以忽略，因此 v_c 的近似计算公式为：

$$v_c = \varphi \sqrt{2gH} \qquad (5\text{-}22)$$

将式（5-21）、式（5-22）代入流量公式 $Q = A_c v_c$，则：

$$Q = \varepsilon A \varphi \sqrt{2gH_0} = \mu A \sqrt{2gH_0} \qquad (5\text{-}23)$$

或 $$Q = \varepsilon A \varphi \sqrt{2gH} = \mu A \sqrt{2gH} \qquad (5\text{-}24)$$

式中，$\mu = \varepsilon \varphi$，为孔口出流的流量系数。

式（5-23）、式（5-24）是薄壁小孔口定常水头自由出流流量计算的基本关系式。它表明孔口出流能力与作用水头 $\sqrt{H_0}$ 或 $\sqrt{H}$ 成正比，这个规律适用于任何形式的孔口出流。但随着孔口形状的不同，阻力不同，断面收缩不同，则 φ 与 ε 将有所不同，亦即流量系数 μ 不是常数。根据对薄壁圆形小孔口充分收缩时的实验可得：$\varepsilon = 0.60 \sim 0.64$，$\varphi = 0.97 \sim 0.98$，则 $\mu = \varepsilon \varphi = 0.58 \sim 0.62$。

5.3.1.2 淹没出流

如图 5-9 所示，液体由孔口出流进入充满液流的空间，即孔口被液流淹没。由于孔口断面各点的水头差 H 是定值，所以淹没出流无大、小孔口之分。

以过孔口中心的水平面作为基准面，写出符合缓变流条件的 1—1 断面和 2—2 断面的能量方程：

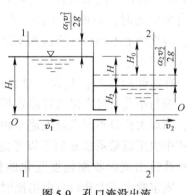

图 5-9 孔口淹没出流

$$H_1 + \frac{p_1}{\gamma} + \frac{\alpha_1 v_1^2}{2g} = H_2 + \frac{p_2}{\gamma} + \frac{\alpha_2 v_2^2}{2g} + h_1 \qquad (5\text{-}25)$$

设孔口前后自由液面行近流速相等，即 $v_1 = v_2$，并取 $\alpha_1 = \alpha_2 = 1.0$，$p_1 = p_2 = p_a$，且 $h_1 = h_r = \zeta_s \dfrac{v_c^2}{2g}$，$\zeta_s$ 为淹没出流时的局部阻力系数，它包括孔口收缩断面的损失和收缩断面到自由液面 2—2 突然扩大的局部损失（其局部阻力系数为 1）两部分，即 $\zeta_s = \zeta + 1$。因此，式（5-25）可写成：

$$H_1 = H_2 + (1 + \zeta) \frac{v_c^2}{2g}$$

因而 $$v_c = \frac{1}{\sqrt{1 + \zeta}} \sqrt{2g(H_1 - H_2)} = \varphi \sqrt{2gH} \qquad (5\text{-}26)$$

式中，$H = H_1 - H_2$，为孔口前后的水头差。

流量的计算公式为：

$$Q = A_c v_c = \varepsilon A \varphi \sqrt{2gH} = \mu A \sqrt{2gH} \qquad (5\text{-}27)$$

上式中的 μ 为淹没出流的流量系数。由于淹没出流时液体通过孔口因惯性产生的断面收缩和局部阻力受孔口出流后的水头影响较小，所以淹没出流时的 ε、φ 和 μ 值与自由出流时基本相同。

[例题 5-6] 设有一薄壁圆形小孔口自由出流，孔口直径 $d = 50\text{mm}$，作用水头 $H =$

1m，求孔口出流量。如孔口改为淹没出流，孔口出流后水头 $H_2 = 0.4$m，求孔口淹没出流量。

[**解**]　　忽略行近速度水头，取孔口流量系数 $\mu = 0.6$，由式（5-24）可得孔口自由出流时的流量为：

$$Q = \mu A \sqrt{2gH} = \mu \times \frac{\pi}{4} d^2 \sqrt{2gH} = 0.6 \times \frac{\pi}{4} \times 0.05^2 \times \sqrt{2 \times 9.8 \times 1} = 0.0052 \text{m}^3/\text{s} = 5.2 \text{L/s}$$

当孔口改为淹没出流时，孔口前后的水头差为 $Z = H - H_2 = 1 - 0.4 = 0.6$m，则淹没出流时的出流量：

$$Q = \mu A \sqrt{2gZ} = \mu \times \frac{\pi}{4} d^2 \sqrt{2gZ} = 0.6 \times \frac{\pi}{4} \times 0.05^2 \times \sqrt{2 \times 9.8 \times 0.6} = 0.00402 \text{m}^3/\text{s} = 4.02 \text{L/s}$$

5.3.2　大孔口定常自由出流

由前所述，大孔口在铅垂方向的尺寸，与孔口中心以上的水头或水头差相比较是相当大的。大孔口自由出流时，断面内任意一点处其水头是不同的，沿垂线上不同点的流速亦不能认为是常数，如图 5-10 所示。

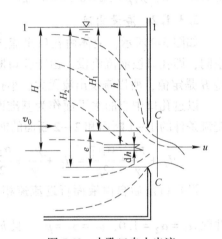

在实际应用中，对大孔口自由出流的流量计算，按与小孔口自由出流时形式相同的流量公式计算，而对大孔口不同点处流速不相等的特点，则在公式中引用流量系数 μ 值予以考虑，μ 随大孔口形状和孔口出流时收缩程度变化的值用实验方法测定，则定常水头大孔口自由出流时的流量计算公式可写成：

图 5-10　大孔口自由出流

$$Q = \mu' A \sqrt{2gH} \qquad (5-28)$$

式中，μ' 为大孔口自由出流时的流量系数，根据实验 $\mu' = 0.6 \sim 0.9$。

5.3.3　孔口非定常出流

液流经孔口出流，容器内自由液面逐渐下降，则形成孔口非定常出流。孔口非定常出流的计算，主要是解决孔口出流时间问题。

图 5-11 为一孔口非定常出流，设容器水平段面积 A 为定值，孔口面积为 a。当容器自由液面距孔口中心高度为 y 时，在 dt 时间段内，孔口出流量可用定常出流公式计算：

$$Q = \mu a \sqrt{2gy}$$

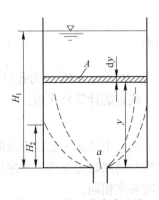

如在 dt 时段，液流下降 dy 高度，根据连续性方程，则经孔口流出之液体体积应等于容器内下降的液体体积，即：

$$A dy = Q dt = \mu a \sqrt{2gy} \, dt$$

图 5-11　孔口非定常出流

$$dt = \frac{A dy}{\mu a \sqrt{2gy}}$$

对上式积分得容器内液面从 H_1 降至 H_2 所需的时间 t 为：

$$t = \int_{H_2}^{H_1} dt = \int_{H_2}^{H_1} \frac{A}{\mu a \sqrt{2g}} \frac{dy}{\sqrt{y}}$$

$$= \frac{A}{\mu a \sqrt{2g}} \left[2\sqrt{y} \right]_{H_2}^{H_1} = \frac{2A}{\mu a \sqrt{2g}} \left[\sqrt{H_1} - \sqrt{H_2} \right] \qquad (5-29)$$

当 $H_2 = 0$，即孔口以上容器内液体全部泄空时，所需时间为：

$$t = \frac{2A\sqrt{H_1}}{\mu a \sqrt{2g}} = \frac{2AH_1}{\mu a \sqrt{2gH_1}} = \frac{2V}{Q_{max}} \qquad (5-30)$$

式中　V——容器放空体积；

　　　Q_{max}——开始出流的最大流量。

上式表明，非定常出流时，容器的放空时间等于在起始水头 H_1 的作用下，流出同样体积液体所需时间的 2 倍。

5.4　管　嘴　出　流

当容器开孔的器壁较厚或在容器孔口上加设短管，泄流的性质发生了变化，这种出流称为管嘴出流。管嘴按其形状可分为圆柱形外管嘴（图 5-12 中 a）、圆柱形内管嘴（图 5-12 中 b）、圆锥形收缩管嘴（图 5-12 中 c）、圆锥形扩张管嘴（图 5-12 中 d）和流线型管嘴（图 5-12 中 e）。

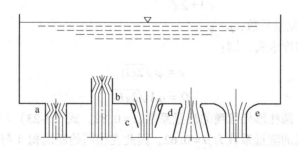

图 5-12　不同类型的管嘴出流

管嘴长 l 一般约为管径 d 的 3~4 倍，液流经管嘴出流，先是在管内收缩形成真空，而后扩张充满全断面泄流出去，因而管嘴既影响出流的流速系数和出流的收缩，同时又影响流量系数，亦即改变出流的流速和流量。管嘴出流与孔口出流一样，有管嘴自由出流和淹没出流，并且可以是定常流，也可以是非定常流。

5.4.1　圆柱形外管嘴定常出流

图 5-13 为圆柱形外管嘴定常水头出流，管嘴长 $l = (3~4)d$，液流进入管嘴后因惯性作用在距入口约 $L_c = 0.8d$ 处形成收缩断面 $C—C$，然后逐渐扩张并充满全断面流出。分析

时只考虑局部阻力。

设管嘴断面面积为 A，以管轴线为基准面，对管嘴自由液面 1—1 与管嘴出口断面 2—2 列能量方程，即：

$$H + \frac{p_a}{\gamma} + \frac{\alpha_1 v_1^2}{2g} = \frac{p_a}{\gamma} + \frac{\alpha v^2}{2g} + h_1 \quad (5\text{-}31)$$

式中，$h_1 = h_r = \sum \zeta \frac{v^2}{2g}$，$\sum \zeta$ 是包括管嘴进口断面和管嘴收缩到出口断面时重新扩大的局部阻力系数；取 $\alpha_1 = \alpha = 1.0$，v_1 用行近流速 v_0 代替，并令：

$$H_0 = H + \frac{v_0^2}{2g}$$

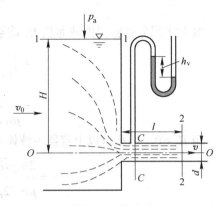

图 5-13　圆柱形外管嘴定常出流

则式（5-31）可写成：

$$H_0 = (1 + \sum \zeta) \frac{v^2}{2g}$$

即

$$v = \frac{1}{\sqrt{1+\sum \zeta}} \sqrt{2gH_0} = \varphi \sqrt{2gH_0} \quad (5\text{-}32)$$

管嘴的流量为：

$$Q = Av = \varphi A \sqrt{2gH_0} = \mu A \sqrt{2gH_0} \quad (5\text{-}33)$$

式中　φ——管嘴的流速系数，$\varphi = \dfrac{1}{\sqrt{1+\sum \zeta}}$；

　　　μ——管嘴的流量系数，$\mu = \varphi$。

如不考虑行近速度水头，则：

$$v = \varphi \sqrt{2gH} \quad (5\text{-}34)$$

$$Q = \mu A \sqrt{2gH} \quad (5\text{-}35)$$

根据实验测定，圆柱形外管嘴的流量系数 $\mu = 0.82$。式（5-23）与式（5-33）形式完全相同，但孔口出流的流量系数为 $\mu = 0.62$，因此在相同的断面积 A 与相同的水头 H 的条件下，管嘴的出流量是孔口出流量的 1.32 倍 $\left(\dfrac{0.82}{0.62} = 1.32\right)$，即在容器孔上加设一段管嘴后，有增大出流量的作用。

5.4.2　管嘴的真空度与使用条件

由以上分析可知：在孔口处接上管嘴以后，增加了阻力，但管嘴的出流量不是减少而是加大。这是因为管嘴在收缩断面处有真空存在，如同水泵一样，对液流产生抽吸作用。根据实验，把一 U 形测压计接于管嘴壁上收缩断面处，如图 5-13 所示，则 U 形管内液体由于管嘴真空的存在被抽吸上升高度 $h_v = 0.75H_0$。这是由于真空的存在使管嘴出流量的增加，要比由管嘴阻力增加而减少的出流量大得多。下面从理论上加以分析。

如图 5-13 所示，列 1—1 断面与 C—C 断面的能量方程：

$$H + \frac{p_a}{\gamma} + \frac{\alpha_1 v_1^2}{2g} = \frac{p_c}{\gamma} + \frac{\alpha_c v_c^2}{2g} + \zeta \frac{v_c^2}{2g}$$

如略去 $\frac{\alpha_1 v_1^2}{2g}$ 不计，且取 $\alpha_c = 1.0$，于是：

$$\frac{p_a - p_c}{\gamma} = (1 + \zeta) \frac{v_c^2}{2g} - H \qquad (5-36)$$

由连续性方程有：

$$v_c^2 = \left(\frac{A}{A_c}\right)^2 v^2 = \frac{v^2}{\varepsilon^2}$$

由式 (5-34) 得：

$$\frac{v^2}{2g} = \varphi^2 H$$

则式 (5-36) 可写成：

$$\frac{p_a - p_c}{\gamma} = (1 + \zeta) \frac{\varphi^2 H}{\varepsilon^2} - H$$

如以 $\zeta = 0.06$ （渐缩短管的局部阻力系数）、$\varepsilon = 0.64$ 及 $\varphi = 0.82$ 代入上式，则：

$$\frac{p_a - p_c}{\gamma} = 0.74H \approx 0.75H_0 \qquad (5-37)$$

由此可知，在管嘴收缩断面处产生了真空，真空度为作用水头的 0.75 倍。真空对液流起抽吸作用，相当于把孔口的作用水头增大 75%，致使管嘴出流量大于孔口出流量。

由式 (5-37) 知，作用水头越大，收缩断面的真空值越大，出流量也增大。但如果管嘴真空度过大，当收缩断面 C—C 的绝对压强低于液体的汽化压强时，液流将汽化而不断发生气泡，这种现象称为空化。低压区放出的气泡随液流带走，当到达高压区时，由于压差的作用使气泡突然溃灭，气泡溃灭的过程时间极短，只有几百分之一秒，四周的水流质点以极快的速度去填充气泡空间，以致这些质点的动量在极短的时间变为零，从而产生巨大的冲击力，不停地冲击固体边界，致使固体边界产生剥蚀，这就是气蚀。另外，当气泡被液流带出管嘴时，管嘴外的空气将在大气压的作用下冲进管嘴内，使管嘴内液流脱离内管壁，成为非满管出流，即孔口出流，此时管嘴已不起作用。因此，对管嘴内的真空值应有所限制。根据对水的实验，管嘴收缩断面处的真空度不应超过 $7\text{mH}_2\text{O}$，即：

$$\frac{p_a - p_c}{\gamma} = 0.75H_0 \leqslant 7, \; H_0 \leqslant 9\text{m}$$

其次，管嘴的长度也有一定的限制。长度太短，液流经收缩后还来不及扩大到整个断面，或虽充满管嘴，但因真空距管嘴出口太近，极易引起真空的破坏。若管嘴太长，沿程损失不能忽略，成为短管，达不到增加出流量的目的。因此，为保证管嘴正常工作，必须具备的条件是：（1）作用水头 $H_0 \leqslant 9\text{m}$；（2）管嘴长度 $l = (3 \sim 4)d$。

当管嘴不能满足其使用条件时，应将其按薄壁孔口出流考虑，采用相应的孔口出流的流量系数 μ 值。同样，对于容器的壁厚为孔口直径的 3~4 倍的厚壁孔口出流，可按圆柱形外管嘴出流处理。

[**例题 5-7**] 一水仓建筑物,安设三个圆柱形的泄流孔，如图 5-14 所示。泄流孔直径 $d = 0.2\text{mm}$，水仓壁厚 $l = 0.7\text{m}$，泄流孔中心以上水头 $H = 1.5\text{m}$。若忽略行近流速，试求泄

流孔的流量。

[解]   因为水仓壁厚 $l = 3.5d$，故可将水仓的泄流看作圆柱形外管嘴出流，取其流量系数 $\mu = 0.82$，则每个泄流孔的流量为：

$$q = \mu A \sqrt{2gH} = 0.82 \times \frac{\pi}{4} \times 0.2^2 \times \sqrt{2 \times 9.8 \times 1.5}$$

$$= 0.14 \text{m}^3/\text{s}$$

通过三个泄流孔的出流量为：$Q = 3q = 0.42 \text{m}^3/\text{s}$

由于泄流孔中心以上水头 $H = 1.5 \text{m} < 9 \text{m}$，因此泄流孔的出流状态正常，工作是稳定的。

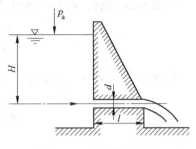

图 5-14   水仓泄流设施

5.4.3   其他形状的管嘴出流

5.4.3.1   圆柱形内管嘴

这种管嘴的工作和液体经管嘴出流现象的物理本质与圆柱形外管嘴相似，但因流体在入口前扰乱较大，与外管嘴的区别是进入管嘴时摩擦阻力较大，因而其流速系数和流量系数比圆柱形外管嘴的小。圆柱形内管嘴一般在容器外形需隐蔽时采用。

5.4.3.2   圆锥形收缩管嘴

这种管嘴向出口断面方向逐渐收缩，液流经管嘴收缩后不需过分扩张，出流分散较小，所以管嘴阻力损失小，流速系数和流量系数均比圆柱形管嘴大。圆锥形收缩管嘴的流速系数与流量系数与圆锥角的大小有关，流速系数随圆锥角 θ 的增加而增加，如当 $\theta = 30°$ 时，$\varphi = 0.98$。流量系数在 $\theta = 13°$ 时达到最大，$\mu_{\max} = 0.95$，过此角以后又开始下降。

圆锥形收缩管嘴的液流出流后可形成高速的、连续不断的射流，因此最适用于需要大动能而不需要大流量的场所，如水枪的喷嘴、射流的管嘴、冲击式水轮机喷管等。

5.4.3.3   圆锥形扩张管嘴

这种管嘴逐渐扩张，出口断面为圆锥形的底面，管嘴阻力损失大，出口流速很小。管嘴的系数也与 θ 角有关，当圆锥角 $\theta = 5° \sim 7°$ 时，管嘴出口断面的流速系数和流量系数 $\varphi = \mu \approx 0.5$，管嘴阻力系数 $\zeta = 3.0$，收缩系数 $\varepsilon = 1.0$，若 θ 角大于 $7°$，则将从管嘴出口处吸入空气，破坏真空，流线将脱离壁面而成为薄壁孔口。

圆锥形扩张管嘴收缩断面处的真空度比圆柱形管嘴大，抽吸力强，出流量大，故多应用于出流速度不大而要求具有较大出流量的工程装置中，如排水用的泄流管、喷射水泵、文丘里流量计等。

5.4.3.4   流线型管嘴

其外形与薄壁孔口出流流线形状相似，但没有收缩。这种管嘴阻力损失最小，流速系数与流量系数均较大，但加工需圆滑。

各种类型管嘴系数的实验值列于表 5-4 中。分析表 5-4 时，需要注意两点：

（1）在同一水头作用下，流速系数大的，流速也大，因为 $v = \varphi \sqrt{2gH}$。

（2）在同一水头作用下，且器壁孔口面积相等时，流量系数大的，流量却不一定大。

表 5-4　各种类型的管嘴与薄壁孔口系数实验值

种　　类	名　　称			
	阻力系数 ζ	收缩系数 ε	流速系数 φ	流量系数 μ
薄壁圆形小孔口	0.06	0.64	0.97	0.62
圆柱形外管嘴	0.50	1.00	0.82	0.82
圆柱形内管嘴	1.00	1.00	0.71	0.71
圆锥形收缩管嘴（$\theta=13°$）	0.99	0.98	0.96	0.94
圆锥形扩张管嘴（$\theta=5°\sim7°$）	3.00	1.00	0.45	0.45
流线型管嘴	0.04	1.00	0.98	0.98

因为 $Q=\mu A\sqrt{2gH}$，A 为管嘴出口面积，与管嘴进口面积不一定相等。故管嘴出流量的大小，不仅根据流量系数的大小，还要依据管嘴出口面积及其真空度的大小来确定。如圆锥形扩张管嘴的流量系数虽不大，但由于其真空度高，抽吸力大，出口面积大，它的出流量却较大。而圆锥形收缩管嘴的流量系数虽不小，但由于抽吸力及出口面积均较小，所以出流量也较小。

习 题 5

5-1 如图 5-15 所示的一等直径铸铁输水管（$\Delta=0.4\text{mm}$），管长 $l=100\text{m}$，管径 $d=500\text{mm}$，水流在阻力平方区。已知进口局部阻力系数为 0.5，出口为 1.0，每个折弯的局部阻力系数 $\zeta=0.3$，上、下游水位差 $H=5\text{m}$，求通过管道的流量 Q。

5-2 水从高位水池流向低位水池，如图 5-16 所示。已知水面高差为 $H=12\text{m}$，管长 $l=300\text{m}$，水管直径为 100mm 的清洁钢管。求：水管中流量为多少？当流量为 $Q=150\text{m}^3/\text{h}$ 时，水管的直径应该多大？

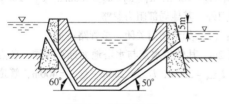

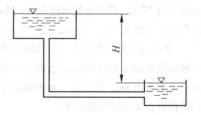

图 5-15　习题 5-1 图　　　　　　　　　　　　图 5-16　习题 5-2 图

5-3 两水池间的水位差恒定为 40m，被一根长为 3000m，直径为 200mm 的铸铁管连通，不计局部水头损失，求由上水池泄入下水池的流量 Q。

5-4 如图 5-17 所示，设输水管路的总作用水头 $H=12\text{m}$，管路上各管段的管径和管长分别为：$d_1=250\text{mm}$，$l_1=1000\text{m}$，$d_2=200\text{mm}$，$l_2=650\text{m}$，$d_3=150\text{mm}$，$l_3=750\text{m}$。试求各管段中的损失水头，并作出测压管水头线。管子为清洁管，局部损失忽略不计。

5-5 如图 5-18 所示的并联管路，流量 $Q_1=50\text{L/s}$，$Q_2=30\text{L/s}$，管长 $l_1=1000\text{m}$，$l_2=500\text{m}$，管径 $d_1=200\text{mm}$，管子为清洁管，试求管径 d_2 应为多少？

5-6 如图 5-19 所示，水由水塔 A 流出至 B 点后有三支管路，至 C 点又合三为一，最后流入水池 D，各管段尺寸分别为 $d_1=300\text{mm}$，$l_1=500\text{m}$，$d_2=250\text{mm}$，$l_2=300\text{m}$，$d_3=400\text{mm}$，$l_3=800\text{m}$，$d_{AB}=500\text{mm}$，$l_{AB}=800\text{m}$，$d_{CD}=500\text{mm}$，$l_{CD}=400\text{m}$。管子为正常情况，流量在 B 点为 250L/s，试求全段管路的损失水头。

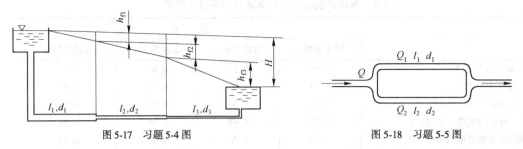

图 5-17   习题 5-4 图   图 5-18   习题 5-5 图

5-7   一连续出流管路，长 10m，其通过流量为 35L/s，连续分配流量为 30L/s。管子为正常管，若水头损失为 4.5m 时，其管径应为多少？

5-8   水塔 A 中其表面相对压强 $p_0 = 1.313 \times 10^5$Pa，水经水塔 A 通过不同断面的管道流入开口水塔 B 中，如图 5-20 所示。设两水塔的水面差 $H = 8$m，各管段的管径和长度分别为：$d_1 = 200$mm；$l_1 = 200$m，$d_2 = 100$mm，$l_2 = 500$m。管子为正常管，仅计阀门所形成的局部阻力，试求水的流量 Q。

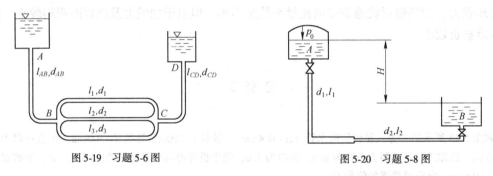

图 5-19   习题 5-6 图   图 5-20   习题 5-8 图

5-9   水泵站用一根管径为 60cm 的输水管时，沿程损失水头为 27m。为了降低水头损失，取另一根相同长度的管道与之并联，并联后水头损失降为 9.6m，假定两管的沿程阻力系数相同，两种情况下的总流量不变，试求新加的管道的直径是多少？

5-10   如图 5-21 所示，两水池的水位差 $H = 24$m，$l_1 = l_2 = l_3 = l_4 = 100$m，$d_1 = d_2 = d_4 = 100$mm，$d_3 = 200$mm，沿程阻力系数 $\lambda_1 = \lambda_2 = \lambda_4 = 0.025$，$\lambda_3 = 0.02$，除阀门外，其他局部阻力忽略。
　　（1）阀门局部阻力系数 $\zeta = 30$，试求管路中的流量；（2）如果阀门关闭，求管路流量。

5-11   一枝状管网如图 5-22 所示，已知点 5 较水塔地面高 2m，其他供水点与水塔地面标高相同，各点要求自由水头为 8m，管长 $l_{1-2} = 200$m，$l_{2-3} = 350$m，$l_{1-4} = 300$m，$l_{4-5} = 200$m，$l_{0-1} = 400$m，管道采用铸铁管，试设计水塔高度。

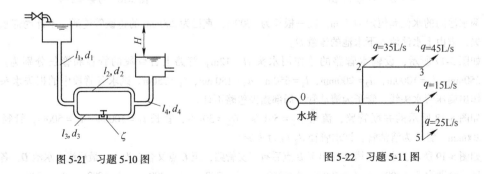

图 5-21   习题 5-10 图   图 5-22   习题 5-11 图

5-12   已知某水处理厂的供水管路为枝状管网，如图 5-23 所示。已知各管段的长度为 $l_1 = 100$m，$l_2 = 50$m，

$l_3 = 100m$，$l_4 = 60m$，$l_5 = 200m$。各点高程为 $z_1 = 165m$，$z_2 = 167m$，$z_D = 168m$，$z_3 = 170m$，$z_C = 171m$，$z_B = 175m$。需要的流量为：点 1，$Q_1 = 10L/s$；点 2、3，$Q_2 = Q_3 = 5L/s$。要求给水管出口的自由水头分别为 $h_1 = 20m$，$h_2 = 18m$，$h_3 = 15m$。试计算该管网各段管径及所需水塔高度（按正常管计算）。

5-13　一水箱中水经薄壁孔口定常出流，已知出流量 $Q = 200cm^3/s$，孔直径 $d = 10mm$，问该水箱充水高度 H 为多少？

5-14　如图 5-24 所示，用隔板将水流分成上、下两部分水体，已知小孔直径 $d = 200mm$，$v_1 \approx v_2 \approx 0$，上、下游水位差 $H = 2.5m$，求泄流量 Q。

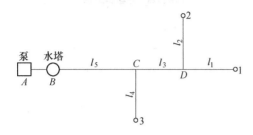

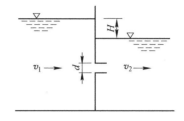

图 5-23　习题 5-12 图　　　　　　　　　　　图 5-24　习题 5-14 图

5-15　如图 5-25 所示。水箱水面距地面高为 H，在侧壁何处开口，可使射流的水平射程为最大？x_{max} 是多少？

5-16　一孔口直径 $d = 100mm$，水头 $H = 3m$，量得收缩断面处的流速 $v_c = 7m/s$，流量 $Q = 36L/s$，试求：（1）孔口的流速系数 φ 及收缩系数 ε；（2）若在孔口壁上加一流量系数 $\mu = 0.82$ 的圆柱形外管嘴，其流量应为多少？

5-17　一密闭容器，内盛重度 $\gamma = 7850N/m^3$ 的液体，在 $O—O$ 面位置上装一直径 $d = 30mm$，长 $l = 100mm$ 的圆柱形外管嘴，如图 5-26 所示。若压力表在 $O—O$ 面以上 0.5m，读数 $p_M = 4.9 \times 10^4 Pa$，求管嘴开始出流时的流速与流量。

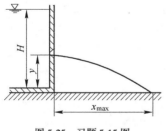

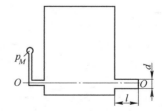

图 5-25　习题 5-15 图　　　　　　　　　　　图 5-26　习题 5-17 图

5-18　一矩形蓄液槽，长 $l = 3m$，宽 $B = 2m$，在液深 $H = 1.5m$ 处装有两个泄流底孔，孔径 $d = 100mm$，问槽内液面若下降 1m 时，需要多少时间？

5-19　如图 5-27 所示，求船闸闸室充满或泄空所需时间。已知闸室长 68m，宽 12m，上游进水孔孔口面积为 $3.2m^2$，孔中心以上头头 $h = 4m$，上、下游水位差 $H = 7.0m$，上、下游水位固定不变。

5-20　在水位 $H = 2.75m$ 的水箱侧壁装一个收缩-扩张管嘴，其喉部直径为 $d_1 = 5cm$。收缩段的损失可忽略不计（如图 5-28 所示）。

（1）如果喉部产生空化时的真空度为 8.5m 水柱，试求不发生空化时的最大流量；

（2）如果扩张段的损失为同样面积比的突然扩大管的损失的 1/4，试求不发生空化时出口直径 d_2 的最大值。

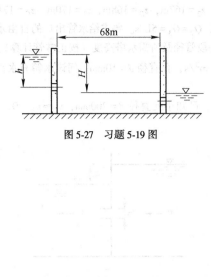

图 5-27　习题 5-19 图

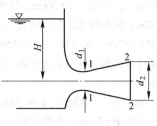

图 5-28　习题 5-20 图

6 渗流力学基础

渗流现象普遍存在于自然界和人造材料中。渗流力学在许多应用科学和工程技术领域有着广泛的应用，如土壤力学、地下水水文学、石油工程、地热工程、给水工程、环境工程、化工和微机械等等。此外，在国防工业中，如航空航天工业中的发热冷却、核废料的处理以及防毒面罩的研制等都涉及渗流力学问题。本章主要介绍渗流的基本概念、渗流基本定理——达西定律的产生，然后从单相和两相液体的渗流两个方面介绍了流体渗流过程的物理量的变化和分布。

6.1 渗流基本概念

6.1.1 渗流和渗流力学

渗流是流体通过多孔介质的流动。渗流力学就是研究流体在多孔介质中的流动规律的科学。渗流力学是流体力学的一个重要分支，是流体力学与多孔介质理论、表面物理、物理化学以及生物学交叉渗透而发展起来的一门学科。

渗流的特点在于：首先，多孔介质单位面积孔隙的表面积比较大，表面作用明显，任何时候都必须考虑黏性作用；其次，在地下渗流中往往压力较大，因而通常要考虑流体的压缩性；再次，孔道形状复杂、阻力大、毛管力作用较普遍，有时还要考虑分子力；最后，往往伴随有复杂的物理化学变化过程。

渗流力学是一门既有较长历史又年轻活跃的科学。从 Darcy 定律的出现至今已过去一个半世纪，20 世纪石油工业的崛起极大地推动了渗流力学的发展。随着相关科学技术的发展，如高性能计算机的出现，核磁共振、CT 扫描成像以及其他先进试验方法用于渗流，又将渗流力学大大推进了一步。近年来，随着非线性力学的发展，将交叉、混沌以及分形理论用于渗流，更使渗流力学的发展进入一个全新的阶段。

6.1.2 多孔介质及孔隙性

6.1.2.1 多孔介质的定义

简单说来，多孔介质是指含有大量空隙的固体，也就是说，是指固体材料中含有孔隙、微裂缝等各种类型毛细管体系的介质。由于我们是从渗流的角度定义多孔介质，还需规定从介质一侧到另一侧有若干连续的通道，并且孔隙和通道在整个介质中有着广泛的分布。概括起来，可用以下几点来描述多孔介质：

（1）多孔介质（或多孔材料）是多相介质占据一块空间，其中固相部分称为固体支架，而未被固相占据的部分空间称为孔隙。孔隙内可以是气体或者液体，也可以是多相流体。

（2）固相应遍布整个介质，孔隙亦应遍布整个介质。就是说，在介质中取一适当大小的体元，该体元内必须有一定比例的固体颗粒和孔隙。

（3）孔隙空间应有一部分或大部分是相互连通的，且流体可在其中流动，这部分孔隙空间称为有效孔隙空间，而不连通的孔隙空间或虽然连通但属于死端孔隙的这部分空间是无效孔隙空间。对于流体通过孔隙的流动而言，无效孔隙空间实际上可视为固体骨架。

地层中多孔介质的内部空间结构有很多种，若按其内部空间结构特点可分为三种介质，即单纯介质、双重介质和多重介质。其中，单纯介质包括：粒间孔隙结构、纯裂缝结构和纯溶洞结构：

（1）粒间孔隙结构。这种结构是由大小及形状不同的颗粒组成，颗粒之间被胶结物填充，由于胶结不完全，在颗粒之间便形成了孔隙，成为储集流体的空间和流动的通道，如图6-1所示。

（2）纯裂缝结构。这种结构一般存在于致密的碳酸盐岩层中，裂缝是储存流体的空间和通道，如图6-2所示。

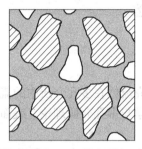

图6-1　粒间孔隙结构

图6-2　纯裂缝结构

（3）纯溶洞结构。这种结构多存在于碳酸盐岩层中，严格地讲，在溶洞中的流动已不属于渗流范畴，其流动规律应遵循纳维—斯托克斯方程。

6.1.2.2　多孔介质的孔隙性

（1）孔隙度的概念。多孔介质的孔隙结构为流体的储存和流动提供了空间。我们一般用孔隙度来表征多孔介质的孔隙性。

多孔介质的总体积 V_b（外表体积、视体积）是由孔隙体积 V_p 及固相颗粒体积（基质体积）V_s 两部分组成，即：

$$V_b = V_p + V_s \tag{6-1}$$

孔隙度（ϕ）是指多孔介质中孔隙体积 V_p 与多孔介质总体积 V_b 的比值：

$$\phi = \frac{V_p}{V_b} \times 100\% \tag{6-2}$$

$$\phi = \frac{V_b - V_s}{V_b} \times 100\% = \left(1 - \frac{V_s}{V_b}\right) \times 100\% \tag{6-3}$$

岩石的微毛管孔隙和孤立的孔隙对流体储集是毫无意义的，只有那种既能储集油气，又能让流体渗流通过的连通孔隙才更具有实际意义。因此，根据实际工程应用的需要，引出了不同孔隙度的概念。

（2）不同孔隙度的概念。根据孔隙的连通状况可分为连通孔隙（敞开孔隙）和不连通孔隙（封闭孔隙）。参与渗流的连通孔隙为有效孔隙，不参与渗流的则为无效孔隙。因此，又可将孔隙分成绝对孔隙度、连通孔隙度和有效孔隙度。

1）绝对孔隙度（ϕ_a）。绝对孔隙度是指岩石的总孔隙体积 V_a 与岩石外表体积 V_b 之比。即：

$$\phi_a = \frac{V_a}{V_b} \times 100\% \tag{6-4}$$

2）连通孔隙度（ϕ_c）。连通孔隙度是指岩石中相互连通的孔隙体积 V_c 与岩石总体积 V_b 之比。即：

$$\phi_c = \frac{V_c}{V_b} \times 100\% \tag{6-5}$$

3）有效孔隙度（ϕ_e）。有效孔隙度是指岩石中流体体积 V_e 与岩石总体积 V_b 之比。岩石的有效孔隙度仅是连通孔隙度中的一部分。即：

$$\phi_e = \frac{V_e}{V_b} \times 100\% \tag{6-6}$$

由上述分析不难理解，绝对孔隙度（ϕ_a）、连通孔隙度（ϕ_c）以及有效孔隙度（ϕ_e）的关系应该是 $\phi_a > \phi_c \geq \phi_e$。

6.1.3 多孔介质的压缩性

严格地讲，任何物质都有弹性，都可以被压缩，具有一定孔隙性的多孔介质也是如此。例如：岩石是多孔介质，岩石颗粒受到外界压力挤压变形，会导致排列更加紧密，从而孔隙体积缩小。

一般用岩石的弹性压缩系数 C_f 表示其弹性状态：

$$C_f = \frac{\dfrac{dV_p}{V_p}}{dp} \tag{6-7}$$

式中，V_p 为孔隙体积。

其中

$$\frac{dV_p}{V_p} = \frac{d\phi}{\phi} \tag{6-8}$$

则

$$C_f = \frac{1}{\phi}\frac{d\phi}{dp} \tag{6-9}$$

式中　C_f——岩石的压缩系数，MPa^{-1}；

　　　V_b——岩石的体积；

由 C_f 的定义可知岩石的压缩系数的物理意义为：外界压力每降低单位压力，单位体积岩石孔隙体积的缩小值。岩石压缩系数一般为 $(1\sim2)\times10^{-4} MPa^{-1}$。

6.2　渗流基本定律

流体在孔隙介质中流动时，由于黏性作用，必然存在有能量损失。达西在 1852~1855 年间通过大量试验研究，总结得出渗流能量损失与渗流速度之间的基本关系，后人称之为达西定律，是渗流理论中最基本的关系式。

6.2.1 达西定律及渗透率

达西实验装置如图 6-3 所示。在上端开口的直立圆筒侧壁上装有两支测压管，在距筒底以上一定距离处，安装一滤板 C，上盛有均质砂土，水由上端注入圆筒，并通过溢水管 B 保持筒内水位恒定，渗流过砂体的水由短管 T 流入容器 V 中，并以此来计算渗流量。

经一定时间后，当由上端流入流量与 T 管流出流量相等，测压管中水面恒定时，则筒中呈恒定渗流。由于渗流流速极其微小，所以流速水头可忽略不计。因此，总水头即等于测压管水头，水头损失 h_w 即等于两断面间测压管水头差，即：

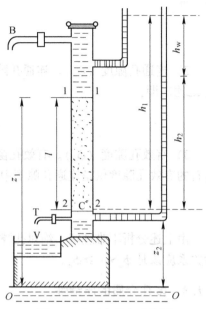

图 6-3 达西定理实验装置

$$h_w = h_1 - h_2 \qquad (6-10)$$

$$h_1 = z_1 + \frac{p_1}{\rho g} + \frac{v_1^2}{2g} \qquad (6-11)$$

$$h_2 = z_2 + \frac{p_2}{\rho g} + \frac{v_2^2}{2g} \qquad (6-12)$$

水力坡度 J 可以用测压管水头坡度来表示，即：

$$J = \frac{h_w}{l} = \frac{h_1 - h_2}{l} = \frac{(z_1 - z_2) + \dfrac{p_1 - p_2}{\rho g}}{l} = \frac{l + \dfrac{p_1 - p_2}{\rho g}}{l} = 1 + \frac{p_1 - p_2}{l \rho g} \qquad (6-13)$$

式中，l 为过流断面 1—1、2—2 之间的距离；h_w 为上述两断面间的水头损失；h_1、h_2 分别为断面 1—1、2—2 的测压管水头。

达西分析了大量的实验资料，认为圆筒内的渗流量 Q 与圆筒断面面积 A 和水力坡度 J 成正比，并与土壤的渗流性能有关，建立了如下关系式：

$$Q = kAJ \qquad (6-14)$$

式中，k 为渗透系数，是反映孔隙介质渗透性能的一个综合系数，具有速度量纲。

渗流的断面平均流速为：

$$v = \frac{Q}{A} = kJ = k\left(1 + \frac{p_1 - p_2}{\rho g l}\right) = k\left[\frac{\rho g + (p_1 - p_2)/l}{\rho g}\right] \qquad (6-15)$$

实验表明：渗透系数 k 与流体重率 ρg 成正比，与流体黏度 μ 成反比，用 K 作比例系数，即：

$$k = \frac{K \rho g}{\mu} \qquad (6-16)$$

式中，K 称为渗透率，只与多孔介质本身的结构特性有关，具有长度平方量纲。

将式 (6-16) 代入式 (6-15)，即得到达西定律为：

$$v = \frac{K}{\mu}\left(\frac{p_1 - p_2}{l} + \rho g\right) = \frac{K}{\mu}\left(\frac{\partial p}{\partial z} + \rho g\right) \tag{6-17}$$

若砂层水平放置，则忽略重力影响，达西定律简化为：

$$Q = Av = A\frac{K}{\mu}\frac{p_1 - p_2}{l} = A\frac{K}{\mu}\frac{\mathrm{d}p}{\mathrm{d}x} \tag{6-18}$$

可见流量 Q 与压差呈线性关系，故达西定律也称为线性渗流定律。在相同压差和截面积渗流的前提下，影响阻力的因素有两个方面：一是流体物性，即黏度；另一个是多孔介质的物性，即渗透率。

6.2.2 达西定律的理论基础

由上述所知达西定律是一个经验公式，但是也可以从流体力学一般方程 Navier-Stokes 方程（简称 N-S 方程）中推导出来。由于 v_x、v_y、v_z 仅是渗流速度，而在 N-S 方程中流体速度是真实速度，因此必须用 $\frac{v_x}{\phi}$ 和 $\frac{v_y}{\phi}$、$\frac{v_z}{\phi}$ 带入到 N-S 方程中的流体速度项（z 表示重力方向），则：

$$\frac{1}{\phi}\frac{\partial v_x}{\partial t} + \frac{v_x}{\phi^2}\frac{\partial v_x}{\partial x} + \frac{v_y}{\phi^2}\frac{\partial v_x}{\partial y} + \frac{v_z}{\phi^2}\frac{\partial v_x}{\partial z} = -\frac{1}{\rho}\frac{\partial p}{\partial x} + \frac{\mu}{\rho\phi}\nabla^2 v_x \tag{6-19}$$

$$\frac{1}{\phi}\frac{\partial v_y}{\partial t} + \frac{v_y}{\phi^2}\frac{\partial v_y}{\partial y} + \frac{v_x}{\phi^2}\frac{\partial v_y}{\partial x} + \frac{v_z}{\phi^2}\frac{\partial v_y}{\partial z} = -\frac{1}{\rho}\frac{\partial p}{\partial y} + \frac{\mu}{\rho\phi}\nabla^2 v_y \tag{6-20}$$

$$\frac{1}{\phi}\frac{\partial v_z}{\partial t} + \frac{v_z}{\phi^2}\frac{\partial v_z}{\partial z} + \frac{v_y}{\phi^2}\frac{\partial v_z}{\partial y} + \frac{v_x}{\phi^2}\frac{\partial v_z}{\partial x} = -\frac{1}{\rho}\frac{\partial p}{\partial z} + \frac{\mu}{\rho\phi}\nabla^2 v_z - g \tag{6-21}$$

我们假设下面的统计平均值：

$$\nabla^2 v_x = \left(\frac{1}{c}\right)\left(\frac{v_x}{d^2}\right); \ \nabla^2 v_y = \left(\frac{1}{c}\right)\left(\frac{v_y}{d^2}\right); \ \nabla^2 v_z = \left(\frac{1}{c}\right)\left(\frac{v_z}{d^2}\right) \tag{6-22}$$

这里 d 是平均孔隙半径，c 是无量纲形状参数。同时把式（6-22）带入到式（6-19）、式（6-20）和式（6-21）中，则：

$$-\frac{1}{\phi}\frac{\partial}{\partial x}\left(\frac{\partial \Phi}{\partial t}\right) + \frac{1}{\phi^2}\frac{\partial}{\partial x}\left[\frac{1}{2}\left(\frac{\partial \Phi}{\partial x}\right)^2 + \frac{1}{2}\left(\frac{\partial \Phi}{\partial y}\right)^2 + \frac{1}{2}\left(\frac{\partial \Phi}{\partial z}\right)^2\right] = -\frac{1}{\rho}\frac{\partial p}{\partial x} + \frac{\mu}{c\rho d^2\phi}\frac{\partial \Phi}{\partial x} \tag{6-23}$$

$$-\frac{1}{\phi}\frac{\partial}{\partial y}\left(\frac{\partial \Phi}{\partial t}\right) + \frac{1}{\phi^2}\frac{\partial}{\partial y}\left[\frac{1}{2}\left(\frac{\partial \Phi}{\partial x}\right)^2 + \frac{1}{2}\left(\frac{\partial \Phi}{\partial y}\right)^2 + \frac{1}{2}\left(\frac{\partial \Phi}{\partial z}\right)^2\right] = -\frac{1}{\rho}\frac{\partial p}{\partial y} + \frac{\mu}{c\rho d^2\phi}\frac{\partial \Phi}{\partial y} \tag{6-24}$$

$$-\frac{1}{\phi}\frac{\partial}{\partial z}\left(\frac{\partial \Phi}{\partial t}\right) + \frac{1}{\phi^2}\frac{\partial}{\partial z}\left[\frac{1}{2}\left(\frac{\partial \Phi}{\partial x}\right)^2 + \frac{1}{2}\left(\frac{\partial \Phi}{\partial y}\right)^2 + \frac{1}{2}\left(\frac{\partial \Phi}{\partial z}\right)^2\right] = -\frac{1}{\rho}\frac{\partial p}{\partial z} + \frac{\mu}{c\rho d^2\phi}\frac{\partial \Phi}{\partial z} - g \tag{6-25}$$

积分上述方程，并假设 μ 和 ρ 都是常数，则：

$$-\frac{1}{\phi}\frac{\partial \Phi}{\partial t} + \phi^2\frac{1}{2}\left[\left(\frac{\partial \Phi}{\partial x}\right)^2 + \left(\frac{\partial \Phi}{\partial y}\right)^2 + \left(\frac{\partial \Phi}{\partial z}\right)^2\right] + \frac{p}{\rho} - \frac{\mu\Phi}{c\rho d^2\phi} + gz = F(t) \tag{6-26}$$

最后假定是定常流且忽略惯性项，那么上述方程为：

$$\frac{p}{\rho} - \frac{\mu\Phi}{c\rho d^2\phi} + gz = 常数 \tag{6-27}$$

则

$$\Phi = \frac{K}{\mu}(p + z\rho g) + 常数 \tag{6-28}$$

对式（6-28）两边对 z 求偏导数，则可得：

$$v_z = \frac{K}{\mu}\left(\frac{\partial p}{\partial z} + \rho g\right) \tag{6-29}$$

其中，$K = cd^2\phi$。

则方程（6-29）即和方程（6-17）相同，因此可以说达西定律也是 N-S 方程的经验公式。

6.2.3　达西定律适用范围

达西定律是通过均质砂土系统实验而归纳出来的基本规律，必有其相应的适用范围。由达西定律可知，渗流的水头损失和流速一次方成正比，这就是流体做层流运动所遵循的规律，由此可见达西定律只能适用于层流渗流或者线形渗流。凡是超出达西定律适用范围的渗流，统称为非达西渗流。

当渗流速度增大到一定值之后，除产生黏滞阻力外，还会产生惯性阻力，此时流量与压差不再是线性关系，这个渗流速度值就是达西定律的临界渗流速度（图 6-4 中曲线 1）。若超过此临界渗流速度，流动由线性渗流转变为非线性渗流，达西定律也不再适用。图中压力梯度超过 b，则为非达西流。

对于低渗致密岩石，在低速渗流时，由于流体与岩石之间存在吸附作用，或在黏土矿物表面形成水化膜，当压力梯度很低时，流体不流动，因而存在一个启动压力梯度（图 6-4 中 a 点）。

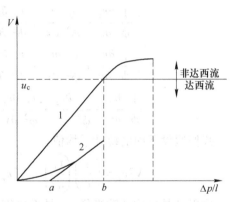

图 6-4　压力梯度与渗流速度的关系

6.2.4　渗透率或渗透系数的确定

渗透系数 K 是综合反映多孔介质渗透能力的一个指标，其数值的正确确定对渗透计算有着非常重要的意义。影响渗透系数大小的因素很多，主要取决于多孔介质颗粒的形状、大小、不均匀系数和流体的黏滞性等，要建立计算渗透系数 K 的精确理论公式比较困难，通常可通过试验方法或经验估算法来确定 K 值。

（1）实验室测定法：实验室测得水头损失和流量，再利用理论公式反求渗透系数或渗透率。

（2）现场测定法：现场钻井，注、抽流体，测定流量、水头等数值，再利用理论公式反求渗透系数或渗透率。由式（6-18）可得：$K = \frac{Q\mu L}{A\Delta p}$，从而可以求得渗透率。

（3）经验法：在有关各种手册或规范中，都列有各类土壤的渗透系数值或计算公式，大都是经验性的，各有其局限性，只可作粗略估算时用。现将各类土壤的渗透系数 k 值列于表 6-1，供参考。

表 6-1 土壤的渗透系数参考值

土壤名称	渗透系数 k 值	
	m/d	cm/s
黏土	<0.005	$<6×10^{-6}$
亚黏土	0.005~0.1	$6×10^{-6}~1×10^{-4}$
轻亚黏土	0.1~0.5	$1×10^{-4}~6×10^{-4}$
黄土	0.25~0.5	$3×10^{-4}~6×10^{-4}$
粉砂	0.5~1.0	$6×10^{-4}~1×10^{-3}$
细砂	1.0~5.0	$1×10^{-3}~6×10^{-3}$
中砂	5.0~20.0	$6×10^{-3}~2×10^{-2}$
均质中砂	35~50	$4×10^{-2}~6×10^{-2}$
粗砂	20~50	$2×10^{-2}~6×10^{-2}$
均质粗砂	60~75	$7×10^{-2}~8×10^{-2}$
圆砾	50~100	$6×10^{-2}~1×10^{-1}$
卵石	100~500	$1×10^{-1}~6×10^{-1}$
无填充物卵石	500~1000	$6×10^{-1}~1×10$
稍有裂缝卵石	20~60	$2×10^{-2}~7×10^{-2}$
裂缝多的卵石	>60	$>7×10^{-2}$

[**例题 6-1**]　　在两个容器之间，连接一条水平放置的方管，如图 6-5 所示。边长均为 $a=20cm$，长度 $l=100cm$，管中填满粗砂，其渗透系数 $k=0.05cm/s$，已知容器水深 $H_1=80cm$，$H_2=40cm$，求通过管中的流量。若管中后一半换为细砂，渗透系数 $k=0.005cm/s$，求通过管中的流量。

[**解**]　（1）管中填满粗砂时，由式（6-14）

$$Q = kAJ$$

其中 $A=a^2$，$J=\dfrac{H_1-H_2}{l}$，得：

$$Q = ka^2\frac{H_1-H_2}{l} = 0.05 × 20^2 × \frac{80-40}{100}$$

$$= 8cm^3/s = 0.008L/s$$

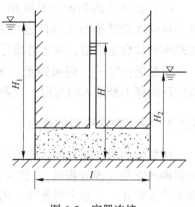

图 6-5　容器连接

（2）前一半为粗砂，$k_1=0.05cm/s$，后一半为细砂 $k_2=0.005cm/s$，设管道中点过流断面上的测压管水头为 H，则由式（6-14）可知，通过粗砂段和细砂段的渗透流量分别为：

$$Q_1 = k_1 \frac{H_1 - H}{0.5l}A$$

$$Q_2 = k_2 \frac{H - H_2}{0.5l}A$$

由连续原理得 $Q_1 = Q_2$，即：

$$k_1 \frac{H_1 - H}{0.5l}A = k_2 \frac{H - H_2}{0.5l}A$$

解得：

$$H = \frac{k_1 H_1 + k_2 H_2}{k_1 + k_2} = \frac{0.05 \times 80 + 0.005 \times 40}{0.05 + 0.005} = 76.36 \text{cm}$$

渗透流量：

$$Q = Q_1 = k_1 \frac{H_1 - H}{0.5l}A = 0.05 \times \frac{80 - 76.36}{0.5 \times 100} \times 20^2$$

$$= 1.456 \text{cm}^3/\text{s}$$

6.3 单相液体渗流

研究渗流力学问题的方法一般分为四步（如图 6-6 所示）：

（1）对复杂的实际问题进行合理的抽象和简化，建立比较理想的物理模型；

（2）对物理模型建立相应的数学模型；

（3）对数学模型求解；

（4）把求得的理论结果应用到实际问题中去，在应用过程中找到理论结果与实际问题的差距，进一步修正已建立的物理模型和数学模型，使之更接近实际问题。

重复进行第一步到第四步。每一次重复进行的过程都是对实际问题不断深入的过程，以期得到最佳的结果。

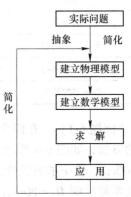

图 6-6 研究渗流力学问题的一般步骤

6.3.1 渗流数学模型的建立

用数学的语言综合表达渗流过程中全部力学现象与物理化学现象的内在联系和一般运动规律的方程（或方程组），称为渗流的数学模型。完整的数学模型包括两部分：一是基本微分方程式，二是定解条件。因为渗流的数学模型描述的是渗流过程的基本规律，所以建立基本微分方程式必须考虑以下几方面的因素：

（1）质量守恒定律是自然界的一般规律，渗流过程应遵循，因此基本微分方程式的建立必须以表示物质守恒的连续性方程为基础。

（2）渗流过程是流体运动的过程，因此必然受运动方程的支配。

（3）渗流过程又是流体和岩石的状态不断改变的过程，所以需要建立流体和岩石的状态方程。

（4）在渗流过程中，有时伴随发生一些物理化学现象，此时还应建立描述这种特殊现象的特征方程。

6.3.1.1 连续性方程

采用无穷小单元体分析法（或称微分法）建立连续性方程。在地层中取一微小的平行六面体 $AA'B'B$ 如图 6-7 所示，其边长分别为 dx、dy、dz，设中心点 M 的质量渗流速度为 $\rho(p)v$，则其在 x、y、z 方向上的分量为 $\rho(p)v_x$、$\rho(p)v_y$、$\rho(p)v_z$，其中 $\rho(p)$ 为液体的密度。

在 x 方向，质点 M_A 的质量分速度为：

$$\rho(p)v_x - \frac{\partial[\rho(p)v_x]}{\partial x} \cdot \frac{dx}{2} \quad (6\text{-}30)$$

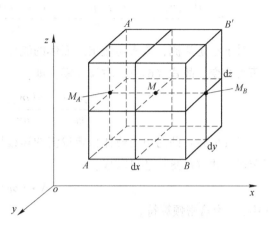

图 6-7　平行六面体

经 dt 时间后流经 AA' 面的质量为：

$$\left\{\rho(p)v_x - \frac{\partial[\rho(p)v_x]}{\partial x} \cdot \frac{dx}{2}\right\} dydzdt \qquad (6\text{-}31)$$

同理 M_B 质点的质量分速度为：

$$\rho(p)v_x + \frac{\partial[\rho(p)v_x]}{\partial x} \cdot \frac{dx}{2} \qquad (6\text{-}32)$$

经 dt 时间后流经 BB' 面的质量为：

$$\left\{\rho(p)v_x + \frac{\partial[\rho(p)v_x]}{\partial x} \cdot \frac{dx}{2}\right\} dydzdt \qquad (6\text{-}33)$$

沿 x 方向在 dt 时间内流体流入与流出平行六面体的质量差则为：

$$-\frac{\partial[\rho(p)v_x]}{\partial x}dxdydzdt \qquad (6\text{-}34)$$

同理，在 y 方向和 z 方向流入和流出平行六面体的质量差分别为：

y 方向
$$-\frac{\partial[\rho(p)v_y]}{\partial y}dxdydzdt$$

z 方向
$$-\frac{\partial[\rho(p)v_z]}{\partial z}dxdydzdt$$

由此可以得到，在 dt 时间内流入和流出平行六面体的总的质量差为：

$$-\left\{\frac{\partial[\rho(p)v_x]}{\partial x} + \frac{\partial[\rho(p)v_y]}{\partial y} + \frac{\partial[\rho(p)v_z]}{\partial z}\right\} dxdydzdt \qquad (6\text{-}35)$$

式（6-35）从数量上应等于 dt 时间在平行六面体内流体质量的变化量，具体为：

六面体的空隙体积为　　　　　　　　$\phi dxdydz$

六面体的液体质量为　　　　　　　　$\rho(p)\phi dxdydz$

dt 时间内液体质量变化量为：

$$\frac{\partial[\rho(p)\phi]}{\partial t}dxdydzdt \tag{6-36}$$

所以得到下面等式：

$$-\left\{\frac{\partial[\rho(p)v_x]}{\partial x} + \frac{\partial[\rho(p)v_y]}{\partial y} + \frac{\partial[\rho(p)v_z]}{\partial z}\right\}dxdydzdt = \frac{\partial[\rho(p)\phi]}{\partial t}dxdydzdt \tag{6-37}$$

对于稳定渗流，流入与流出六面体的流体质量相等，并且流体的密度是一个常数，不随压力改变。故式（6-37）右端为零，即：

$$\frac{\partial(\rho v_x)}{\partial x} + \frac{\partial(\rho v_y)}{\partial y} + \frac{\partial(\rho v_z)}{\partial z} = 0 \tag{6-38}$$

式（6-38）即为单向液体稳定渗流的连续性方程，它表示了渗流过程所遵循的质量守恒定律。式（6-38）还可写成：

$$\nabla \cdot (\rho v) = 0 \tag{6-39}$$

式中，∇ 为哈密顿算符。

$$\nabla = \frac{\partial(\ )}{\partial x}\boldsymbol{i} + \frac{\partial(\ )}{\partial y}\boldsymbol{j} + \frac{\partial(\ )}{\partial z}\boldsymbol{k} \tag{6-40}$$

对于不稳定渗流，由于可压缩液体渗流是一个不稳定的过程，流入的质量与六面体内释放的质量的总和等于流出的质量。即式（6-37）即为弱可压缩不稳定渗流的连续性方程。

式（6-37）还可写成：

$$-\nabla \cdot [\rho(p)v] = \frac{\partial[\rho(p)\phi]}{\partial t} \tag{6-41}$$

6.3.1.2　运动方程

本章讨论的渗流为线性渗流，运动方程服从达西定律。在直角坐标系中，达西公式的形式为：

$$v_x = -\frac{K\partial p}{\mu\partial x}$$

$$v_y = -\frac{K\partial p}{\mu\partial y}$$

$$v_z = -\frac{K\partial p}{\mu\partial z}$$

其统一的矢量形式为：

$$\boldsymbol{v} = -\frac{K}{\mu}\nabla p$$

6.3.1.3　状态方程

A　液体的状态方程

表示液体弹性状态的主要参数是液体的压缩系数 C_L：

$$C_L = \frac{-\dfrac{\mathrm{d}V}{V}}{\mathrm{d}p} \tag{6-42}$$

由物理学中已知液体密度 ρ 与质量 m 及体积 V 有关：

$$V = \frac{m}{\rho} \tag{6-43}$$

对式（6-43）两边微分：

$$\mathrm{d}V = m\mathrm{d}\left(\frac{1}{\rho}\right) = -m\rho^{-2}\mathrm{d}\rho \tag{6-44}$$

将 V 及 $\mathrm{d}V$ 代入式（6-42）中，得：

$$C_L = \frac{\dfrac{\mathrm{d}\rho}{\rho}}{\mathrm{d}p} \tag{6-45}$$

分离变量并积分：

$$C_L \int_{p_a}^{p} \mathrm{d}p = \int_{\rho_a}^{\rho} \frac{\mathrm{d}\rho}{\rho}$$

$$C_L(p - p_a) = \ln\frac{\rho}{\rho_a} \tag{6-46}$$

$$\rho = \rho_a e^{C_L(p-p_a)}$$

式（6-46）的指数函数可展开成级数：

$$e^{C_L(p-p_a)} = 1 + C_L(p - p_a) + \frac{C_L^2}{2!}(p - p_a)^2 + \cdots$$

由于 C_L 是很小的数，故 C_L 的平方以上的高次项均可忽略不计，只取前两项，所以：

$$\rho = \rho_a[1 + C_L(p - p_a)] \tag{6-47}$$

式（6-47）即为弱可压缩流体不稳定渗流的密度表达式。对于稳定渗流，流体是不可压缩的，因此密度是一个常数，即为 ρ。

B 岩石的状态方程

用岩石的弹性压缩系数 C_f 表示其弹性状态：

$$C_f = \frac{\dfrac{\mathrm{d}V_p}{V_p}}{\mathrm{d}p} \tag{6-48}$$

式中，V_p 为孔隙体积。

$$\frac{\mathrm{d}V_p}{V_p} = \frac{\mathrm{d}\phi}{\phi}$$

$$C_f = \frac{1}{\phi}\frac{\mathrm{d}\phi}{\mathrm{d}p} \tag{6-49}$$

积分式（6-49），得：

$$C_f \int_{p_a}^{p} \mathrm{d}p = \int_{\phi_a}^{\phi} \frac{1}{\phi}\mathrm{d}\phi$$

$$C_f(p - p_a) = \ln\left(\frac{\phi}{\phi_a}\right)$$

$$\phi = \phi_a e^{C_f(p-p_a)} \qquad (6\text{-}50)$$

式（6-50）展开成级数，并舍去高次项有：

$$\phi = \phi_a[1 + C_f(p - p_a)] \qquad (6\text{-}51)$$

式（6-51）即为弱可压缩流体不稳定渗流的岩石孔隙度表达式。对于稳定渗流，多孔介质是不可压缩的，因此孔隙度是一个常数，即为 ϕ。

6.3.2　稳态渗流数学模型的解

本章所研究的单相液体稳定渗流，其物理模型为：地层是均质、水平、不可压缩且各向同性的；液体是单相、不可压缩且为牛顿流体。同时假设渗流过程等温，无任何物理化学现象发生，稳定渗流且符合达西定律。

前面已经建立了单相液体稳定渗流的数学模型，若求解此数学模型，则需要有具体的定解条件。本节针对两种流动情况分别求解：一是平面单向流，二是平面径向流，将分别给出其压力分布公式和流量公式。

将稳定渗流的运动方程带入到连续性方程中，可得：

$$\frac{\partial\left(-\rho\dfrac{K\partial p}{\mu\partial x}\right)}{\partial x} + \frac{\partial\left(-\rho\dfrac{K\partial p}{\mu\partial y}\right)}{\partial y} + \frac{\partial\left(-\rho\dfrac{K\partial p}{\mu\partial z}\right)}{\partial z} = 0 \qquad (6\text{-}52)$$

由假设条件，K、μ、ρ 均为常数，故可得：

$$\frac{\partial^2 p}{\partial x^2} + \frac{\partial^2 p}{\partial y^2} + \frac{\partial^2 p}{\partial z^2} = 0 \qquad (6\text{-}53)$$

上式即为单向液体的稳定渗流的基本微分方程，也称拉普拉斯方程（Laplace），或拉氏方程，也可写成：

$$\nabla^2 p = 0$$

式中，∇^2 为拉普拉斯算符（或拉氏算符）。

$$\nabla^2 = \frac{\partial^2(\ )}{\partial x^2} + \frac{\partial^2(\ )}{\partial y^2} + \frac{\partial^2(\ )}{\partial z^2}$$

基本微分方程式与具体的定解条件相结合，便构成了完整的渗流数学模型。

6.3.2.1　平面单向流

简化的物理模型如图 6-8 所示，假设地层均质且水平，渗透率为 K，地层的一端是供给边界，其压力为供给压力 p_e，另一端为排液道，其压力为 p_B，地层的长度为 L，宽度为 W，厚度为 h；同时假设：液体为单相的牛顿流体，其黏度为 μ，且液体沿 x 方向流动；与 z 轴垂直的每一个平面内的运动情况相同。

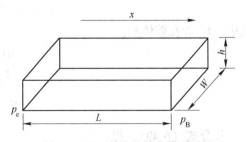

图 6-8　平面单向流简化模型图

在以上假设条件下，可对渗流的数学模型求解，以确定计算平面单向流的压力分布公式和流量公式。

A　压力分布

由假设条件可知液体只沿 x 方向流动，则基本微分方程式（6-53）可简化为一维形式。

$$\frac{\mathrm{d}^2 p}{\mathrm{d}x^2} = 0 \tag{6-54}$$

由物理模型可知其边界条件：

供给边界上　　　　　　　　$x = 0$　$p = p_e$

排液道处　　　　　　　　　$x = L$　$p = p_B$　　　　　　　　　　　（6-55）

将式（6-54）积分得：

$$\frac{\mathrm{d}p}{\mathrm{d}x} = C_1 \tag{6-56}$$

再对式（6-56）积分得：

$$p = C_1 x + C_2 \tag{6-57}$$

式中，C_1、C_2 为积分常数。

将边界条件式（6-55）代入式（6-57），连立求解得：

$$\begin{cases} C_2 = p_e \\ C_1 = -\dfrac{p_e - p_B}{L} \end{cases} \tag{6-58}$$

将 C_1、C_2 代入式（6-57），得到地层内任一点的压力分布公式为：

$$p = p_e - \frac{p_e - p_B}{L} x \tag{6-59}$$

由式（6-59）可得单向稳定渗流时的压力分布曲线，如图6-9所示。它表明从供给边缘到排液道的压力是线性分布的，直线的斜率为 $-\dfrac{p_e - p_B}{L}$，同时反映了平面单向流的压力消耗特点，即在沿程渗流过程中压力是均匀下降的。

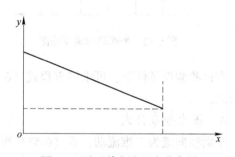

图6-9　平面单向流压力分布图

B　流量公式

由达西定律 $v = -\dfrac{K}{\mu}\dfrac{\mathrm{d}p}{\mathrm{d}x}$ 可得流量表达式：

$$q = A \cdot v = -\frac{K}{\mu} W h \frac{\mathrm{d}p}{\mathrm{d}x} \tag{6-60}$$

式中　A——渗流面积，$A = Wh$；

　　　W——地层宽度；

　　　h——地层厚度。

由式（6-59）可知：

$$\frac{\mathrm{d}p}{\mathrm{d}x} = -\frac{p_e - p_B}{L} \tag{6-61}$$

将式（6-61）代入到式（6-60），得到单向渗流的流量公式为：

$$q = \frac{KWh(p_e - p_B)}{\mu L} \tag{6-62}$$

C 平面单向渗流的流场图

由一组等压线和一组流线按一定规则构成的图形称为流场图。等压线是指流场中压力相同点的连线，与等压线正交的线为流线，"一定规则"意为相邻两条等压线的压差相等，相邻两条流线间的流量相等。

由式（6-59）知，x 相等的所有点的压力均相等，由此可见等压线是平行于 y 轴的一组直线，流线则是与 x 轴平行的一组直线，其流场图如图 6-10 所示，其特点是：等压线和流线组成了均匀的网络图。

6.3.2.2 平面径向流

对应的物理模型如图 6-11 所示，地层为水平圆盘状，均质等厚，渗透率为 K，厚度为 h，圆形边界是供给边界，其压力为供给压力 p_e，半径为供给半径 r_e。在圆的中心打一口水力完善井，井的半径为 r_w，井底压力为 p_{wf}。同时假设：液体为牛顿液体，黏度为 μ，与井轴垂直的每一个平面内的运动情况相同。

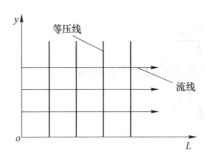

图 6-10 平面单向流流场图

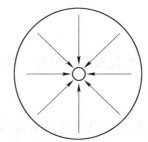

图 6-11 平面径向流简化模型图

在这些假设条件下，可求解方程式（6-53），以确定平面径向流的压力分布公式及流量公式。

A 压力分布公式

平面径向流为二维流动，式（6-53）可简化为：

$$\frac{\partial^2 p}{\partial x^2} + \frac{\partial^2 p}{\partial y^2} = 0 \tag{6-63}$$

其极坐标形式为：

$$\frac{d^2 p}{dr^2} + \frac{1}{r}\frac{dp}{dr} = 0 \tag{6-64}$$

由物理模型可知其边界条件为：

供给边界处　　　　　　　$r = r_e,\ p = p_e$

井底处　　　　　　　　　$r = r_w,\ p = p_{wf}$ （6-65）

将式（6-53）改写为：

$$\frac{d}{dr}\left(r\frac{dp}{dr}\right) = 0 \tag{6-66}$$

积分得：

$$r\frac{\mathrm{d}p}{\mathrm{d}r} = C_1 \tag{6-67}$$

分离变量：

$$\mathrm{d}p = C_1\frac{1}{r}\mathrm{d}r \tag{6-68}$$

积分可得：

$$p = C_1\ln r + C_2 \tag{6-69}$$

把边界条件式（6-65）代入式（6-69）得 C_1、C_2，再将 C_1、C_2 代入式（6-69），可以得到径向流的压力分布公式为：

$$p = p_e - \frac{p_e - p_{wf}}{\ln\dfrac{r_e}{r_w}}\ln\frac{r_e}{r} \tag{6-70}$$

从式（6-70）可知，从供给边界到井底，地层中的压力降落过程是按对数关系分布的，如图 6-12 所示，从空间形态看，它形似漏斗，所以习惯上称之为"压降漏斗"。由图 6-11 可知平面径向流压力消耗的特点：压力主要消耗在井底附近，这是因为越靠近井底渗流面积越小而渗流阻力越大的缘故。

B　流场图

从式（6-70）可知，凡是半径 r 相同的点其压力分布均相等，故等压线是一组同心圆，流线则是一组径向射线，如图 6-13 所示，其特点是：越靠近井底，等压线和流线越密集，反之则越稀疏。这也说明了径向流压力消耗的特点，与以上所述是一致的。

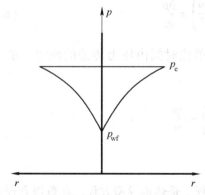

图 6-12　平面径向流压力分布曲线

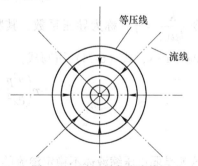

图 6-13　平面径向流流线图

C　流量公式

由平面径向流的达西定律：

$$q = 2\pi rh\frac{K}{\mu}\left(\frac{\mathrm{d}p}{\mathrm{d}r}\right) \tag{6-71}$$

对上式整理得：

$$\frac{qu}{2\pi hK}\frac{1}{r}\mathrm{d}r = \mathrm{d}p \tag{6-72}$$

由边界条件对上式两边分别积分：

$$\frac{q\mu}{2\pi hK}\int_{r_\mathrm{w}}^{r_\mathrm{e}}\frac{1}{r}\mathrm{d}r = \int_{p_\mathrm{w}}^{p_\mathrm{e}}\mathrm{d}p$$

得流量公式如下：

$$q = \frac{2\pi Kh(p_\mathrm{e} - p_\mathrm{w})}{\mu\ln\dfrac{r_\mathrm{e}}{r_\mathrm{w}}} \tag{6-73}$$

式（6-73）即为平面径向流的流量公式，在实际工作中被广泛应用。

6.3.3　非稳态渗流数学模型描述

在油气田开采过程中，当地层压力高于饱和压力时，油井的生产主要依靠岩层及液体本身的可压缩性，油藏出现不稳定渗流。在开采过程中，当地层压力逐渐下降，原来处于高压状态的岩石和液体的体积就要发生膨胀。

在压力降落传递到的范围内，岩石及液体释放弹性能，形成一个压降漏斗，而压降漏斗范围以外的地区，由于没有压差，液体并不流动。压力降落传到边界之前，称为压力波传播的第一阶段，传到边界之后成为第二阶段。

对于单相液体不稳定渗流，其物理模型为，假定所研究的地层是水平、均质、各向同性的。液体是单相、均质、弱可压缩的牛顿液体，并假设渗流过程为等温，无任何特殊的物理化学现象发生，渗流过程符合达西定律。

对于弱可压缩的不稳定渗流，将运动方程和状态方程带入到连续性方程中整理后就可得到基本的微分方程。

$$\frac{K}{\phi\mu C_\mathrm{t}}\left(\frac{\partial^2 p}{\partial x^2} + \frac{\partial^2 p}{\partial y^2} + \frac{\partial^2 p}{\partial z^2}\right) = \frac{\partial p}{\partial t} \tag{6-74}$$

令 $\dfrac{K}{\phi\mu C_\mathrm{t}} = \eta$，称为导压系数，其物理意义为单位时间内压力传播的面积，单位为 $\mathrm{m}^2 \cdot \mathrm{Pa/Pa} \cdot \mathrm{s}$，式（6-74）可写成：

$$\eta\left(\frac{\partial^2 p}{\partial x^2} + \frac{\partial^2 p}{\partial y^2} + \frac{\partial^2 p}{\partial z^2}\right) = \frac{\partial p}{\partial t}$$

或

$$\eta\nabla^2 p = \frac{\partial p}{\partial t}$$

这就是弱可压缩液体不稳定渗流的基本微分方程，是热传导型方程。在数理方程中一般为扩散方程。它是解决弱可压缩液体不稳定渗流的理论基础。

6.4　两相渗流基本知识

6.4.1　流体饱和度

当多孔介质的孔隙中充满一种流体时，称为饱和了一种流体。当储层岩石孔隙中同时存在多种流体（原油、地层水或天然气）时，某种流体所占的体积百分比称为该种流体的饱和度，它表征了孔隙空间为某种流体所占据的程度。

根据以上定义，储层岩石孔隙中油、水、气的饱和度可以分别表示为：

$$S_o = \frac{V_o}{V_p} = \frac{V_o}{V_b \phi} \tag{6-75}$$

$$S_w = \frac{V_w}{V_p} = \frac{V_w}{V_b \phi} \tag{6-76}$$

$$S_g = \frac{V_g}{V_p} = \frac{V_g}{V_b \phi} \tag{6-77}$$

式中　S_o，S_w，S_g ——含油、含水、含气饱和度，小数；

$\qquad$ V_o，V_w，V_g ——油、水、气在岩石孔隙中所占体积，m^3；

$\qquad$ V_p，V_b ——岩石孔隙体积和岩石视体积，m^3；

$\qquad$ ϕ ——岩石的孔隙度，小数。

根据饱和度的概念，S_o、S_w、S_g 三者之间有如下关系：

$$S_o + S_w + S_g = 1 \tag{6-78}$$

$$V_g + V_o + V_w = V_p \tag{6-79}$$

当岩心中只有油、水两相，即 $S_g = 0$ 时，S_o 和 S_w 有如下关系：

$$S_o + S_w = 1 \tag{6-80}$$

$$V_o + V_w = V_p \tag{6-81}$$

6.4.2　相对渗透率

润湿性是指流体附着在固体上的性质，是一种吸附作用。不同流体与不同岩石会表现出不同的润湿性。易附着在岩石上的流体称为润湿流体，反之为非润湿流体。在多相流体共存且不相溶的流体中，润湿体又称之为润湿相，非润湿体称为非润湿相。

如在油水两相共存的孔隙中，如果水易附着在岩石上，则水为润湿相，油为非润湿相，岩石具亲水性；反之，则油为润湿相，水为非润湿相，岩石具亲油性。

对于两种不溶混流体同时通过多孔介质的流动，实验研究的结果表明：各种流体建立各自曲折而又稳定的通道，设湿润相流体和非湿润相流体的饱和度分别为 s_w 和 s_{nw}，随着非湿润流体饱和度逐渐减小，非湿润相流体通道逐渐遭到破坏，最终只有一些孤立的区域中保留着非湿润流体的残余饱和度。对于湿润相流体而言，同样如此，随着 s_w 逐渐减小，湿润相流体的通道也会受到破坏，当湿润相流体处于束缚饱和度时变成不连续。这两种流体中任意一相流体在整个渗流区域中变为不连续时，该相流体就不再流动。

为了研究两种不溶混流体的同时流动，人们把达西定律从描述单相流体推广到两相流体。设两相流体分别用下标 1 和 2 表示，这可写成：

$$V_1 = -\frac{K_1}{\mu_1}(\nabla p_1 - \rho_1 g) \tag{6-82}$$

$$V_2 = -\frac{K_2}{\mu_2}(\nabla p_2 - \rho_2 g) \tag{6-83}$$

其中，V_1 和 V_2 分别为第 1 种流体和第 2 种流体的渗流速度，K_1 和 K_2 分别称为流体 1 和流体 2 的有效渗透率或相渗透率。相渗流率与多孔介质的结构有关，即与介质的绝对渗透率 K 有关；同时还与该相流体的饱和度有关；实际上，还和与之相伴随的另一相流体的特征有关。通常在使用中，人们习惯采用它们与绝对渗透率 K 的比值。

$$K_{1r} = \frac{K_1}{K}, \quad K_{2r} = \frac{K_2}{K} \tag{6-84}$$

K_{1r} 和 K_{2r} 分别称为流体 1 和流体 2 的相对渗透率。实验表明，对于两相流体渗流

$$K_1 + K_2 \neq K \tag{6-85}$$

或者说

$$K_{1r} + K_{2r} \neq 1 \tag{6-86}$$

这表明，对于某一相的相渗透率而言，不能把另一相看做与介质相同的固体存在于渗流区域中。实际上两相流体通过多孔介质时，相互之间存在着一些附加作用力。此外，当其中一相成液滴状或者气泡状分散在另一相中运动时，由于毛管中孔隙直径变化而引起液滴或气泡的半径由 r_2 变成 r_1，则这种变形会产生附加的毛管力。

习 题 6

6-1 在实验室中，根据达西定律测定某种土壤的渗透系数，将土样装在直径 $D = 30\text{cm}$ 的圆管中，在 80cm 的水头作用下，6h 的渗透水量为 85L，两测压管的距离为 40cm，该土壤的渗透系数为：

    (A) 0.4m/d   (B) 1.4m/d   (C) 2.4m/d   (D) 3.4m/d

6-2 管状地层模型中通过的流量 $Q = 12\text{cm}^3/\text{min}$，模型直径 $D = 2\text{cm}$，实验液体黏度 $\mu = 9 \times 10^{-3}\text{Pa} \cdot \text{s}$，密度 0.85g/cm^3，模型孔隙度 $\phi = 0.2$，渗透率 $K = 1\mu\text{m}^2$。求液体的渗流速度 v 和真实速度 u。

6-3 在均质的潜水含水层中做抽水试验以测定渗透系数 k 值。含水层厚度为 12m，井的直径为 20cm，直达水平不透水层，距井轴 20m 处钻一观测井孔，当抽水稳定为 2L/s 时，井中水位下降 2.5m，观测孔水位下降 0.38m，求 k 值。

6-4 某实验室做实验测定圆柱形岩心渗透率。已知岩心半径为 1cm，长度为 5cm，在岩心两端建立压差，使黏度为 1mPa · s 的液体通过岩心。2min 内测量出通过的液量为 15cm³，从水银压差计上知道岩心两端压差为 157mmHg 高，试计算岩心的渗透率 K。

6-5 已知一个边长为 5cm 正方形截面岩心，长 100cm，倾斜放置如图 6-14 所示，入口端压力 $p_1 = 0.2\text{MPa}$，出口端压力 $p_2 = 0.1\text{MPa}$，$h = 50\text{cm}$，液体相对水的重度为 0.85，渗流段长度 $L = 100\text{cm}$，液体黏度 $\mu = 2 \times 10^{-3}\text{Pa} \cdot \text{s}$，岩石渗透率 $K = 1\mu\text{m}^2$，求流量 Q 为多少？

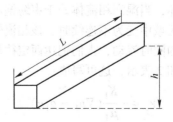

图 6-14   习题 6-5 图

7 流体机械之泵与风机

泵与风机都是输送流体的机械。一般地说，泵用于输送液体，风机用于输送气体。从能量观点来看，泵与风机都是传递和转换能量的机械。从外部输入的机械能，在泵或风机中传递给流体，转化为流体的压力能，以克服流体在流道中的阻力。有些流体如压气机中的气体及高压泵中的液体，有更高的压力能储备做功，有些液体被举到更高的位置（如水塔）而转化为位能。有些情况，流体在经过泵或风机后，速度也有变化，因而部分地转化为流体的动能。

按能量传递及转化的方式不同，泵与风机常分为叶轮动力式与容积式（或静力式）两大类。在叶轮动力式机械中，某些机械部件与流体间发生动力作用，在相关力的作用下，流体速度发生改变，其能量转换关系是由动能转化为压力能或由压力能转化为动能。如离心式或轴流式的泵或风机、液力联轴器、水轮机等就属于叶轮动力式机械，常称为涡轮机械。容积式或静力式机械的特点是容积的变化或流体的位移，由位移作用所提高的静压强大于由速度或动能的变化而提高的静压强。往复式泵、齿轮泵、回转式泵都属于容积式机械。

气体通过风机后，压力能增加不大，气体的密度变化很小，这种风机一般称为通风机。在通风机中的气体，为了简化计算，可视为不可压缩流体。但在压气机中，气体的密度有明显的变化，则应考虑其压缩性。

本章内容包括离心式泵、离心式通风机、轴流式风机，要求理解泵的扬程、叶轮的类型、泵中的能量损失、泵的气蚀现象、泵与风机的工况点等概念，了解泵的吸上扬程、离心式泵的选择、轴流式风机的工作原理，掌握泵的扬程及效率计算、离心式泵的性能曲线、通风机的风压及效率的计算、离心式通风机的选择，重点掌握泵的扬程及效率计算、离心式通风机的选择。

7.1 离 心 式 泵

7.1.1 离心式泵的构造与工作原理

构成离心式泵的主要部件是固定在机座上的机壳及与转轴连在一起并随轴转动的叶轮。图 7-1 表示离心式泵的简略构造与工作原理。

当泵工作时，外部动力驱动转轴旋转，叶轮 1 随着旋转，叶片 2 间原来充满着的液体在惯性离心力的作用下，从叶轮外缘抛出，在机壳 4 中汇集，从出口 5 排走。当叶片间的液体被抛出时，叶轮内缘入口 3 处压强降低，外部的液体便被吸入填充。叶轮转动不停，外部液体源源不断地经过叶轮从机壳出口排出或被送往需要的地方。液体经过叶轮时，装在叶轮上的许多叶片将能量传递给液体，使液体的压强与速度增加。液体在离开叶轮进入蜗形机壳后，一部分动能转化为压力能。

若将几个叶轮按一定的距离装在同一根转轴上，来提高液体的能量，这样的泵称为多级泵。为了把液体送到较远或较高的地方，常采用多级离心泵。

7.1.2 泵的扬程

一般离心式泵的装置如图7-2所示。1—1断面为泵的进口，装有真空表3；2—2断面为泵出口，装有压力表4。单位质量液体在泵出口处的能量 e_2 与在泵入口处的能量 e_1 之差，即单位质量液体在泵中实际获得的能量，就是泵的扬程或总扬程，也是泵的总水头或称总输水高度，以 H 表示。

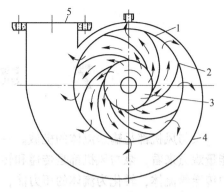

图7-1 离心式泵的构造略图
1—叶轮；2—叶片；3—吸入口；4—机壳；5—出口

即
$$H = e_2 - e_1$$

如图7-2所示，以吸液池1的液面 O—O 为基准，单位质量液体在1—1断面和2—2断面处的能量分别为：

$$e_1 = h_s + \frac{p_1}{\gamma} + \frac{v_1^2}{2g}$$

$$e_2 = h_s + z_2 + \frac{p_2}{\gamma} + \frac{v_2^2}{2g}$$

式中 γ——液体的重度。

设大气的压强为 p_a，真空表的读数为 p_v，压力表的读数为 p_M，则：

$$p_1 = p_a - p_v + \gamma z_v$$

$$p_2 = p_a + p_M + \gamma z_m$$

于是

$$H = e_2 - e_1$$

$$= h_s + z_2 + \frac{p_a + p_M}{\gamma} + z_m - h_s -$$

$$\frac{p_a - p_v}{\gamma} - z_v + \frac{v_2^2 - v_1^2}{2g}$$

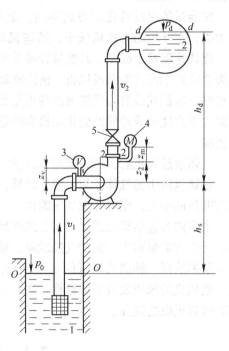

图7-2 离心式泵装置简图
1—吸液池；2—排液池；3—真空表；
4—压力表；5—闸阀

即
$$H = (z_2 + z_m) - z_v + \frac{p_M + p_v}{\gamma} + \frac{v_2^2 - v_1^2}{2g} \tag{7-1}$$

上式中，$(z_2 + z_m) - z_v = \Delta z$ 表示压力表与真空表位置的高度差。当 Δz 很小时可忽略不计，且若泵的进口断面积与出口断面积相等或相差很小时，即 $v_2 \approx v_1$，则总扬程

$$H = \frac{p_M + p_v}{\gamma} \quad 米液柱 \tag{7-2}$$

即从泵进口处的真空表读数与出口处的压力表读数之和，就可以表示泵的扬程大小。所以在运转时，常根据真空表与压力表的读数，看泵的扬程变化。

[**例题 7-1**] 某工厂的水泵站，有一台水泵的吸入管直径 $d_1 = 250mm$，压出管直径 $d_2 = 200mm$，水泵出口的压力表与入口处真空表的位置高差为 0.3m。水泵正常运转时，真空表的读数 $p_v = 3.92N/cm^2$，压力表的读数 $p_M = 83.3N/cm^2$，测得其流量 $Q = 60L/s$。求水泵的扬程 H。

[**解**] 在泵的入口处，水的平均流速为：

$$v_1 = \frac{Q}{\frac{\pi}{4}d_1^2} = \frac{0.06}{\frac{3.142 \times 0.25^2}{4}} = 1.222m/s$$

在泵的出口处，水的平均流速为：

$$v_2 = \frac{Q}{\frac{\pi}{4}d_2^2} = \frac{0.06}{\frac{3.142 \times 0.2^2}{4}} = 1.91m/s$$

根据式 (7-1)，求得泵的扬程为：

$$H = \Delta z + \frac{p_M + p_v}{\gamma} + \frac{v_2^2 - v_1^2}{2g}$$

$$= 0.3 + \frac{39200 + 833000}{9800} + \frac{1.91^2 - 1.222^2}{2 \times 9.8} = 89.41m$$

再按图 7-2，以 O—O 面为基准，列吸液池液面与 1—1 断面的能量方程：

$$\frac{p_0}{\gamma} + \frac{v_0^2}{2g} = h_s + \frac{p_1}{\gamma} + \frac{v_1^2}{2g} + h_{ls} \tag{7-3}$$

则

$$e_1 = h_s + \frac{p_1}{\gamma} + \frac{v_1^2}{2g} = \frac{p_0}{\gamma} + \frac{v_0^2}{2g} - h_{ls}$$

列 2—2 断面与排液池液面 d—d 的能量方程：

$$h_s + z_2 + \frac{p_2}{\gamma} + \frac{v_2^2}{2g} = h_s + h_d + \frac{p_d}{\gamma} + \frac{v_d^2}{2g} + h_{ld} \tag{7-4}$$

则

$$e_2 = h_s + h_d + \frac{p_d}{\gamma} + \frac{v_d^2}{2g} + h_{ld}$$

故

$$H = e_2 - e_1$$

$$= h_s + h_d + \frac{p_d}{\gamma} + \frac{v_d^2}{2g} + h_{ld} - \frac{p_0}{\gamma} - \frac{v_0^2}{2g} + h_{ls}$$

因为吸液池液面与排液池液面面积较大，$v_d \approx 0$，$v_0 \approx 0$ 故：

$$H = h_s + h_d + h_{ls} + h_{ld} + \frac{p_d - p_0}{\gamma} \tag{7-5}$$

式中，$h_s + h_d$ 为排液池液面与吸液池液面的垂直距离，称为几何扬程，以 H_G 表示；$h_{ls} + h_{ld}$

是吸入管路与压出管路的阻力损失，称为损失扬程或损失水头，以 H_1 表示；p_d-p_0 为排液池液面的压强 p_d 与吸液池液面的压强 p_0 之差。所以泵的总扬程是用于将单位质量液体举上几何高度 h_s+h_d、供给吸入管路与压出管路克服阻力所消耗的能量 $h_{ls}+h_{ld}$ 及克服排液池液面与吸液池液面的压强差 $\dfrac{p_d-p_0}{\gamma}$。

如果吸液池与排液池都与大气相通，则 $p_d=p_a=p_0$，于是泵的扬程：

$$H = h_s + h_d + h_{ls} + h_{ld} = H_G + H_1 \tag{7-6}$$

这是一般离心式泵装置的情况。由此可知，泵的扬程不仅包括将单位质量液体升高的几何高度，而且也还包括吸入管路和压出管路中的阻力损失。

[**例题 7-2**]　由离心式泵经管路向水塔供水，其装置情况如下：

（1）吸入管路。管直径 $d_1=250\text{mm}$，管长 $l_1=20\text{m}$；每米长度的沿程损失 i_1 为 $0.02\text{mH}_2\text{O}$；装有一个带底阀的滤水网（$\zeta_v=4.45$），90°弯头（$\zeta_b=0.291$）两个。

（2）压出管路。管直径 $d_2=200\text{mm}$，管长 $l_2=200\text{m}$；每米长度的沿程损失 i_2 为 $0.03\text{mH}_2\text{O}$；装有全开的闸阀（$\zeta_g=0.05$）一个，90°弯头（$\zeta_b=0.291$）三个。管路出口的局部阻力系数 $\zeta_{ex}=1$。

（3）泵的吸入几何高度 $h_s=4\text{m}$，压出几何高度 $h_d=30\text{m}$；输水量 $Q=60\text{L/s}$；吸水池与水塔的液面均为大气。

试确定此水泵应具备的扬程 H。

[**解**]　水在吸入管中的流速为：

$$v_1 = \frac{Q}{\dfrac{\pi}{4}d_1^2} = \frac{0.06}{\dfrac{3.142 \times 0.25^2}{4}} = 1.222\text{m/s}$$

水在压出管中的流速为：

$$v_2 = \frac{Q}{\dfrac{\pi}{4}d_2^2} = \frac{0.06}{\dfrac{3.142 \times 0.2^2}{4}} = 1.91\text{m/s}$$

在吸入管中的阻力损失为：

$$h_{ls} = i_1 l_1 + \zeta_v \frac{v_1^2}{2g} + 2\zeta_b \frac{v_1^2}{2g}$$

$$= 0.02\times20+4.45\times\frac{1.222^2}{2\times9.8}+2\times0.291\times\frac{1.222^2}{2\times9.8}=0.783\text{mH}_2\text{O}$$

在压出管中的阻力损失为：

$$h_{ld} = i_2 l_2 + \zeta_g \frac{v_2^2}{2g} + 3\zeta_b \frac{v_2^2}{2g} + \zeta_{ex} \frac{v_2^2}{2g}$$

$$= 0.023\times200+0.05\times\frac{1.91^2}{2\times9.8}+3\times0.291\times\frac{1.91^2}{2\times9.8}+1\times\frac{1.91^2}{2\times9.8}$$

$$= 6.357\text{mH}_2\text{O}$$

按式（7-6）求得水泵应具有的扬程为：

$$H = h_s + h_d + h_{ls} + h_{ld} = 4 + 30 + 0.783 + 6.357 = 41.14\text{m}$$

7.1.3　叶轮

叶轮动力式机械的主要部件是叶轮。离心式泵的扬程的高低，也主要取决于叶轮的情况。分析流体在叶轮中的运动情况，对于了解与掌握这类机械设备的工作原理与性能是很重要的。

叶轮按构造的不同，可分为如下几种：

（1）闭式叶轮。如图 7-3 所示，由轮毂 1、叶片 2、底盘 3、盖板 4 所组成。常用于清水泵中，效率较高，多为铸造而成。

（2）半开式叶轮。有轮毂、底盘、叶片，而无盖板。多用于抽送黏性较大的液体。

（3）开式叶轮。如图 7-4 所示，既无底盘，也无盖板；叶片 2 固定在轮毂 1 上。效率较低，用于输送污水或含有固体颗粒的矿浆或泥浆。

除上述的单面吸液的叶轮外，还有双面吸液的叶轮，如图 7-5 所示。这种叶轮由于两个入口同时吸液，以增大流量。装置这种叶轮的泵，称为双吸式泵。

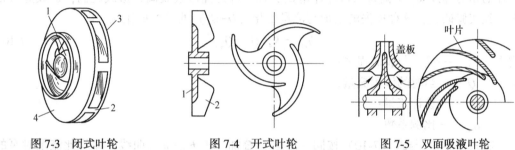

图 7-3　闭式叶轮　　　　　图 7-4　开式叶轮　　　　　图 7-5　双面吸液叶轮

为了分析方便，假设叶轮是理想的，即理想叶轮上的叶片数为无限多，叶片的厚度为无限薄，流体进入叶轮便紧沿着叶片运动，至叶轮出口处流出，可视为流体沿流束的运动。因而在同一断面上，便可认为有相同的压强分布与速度分布。并假设在叶轮中运动的流体为假想的无黏性流体，即不考虑任何能量损失。这样的叶轮传递给单位质量流体的能量，称为理想叶轮的欧拉扬程，以 H_E 表示。

当考虑叶轮的叶片数目时，应对理想叶轮的欧拉扬程 H_E 进行修正，可得实际叶轮但不计能量损失的理论扬程 H_t，有 $H_t = kH_E$。

7.1.4　泵中的能量损失

实际流体通过实际的泵，不可避免地会发生能量损失。这些损失必然由泵的输入功率中的相当部分来补偿。泵中的能量损失分为水力损失、容积损失和机械损失三类。

7.1.4.1　水力损失

影响泵内水力损失的因素很多，很难精确地判定出这些因素的综合影响。大体说来，引起水力损失的原因是：（1）壁面摩擦；（2）流动速度的大小或方向的改变而产生的旋涡及脱流，这里包括撞击损失与流道扩散损失。

（1）摩擦损失与扩散损失。摩擦损失发生于叶轮的流道及机壳之中，可用达西公式表示其关系：

$$h_{\mathrm{f}} = K_1 Q^2 \tag{7-7}$$

式中 K_1——考虑某台泵全部长度、流道横断面积及阻力系数的常数。

由于流道断面的扩大，流经其中的流体速度随之变化，引起的扩散损失可用下式表示：

$$h_{\mathrm{div}} = K_2 Q^2 \tag{7-8}$$

式中 K_2——随结构而定的系数。对于给定的泵，K_2 为常数。

因式（7-7）和式（7-8）所表示的这两种损失，都和流量 Q 的平方成比例，因而可以合并为一个式子，即：

$$h_{\mathrm{fdiv}} = h_{\mathrm{f}} + h_{\mathrm{div}} = K_3 Q^2 \tag{7-9}$$

（2）撞击与脱流损失。这种损失主要发生在叶轮的入口处。流体沿轴向经过入口流进叶轮时，流体是没有转动的。但随即逐渐改变流动方向，按径向流进两叶片间的流道。若设计流量为 Q_{s}，则流体质点在叶片入口边缘处将有随叶轮绕轴旋转的牵连运动与按入口叶片角 β_1 方向对叶片的相对运动。如果流量小于或大于设计流量 Q_{s}，则流体质点对于叶片的相对速度 ω_1 将偏离入口叶片角 β_1，而与叶片撞击或脱离，形成旋涡，造成撞击损失。经实验研究，这种损失的增加与流量变化（$Q-Q_{\mathrm{s}}$）的平方成正比，即：

$$h_{\mathrm{str}} = K_4 (Q - Q_{\mathrm{s}})^2 \tag{7-10}$$

式中 h_{str}——撞击与脱流损失；

      Q——当时的体积流量；

      Q_{s}——设计流量；

      K_4——比例系数。

将式（7-9）与式（7-10）按同一流量 Q 叠加，得 $h_{\mathrm{str}} + h_{\mathrm{fdiv}}$ 曲线，即为此流量时泵的水力损失，用 h_{h} 表示。此项损失的能量，由叶轮产生的水头供给。所以叶轮产生的实际水头或扬程，应为理论扬程 H_{t} 减去水力损失 h_{h} 后的能量，即：

$$H = H_{\mathrm{t}} - h_{\mathrm{h}} \tag{7-11}$$

实际扬程与理论扬程之比称为水力效率，以 η_{h} 表示：

$$\eta_{\mathrm{h}} = \frac{H}{H_{\mathrm{t}}} = \frac{H}{H + h_{\mathrm{h}}} < 1 \tag{7-12}$$

所以

$$H = \eta_{\mathrm{h}} H_{\mathrm{t}} = \eta_{\mathrm{h}} k H_{\mathrm{E}} \tag{7-13}$$

流体从机壳的入口进去，又自机壳的出口流出，除了在叶轮中的水力损失外，由于速度的方向或大小改变，与机壳的摩擦等，也都有水力损失。若 h_{h} 包括全部水力损失，则 η_{h} 就是泵的水力效率。

7.1.4.2   容积损失

漏失流体而造成的能量损失与转动部分和不动部分之间的间隙有关。根据泵的类型，流体的漏失可能发生于下列的一处、数处间隙或管路中：

（1）叶轮入口处的机壳和叶轮之间；

（2）多级泵内两个相邻级之间；

（3）填料箱密封或转轴与机壳间的缝隙；

（4）开式叶轮片的轴向间隙；

（5）经过向轴承体和填料箱供冷却液的管路。

单位时间内从泵输出的流体体积为 Q，漏失的流体体积为 Q_1，则不考虑漏失的理论流量 Q_t 为：

$$Q_t = Q + Q_1$$

实际流量 Q 与理论流量 Q_t 之比，称为泵的容积效率，以 η_V 表示，即：

$$\eta_V = \frac{Q}{Q_t} = \frac{Q}{Q + Q_1} < 1 \tag{7-14}$$

7.1.4.3 机械损失

由于流体作用在叶轮轮盘上的摩擦，轴承内和填料箱密封内的摩擦等所造成的能量损失，为机械损失。

若加给泵叶轮轴上功率为 N，消耗于机械摩擦的功率为 N_M，则泵的机械效率为：

$$\eta_M = \frac{N - N_M}{N} < 1 \tag{7-15}$$

若无水力损失与容积损失，则单位时间内经过泵的流体所获得的能量 $\gamma Q_t H_t$ 应等于 $N - N_M$，即：

$$\eta_M = \frac{\gamma Q_t H_t}{N}$$

或
$$N = \frac{\gamma Q_t H_t}{\eta_M} \tag{7-16}$$

式中 γ ——流体的重度，N/m^3。

当考虑水力损失与容积损失时，将式（7-12）与式（7-14）中的 η_h 与 η_V 代入式（7-16）中，得：

$$N = \frac{\gamma Q H}{\eta_M \eta_V \eta_h} = \frac{\gamma Q H}{\eta} W \tag{7-17}$$

式中，$\eta = \eta_M \eta_V \eta_h$，为泵的总效率。

上式中，$\gamma Q H$ 为单位时间内（每秒）通过泵的质量为 γQ 的流体实际获得的能量，称为有效功率。泵的总效率就是有效功率对其轴功率之比，表示在水力方面和机械方面的完善程度。现有的小型泵的总效率 η 最大平均值在 $0.60 \sim 0.70$ 之间，大型泵的 η 值可达 0.92。

7.1.5 泵的吸上扬程与气蚀现象

泵的安装位置（卧式泵以叶轮轴线代表，立式泵以第一级叶轮吸入口的中心代表）到吸液池液面的垂直距离，称为泵的吸上扬程或吸液高度。合理的吸液高度，对于保证泵的正常吸液工作有重要意义。

在图 7-2 所示的离心式泵的简单装置中，h_s 为吸上扬程。为了便于泵的安装与操作运转，希望 h_s 值能大一些，但不能超过某一限度。

由式（7-3），若吸液池与大气相通，其液面上的压强 p_0 即为大气压强 p_a。且因吸液池液面较大，其下降的速度很小，可近似地认为 $v_0 \approx 0$，于是

$$h_s = \frac{p_a}{\gamma} - \frac{p_1}{\gamma} - \frac{v_1^2}{2g} - h_{ls} \tag{7-18}$$

式中，p_1 为泵入口处液体的绝对压强；$p_a - p_1$ 为泵入口的真空度。由此可知：吸上扬程 h_s 的大小，取决于泵入口处的绝对压强 p_1 及流速 v_1 和吸入管路的阻力损失 h_{ls}。若输送的液体为水，且若体积流量一定，则 v_1 与 h_{ls} 均为定值，$\dfrac{p_a}{\gamma}$ 为 $10.332\text{mH}_2\text{O}$。吸上扬程 h_s 将随 p_1/γ 的减小而增大；但其最大值必然小于 10.332m。

液体在一定温度条件下，其绝对压强达到汽化压强（饱和蒸汽压强）p_{sat} 时，此液体即汽化为蒸气。水的饱和蒸气压强与温度的关系如表 7-1 中的数值。

表 7-1　水的饱和蒸气压强与温度的关系

温度/℃	5	10	20	30	40	50	60	70	80	90	100
汽化压强$\dfrac{p_{sat}}{\gamma}$/mH$_2$O	0.09	0.12	0.24	0.43	0.75	1.25	2.00	3.17	4.80	7.10	10.33

因为泵的叶轮入口处的绝对压强 p_1 低于大气压强，在当时的温度下，若 p_1 之值等于或低于其汽化压强，则将有蒸气及溶解在液体中的气体大量地逸放出来，形成很多由蒸气与气体混合的小气泡。这些气泡随液体至高压区，由于气泡周围的压强大于气泡内的汽化压强，气泡受压而破裂，并重新凝结，液体质点从四周向气泡中心加速冲来。在凝结的一瞬间，质点相互撞击，产生很高的局部压强。而这些气泡在靠近金属表面的地方破裂而凝结，则液体质点将似小弹头连续打击金属表面，此金属表面在大压强、高频率的连续打击下，逐渐疲劳而破坏，形成机械剥蚀。而且，气泡中还杂有一些活泼气体（如氧），当气泡凝结放出热量时，就对金属进行化学腐蚀。金属在机械剥蚀与化学腐蚀的作用下加速损坏，这种现象叫做气蚀现象。

离心式泵开始发生气蚀时，气蚀区域较小，对泵的正常工作没有明显的影响。当发展到一定程度时，气泡大量产生，影响液体的正常流动，甚至造成液流间断，发生振动与噪音，流量、扬程与效率也明显下降。离心式泵在严重的气蚀状态下运转，发生气蚀的部位很快就被破坏成蜂窝状或海绵状，缩短泵的使用寿命，以致泵不能工作。所以，离心式泵必须防止气蚀现象的产生。其必要条件是：$\dfrac{p_1}{\gamma} > \dfrac{p_{sat}}{\gamma}$。

设在泵的吸入口处，单位质量液体所具有的超过汽化压强的富余能量，称为气蚀余量，用 Δh_m 液柱表示，则气蚀余量：

$$\Delta h = \frac{p_1}{\gamma} + \frac{v_1^2}{2g} - \frac{p_{sat}}{\gamma} \tag{7-19}$$

即

$$\frac{p_1}{\gamma} = \Delta h + \frac{p_{sat}}{\gamma} - \frac{v_1^2}{2g}$$

代入式（7-18），得：

$$h_s = \frac{p_a}{\gamma} - \frac{p_{sat}}{\gamma} - \Delta h - h_{ls} \tag{7-20}$$

在给定的离心式泵的装置中，为了在运转中不发生气蚀，离心式泵则须保持一定的气蚀余量 Δh。为了保证 Δh 之值，吸液高度 h_s 必将受到一定的限制。

式 (7-18) 中，$\left(\dfrac{p_a}{\gamma} - \dfrac{p_1}{\gamma}\right)$ 称为吸上真空度，以 H_s 表示，即：

$$H_s = \frac{p_a}{\gamma} - \frac{p_1}{\gamma} = h_s + h_{1s} + \frac{v_1^2}{2g} \tag{7-21}$$

若泵在某流量下运转，$\dfrac{v_1^2}{2g}$ 将是定值，h_{1s} 也几乎不变，吸上真空度 H_s 将随泵的吸上扬程 h_s 的增加而增大。当 h_s 增大到某数值后，p_1 降低到该温度下液体的汽化压强，泵就出现气蚀而不能工作。在此情况下的吸上真空度 H_s，称为最大吸上真空高度或最大吸上真空度，以 H_{smax} 表示。目前，H_{smax} 只能由试验得出。为了保证离心式泵运行时不发生气蚀，同时又有尽可能大的吸上真空度，按照 JB 1040—67 的规定，应留有 0.3m 的安全量。即将试验得出的 H_{smax} 减去 0.3m，作为允许最大吸上真空高度，或允许吸上真空度，以 $[H_s]$ 表示，$[H_s] = H_{smax} - 0.3$。

离心式泵运转时，泵入口处的真空度 H_s 不应该超过泵样本上规定的 $[H_s]$ 值。泵安装时，应该根据泵样本上规定的 $[H_s]$ 值来计算吸上扬程 h_s。按式 (7-21) 得允许安装高度 $[h_s]$ 为：

$$[h_s] = [H_s] - h_{1s} - \frac{v_1^2}{2g} \tag{7-22}$$

在泵的工作范围内，允许吸上真空度 $[H_s]$ 是随流量变化而有不同之值。一般情况，流量增加，$[H_s]$ 下降。故在决定泵的允许安装高度 $[h_s]$ 时，应按泵运转时可能出现的最大流量所对应的 $[H_s]$ 值来进行计算，以保证水在大流量情况下运转不发生气蚀。

通常，在泵的样本或说明书上规定的 $[H_s]$ 值，是在大气压强为 760mmHg、液体温度为 20℃ 的情况下，进行试验得出的。当泵的使用地点、大气压强、液体温度与上述情况不同时，则应进行如下的修正：

$$[H'_s] = [H_s] - 10 + A - \frac{p_{sat}}{\gamma} \tag{7-23}$$

式中　　$[H'_s]$——修正后的允许吸上真空高度，mH_2O；

　　　　$[H_s]$——泵样本或说明书上给定的允许吸上真空度，mH_2O；

　　　　A——泵使用地点的大气压强，mH_2O；

　　　　p_{sat}——当时温度下的饱和蒸气压强，N/m^2。

泵运转时，应避免产生气蚀现象。为了防止发生气蚀，可采用下述方法：

（1）泵的安装位置可以低一些，以增加有效吸入水头。低扬程的大型水泵，多做成立式，并使叶轮浸没在水中，这是防止气蚀的一个方法。

（2）降低泵的转速。

（3）减少通过叶轮的流量。在经济、技术允许范围内，用双吸泵代替单吸泵；如果不能改成双吸泵，可用两台以上的泵。

（4）增大吸液管直径，或尽量减少吸入管路的局部阻力，以减少局部阻力损失。

[例题 7-3]　50D8×6 型离心式泵的说明书给出：转速 $n = 1400r/min$，流量 $Q = 18m^3/h$ 时，扬程 $H = 74.7m$。允许吸液真空高度 $[H_s] = 8m$。若输送的水的温度在 20℃ 以下，吸

入管直径 $d_1 = 50\text{mm}$，吸入管的总阻力损失 $h_{1s} = 0.5\text{m}$，求此泵的允许安装高度 $[h_s]$。

[解]　水在吸入管中的流速为：

$$v_1 = \frac{Q}{\frac{\pi}{4}d_1^2} = \frac{18/3600}{\frac{3.142 \times 0.05^2}{4}} = 2.55\text{m/s}$$

按式（7-22），泵的允许安装高度为：

$$[h_s] = [H_s] - h_{1s} - \frac{v_1^2}{2g}$$

$$= 8 - 0.5 - \frac{2.55^2}{2 \times 9.8} = 7.17\text{m}$$

7.1.6　离心式泵的性能曲线

根据实验，离心式泵在某一固定转速下，一个流量 Q 值，有其相对应的扬程 H 值及功率 N 值。再按式（7-17），取 Q 及其相对应的 H 与 N 值，可计算出在此流量 Q 时的效率 η。以 Q 为横坐标，H、N、η 为纵坐标，分别将各 H 值、N 值、η 值连成曲线，则得 H-Q、N-Q、η-Q 等曲线，如图7-6所示，以表示离心式泵在此固定转速下的性能，称为性能曲线图。

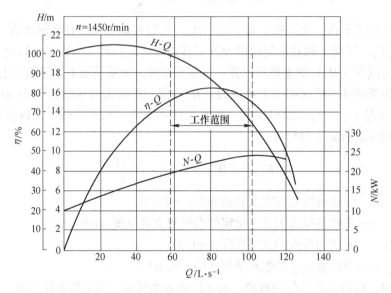

图7-6　离心式泵的性能曲线图

图7-6可以较清楚地说明离心式泵的基本性能。不同系列型号的泵在不同的转数下运转，可有不同的性能曲线图，但同名曲线的形状与趋势，大体上是相类似的。

从性能曲线图中可以看出：

（1）H-Q 曲线。当 Q 由 0 逐渐增加时，H 也由低逐渐增高；当 Q 增至某一数值，H 则不再增加；Q 继续增加，H 则下降。此凸形曲线有一个峰。峰的左边，Q 增大，H 也增大；峰的右边，Q 增大，H 降低。说明离心式泵的流量与扬程之间存在着相互制约的关系。这是由于水力损失的缘故。因此，离心式泵在性能曲线高峰的右边运转时，如果得到较大的流量，必须降低扬程（即减少几何扬程与损失扬程）；如管路阻力（损失扬程）加大或几何扬程增高，流量必然减少。

（2）N-Q 曲线。随着 Q 的增大，N 不断上升。说明流量大，消耗的功率越大。当 Q 为零值时，N 有最小值；这时消耗的功率，主要用于克服机械摩擦。为了防止启动电流过大烧毁电机，所以离心式泵都是在 $Q=0$（压出管路的闸阀全闭）时启动。

（3）η-Q 曲线。随着 Q 的增大，η 由低到高，再由高到低，有一个最高点，即最高效率点。此最高效率点所对应的流量 Q、扬程 H、功率 N，称为离心式泵的最佳工况。制造厂生产的泵，其铭牌上所标明的扬程、流量、功率等数值，就是指这种泵效率最高时的扬程、流量、功率，即所谓最佳工况的性能。为了保持泵的较高的经济性，一般要求在最高效率点附近的范围内运转，如图中所示的"工作范围"。

7.1.7 泵在管路中的工况点

流体在管路中流动，其流量与管路阻力有一定的关系。表示流量与阻力关系的曲线，称为此管路的特性曲线。

将单位质量液体从吸液池举上一个几何高度 H_G 到排液池里，克服在长为 L、断面积为 A 的管路中流动时的阻力，所需的能量设为 H_A，则：

$$H_A = H_G + h_1$$

按第 4 章的阻力公式知：

$$h_1 = (\lambda \sum \frac{L}{D} + \sum \zeta) \frac{v^2}{2g}$$

$$= (\lambda \sum \frac{L}{D} + \sum \zeta) \frac{Q^2}{2gA^2} = RQ^2 \tag{7-24}$$

式中，$R = (\lambda \sum \frac{L}{D} + \sum \zeta) \frac{1}{2gA^2}$，称为管阻常数，其值与管路的材料、尺寸、局部装置及阀门开启度有关。管路一定，R 为定值。

上式说明，当管路一定，即 R 为定值时，管路阻力随流量的平方而变。因此

$$H_A = H_G + RQ^2 \tag{7-25}$$

此式为管路特性曲线的表示式，如图 7-7 所示。由图可知：有地形（几何）高度差的管路特性曲线为一条不通过坐标原点的抛物线。

泵一般都装置在管路上工作。泵经吸入管路自吸液池吸上的液体，又经压出管路送往排液池。单位时间内由泵排出的液体体积，也就是同一时间内在管路中流动的液体体积，即流量是一致的。在此

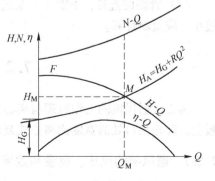

图 7-7　管路特性曲线

流量的情况下，单位质量液体在泵中获得的能量，也正是这个质量的液体流经管路时所需要的能量。按同一比例尺将泵在给定的转速下的性能曲线 H-Q 与管路装置的特性曲线 $H_A = H_G + h_1$ 绘在同一坐标图上，这两条曲线的交点 M，就是泵在此管路系统中的工况点，表示当时泵在此管路系统中的运转的工况：流量为 Q_M，扬程为 H_M，功率为 N_M，效率

为 η_M。

泵的性能 H-Q 曲线的最高点为 F，其右边的工况点，属于稳定工况区；若管路的特性曲线很陡峭（例如，当 H_G 值很大，而且 R 值也很大。诸如阀门开启度很小，局部阻力很多，管径很小，管路很长，管壁很粗糙等），则管路特性曲线 $H_A = H_G + RQ^2$ 与泵的 H-Q 曲线的交点 M——工况点，可能落在最高点 F 的左边，泵的工作将不稳定，发生振动现象。泵一般应避免在不稳定区运转。

7.1.8　离心式泵的选择

选择离心式清水泵，一般按下列步骤进行：

（1）根据生产上对流量 Q 及几何扬程 H_G 的要求，在泵安装地点至需要液体（如水）的地方，拟订输液（水）管路的配置方案，选择管路中的流速 v 与管径 d，然后计算管路的阻力，确定所需要的泵的扬程 H 与流量 Q。

水在管中的流动，选择合理的流速，从而确定管径。根据实践经验，几十千米长的输水管路，水在其中流动的平均流速 $v = 0.5 \sim 0.7 \mathrm{m/s}$；在工厂内的输水管路，水的平均流速 $v = 1 \sim 3 \mathrm{m/s}$。

（2）根据 Q 与 H，在泵的产品样本或说明书中，选择能满足要求的泵。选择时，可考虑把所需扬程加大 5%，不要太大，否则不经济。

一般有关泵的说明书中，都载有泵的性能曲线，可通过计算，将管路特性曲线画出。若两曲线相交的工况点恰是泵的最佳工况点或是在泵的工作范围内，则所选择的泵可以认为是经济与合理的。

（3）如果生产上要求的流量过大，没有合适的泵，或者生产上所要求的流量变化较大，则可以考虑泵的并联装置问题。根据生产上所需要的流量，按不同的情况，取其一半或更小的数值来选择泵，但扬程仍应满足要求。考虑并联装置时，尽可能选择同样型号的泵，因安装及零配件的准备，都比较方便。

（4）泵选定后，尚需根据管路安装情况，检查泵的吸入高度是否超过规定的限度。

（5）管路的直径，不能小于泵进口或出口的直径。如预先设计时选用的管径过大或过小，应重新计算。

7.2　离心式通风机

离心式通风机的工作原理与离心式泵相同。主要部件是叶轮，其叶片焊接在底盘与盖板上。叶轮出口处的宽度比离心式泵的要大，可做成单面进风或双面进风的叶轮。

7.2.1　通风机的风压、风量和效率

单位体积气体通过风机所获得的能量，就是风机的风压，又称全压或全风压，单位为 $\mathrm{N \cdot m/m^3}$ 或 $\mathrm{N/m^2}$。

图 7-8 为装有吸气管与排气管的离心式风机装置简图。O—O 断面为吸气空间，气体在此空间中静止时的压强为 p_0。1—1 断面为风机的入口，气体在此断面上的压强为 p_1，流速为 v_1。2—2 断面为风机的出口，气体在此断面上的压强与流速分别为 p_2 与 v_2。排气

管出口断面上的气体流速与压强分别为 v_d 与 p_d。在通风机中，气体的重度 γ 可认为不变。因此，每单位体积的气体在风机入口处的能量为 $p_1 + \gamma \dfrac{v_1^2}{2g}$，在风机出口处的能量为 $p_2 + \gamma \dfrac{v_2^2}{2g} + \gamma z$。风机所产生的全压为

$$H = \left(p_2 + \gamma \frac{v_2^2}{2g} + \gamma z\right) - \left(p_1 + \gamma \frac{v_1^2}{2g}\right)$$
(7-25)

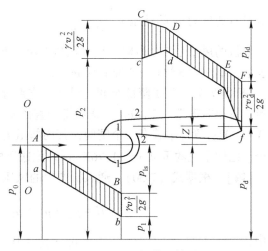

图 7-8　通风机装置简图

式中，z 为风机出口与入口间的高度差，其值很小，且 γz 之值更小，可忽略不计。于是

$$H = p_2 - p_1 + \gamma \frac{v_2^2 - v_1^2}{2g}$$
(7-26)

或

$$H = H_p + H_d$$
(7-27)

式中　H_p——风机的静压，$H_p = p_2 - p_1$；

H_d——风机的动压，$H_d = \gamma \dfrac{v_2^2 - v_1^2}{2g}$。

所以，风机的全压 H 为其静压 H_p 与动压 H_d 之和。

设单位体积的气体在吸气管中的阻力损失为 p_{ls}，在排气管中的阻力损失为 p_{ld}。先列出 O—O 与 1—1 断面间气体流动的能量方程：

$$p_0 = p_1 + \gamma \frac{v_1^2}{2g} + p_{ls}$$

即

$$p_1 + \gamma \frac{v_1^2}{2g} = p_0 - p_{ls}$$
(7-28)

再列出 2—2 断面与排气管出口断面间的能量方程：

$$p_2 + \gamma \frac{v_2^2}{2g} = p_d + \gamma \frac{v_d^2}{2g} + p_{ld}$$
(7-29)

用式（7-29）减式（7-28）得：

$$p_2 - p_1 + \gamma \frac{v_2^2 - v_1^2}{2g} = p_d - p_0 + p_{ld} + p_{ls} + \gamma \frac{v_d^2}{2g}$$

即

$$H = p_d - p_0 + p_{ld} + p_{ls} + \gamma \frac{v_d^2}{2g}$$
(7-30)

由此可知：风机所产生的全压 H，用于克服排气空间与吸气空间的压强差（$p_d - p_0$）和供给吸气管道与排气管道中的克服阻力所消耗的能量（$p_{ld} + p_{ls}$）以及使气体在排气管出

口处具有速度为 v_d 的动压 $\gamma \dfrac{v_d^2}{2g}$。

风机的风量是指单位时间内由风机排出的气体体积折算成吸气状态下的气体体积，以 Q 表示，单位为 m^3/s、m^3/min 或 m^3/h。

[例题 7-4] 为了降低车间的温度，改善劳动条件，拟在车间外装一台通风机向车间送风，每小时需送风 $2840 m^3$。送风管的直径 $d = 250mm$，管长 $l = 95m$，管道的沿程阻力系数 $\lambda = 0.02$；管道中装有一个闸阀，其局部阻力的当量管长 $l_e = 5m$，还有 $\zeta_b = 0.2$ 的弯头两个。已知空气的重度 $\gamma = 11.76 N/m^3$。此通风机的风压为多少 mmH_2O？

[解] 根据式 (7-30)，通风机产生的风压为：

$$H = p_d - p_0 + p_{ld} + p_{ls} + \gamma \frac{v_d^2}{2g}$$

其中，
$$p_d - p_0 = 0, \quad p_{ls} = 0$$

$$v_d = \frac{Q}{\dfrac{\pi}{4} d_2^2} = \frac{2840/3600}{\dfrac{3.142 \times 0.25^2}{4}} = 16 m/s$$

故
$$H = p_{ls} + \gamma \frac{v_d^2}{2g} = \gamma \left(\lambda \frac{l + l_e}{d} \frac{v_d^2}{2g} + \sum \zeta \frac{v_d^2}{2g} \right) + \gamma \frac{v_d^2}{2g}$$

$$= \gamma \frac{v_d^2}{2g} \left(\lambda \frac{l + l_e}{d} + \sum \zeta + 1 \right)$$

$$= 11.76 \times \frac{16^2}{2 \times 9.8} \left(0.02 \frac{95 + 5}{0.25} + 2 \times 0.2 + 1 \right)$$

$$= 1143.84 N/m^2 = 147.33 mmH_2O$$

风机的风压为 $H(N \cdot m/m^3)$，每秒钟通过风机的气体体积为 $Q(m^3/s)$，每秒钟气体在风机中实际获得的能量，即有效功率为 $QH(N \cdot m/s)$，输入给风机的轴功率为 N。于是，风机的总效率：

$$\eta = \frac{QH}{N} \tag{7-31}$$

式中，$\eta = \eta_M \eta_V \eta_h$ 与式 (7-17) 的意义相同。

离心式通风机的总效率 η 最高的平均值在 $0.50 \sim 0.75$ 之间，最佳者可达 0.90。通风机叶轮的叶片有前弯、径向、后弯等三种形式。其总效率比较见表 7-2。

表 7-2 通风机三种叶轮特性比较表

叶轮形式	前弯型	径向型	后弯型
宽度直径比（b/D）	$0.5 \sim 0.6$	$0.35 \sim 0.45$	$0.25 \sim 0.45$
叶片数目	$16 \sim 20$	$6 \sim 8$	$8 \sim 12$
应用	通风等	工厂排气	空气调节等
效率（最大）	$0.55 \sim 0.60$	$0.60 \sim 0.70$	$0.75 \sim 0.90$

对于风量大、风压低的离心式通风机，采用前弯型的叶轮，可以缩小机器的尺寸并减轻重量，使结构紧凑。特别是叶轮进口与出口宽度相同且宽度也较大的离心式通风机，都

采用前弯型叶片。

7.2.2　离心式风机的性能与工况

与离心式泵的性能相类似，离心式风机也有 $H\text{-}Q$、$N\text{-}Q$、$\eta\text{-}Q$ 等性能曲线图，这些曲线的大致趋势与离心式泵的相近似。

通风机的工况点的确定与在离心式泵中所介绍的相同，只是通风机还可以在吸气管段用阀门调节，以改变风机的性能曲线。

7.2.3　离心式通风机的选择

选择离心式通风机，一般按下列步骤进行：

（1）确定生产中所需的风量 Q_t（若为风力输送，则根据输送量及混合比来确定），选择管路中的风速（风力输送则根据输送颗粒所需的悬浮速度来选择），再根据管路布置（长度、管径、走向、管件）计算出整个管路系统的阻力 $\sum h_1$，求得理论上所需的风压 H_{ca}。

（2）由于漏风、阻力计算误差的影响，确定实际所需的风量 Q 和风压 H，一般按下式考虑：

$$Q = (1.1 \sim 1.15)Q_t$$
$$H = 1.2H_{ca}$$

（3）对风量 Q 和风压 H 进行换算。因产品目录或说明书中所给出的风机性能曲线，一般是指吸气状态压强为 760mmHg、温度为 20℃ 时的情况。吸气状态压强 p、温度 t 不同，入口处空气的密度 ρ 也就不同，风压即有不同的值。设吸气压强 $p_0 = 760\text{mmHg}$，温度 $t_0 = 20℃$，密度为 ρ_0，风机性能曲线上的风量为 Q_0，风压为 H_0；当吸气状态的压强为 p，温度为 t，密度为 ρ 时，风机的风量为 Q'，风压为 H'，则：

$$Q' = Q_0$$

$$H' = \frac{\rho}{\rho_0}H_0 = \frac{pRT_0}{p_0RT}H_0$$

$$= \frac{p \times 293}{101325 \times (273 + t)}H_0$$

$$= \frac{pH_0}{345.819 \times (273 + t)} \tag{7-32}$$

式中，ρ、ρ_0 的单位为 kg/m^3，p、p_0、H、H_0 的单位为 N/m^2，气体常数 R 的单位为 $J/(kg \cdot K)$。

生产上所需的风量 Q 和风压 H，应分别等于 Q' 和 H'。若将实际所需的风压 H 按下式换算成性能曲线所给的状态下的值：

$$H_0' = \frac{1.2}{\gamma}H \tag{7-33}$$

则可直接利用产品说明书中的性能曲线。

（4）根据 Q 及 H' 从产品目录中的风机性能曲线或风机性能选择表，选择接近的值，并绘出管路特性曲线，试求其工况点，考虑其是否在高效率区。若满足不了要求，可考虑用改变风机转速的办法。

（5）确定所需电机的功率。

[**例题 7-5**] 为某工厂的化铁炉选择一台鼓风用的离心式通风机。需要的风量 $G_t =$ 178.4N/s，风压 $h = 4900$N/m²，通风机前后所接的吸气管道与排气管道的阻力损失分别为 $p_{ls} = 980$Pa，$p_{ld} = 1470$Pa。风机的吸气压强为 99298.5N/m²，吸气温度为 20℃，空气在吸气管与排气管中的流速相同。

[**解**] 按吸气条件，空气的密度与重度分别为：

$$\rho = \frac{p}{RT} = \frac{99298.5}{287 \times (273 + 20)} = 1.18 \text{kg/m}^3$$

$$\gamma = \rho g = 9.8 \times 1.18 = 11.56 \text{N/m}^3$$

化铁炉所需的体积风量为：

$$Q_t = \frac{G_t}{\gamma} = \frac{178.4}{11.56} = 15.4 \text{m}^3/\text{s}$$

所需的风压：

$$H_{ca} = h + p_{ls} + p_{ld} = 4900 + 980 + 1470 = 7350 \text{N/m}^2$$

考虑漏风等因素，实际的风量：

$$Q = 1.1Q_t = 1.1 \times 15.4 = 16.99 \approx 17.0 \text{m}^3/\text{s}$$

实际的风压：

$$H = 1.2H_{ca} = 1.2 \times 7350 = 8820 \text{N/m}^2$$

将此风压 H、风量 Q 分别折算成风机产品目录中的性能 H_0 与 Q_0，得：

$$Q = Q_0$$

即 $Q_0 = 17.0$m³/s $= 61200$m³/h 时，

$$H_0 = \frac{\rho_0}{\rho} H = \frac{1.293}{1.18} \times 8820 = 9664.63 \text{N/m}^2$$

根据此风量 $Q_0 = 61200$m³/s 时、风压 $H_0 = 9664.63$N/m²，在高压离心式通风机综合性能曲线图中查得，可选用 No12-9-27-2 型的双面进风的通风机，风机的转速为 1450r/min。再从产品目录中查出此型号风机的性能数据，选择接近的数值，判断是否在高效率区运转。

7.3 轴流式通风机

7.3.1 轴流式通风机的构造和工作原理

轴流式通风机的构造简图如图 7-9 所示。图中 3 为圆柱形机壳，1 为叶轮轮毂，2 为叶片，装在轮毂上构成叶轮置于机壳中；叶片扭成一定的角度。当动力机带动叶轮旋转时，气体由进口 4 流入。叶片与气体相互作用，气体因而获得能量，使动能与压力能增加，然后经由扩散器 5 流向出口。气体在通风机中沿轴向流动，所以这种通风机称为轴流式通风机。

气体在通风机中，当叶轮迅速转动时，叶片以轴向力作用于气体，使气体沿轴向运

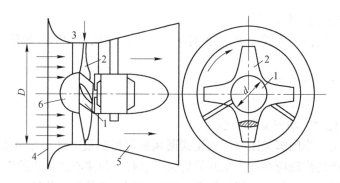

图 7-9 轴流式通风机简图

1—轮毂；2—叶片；3—机壳；4—进口；5—扩散器；6—导流罩

动。这与螺钉和螺帽的作用相似。叶轮可以看为螺钉，气体可以视为螺帽。因为叶轮（螺钉）只能旋转而不前进，于是气体（螺帽）便向前进。叶轮的能量就这样传递给气体而变成气体的动能。又因叶片排成的通道都是扩散形，气体的动能在通道中一部分转变为压力能。这种能量转换的结果，使通过风机的气体压强得到升高。

轴流式通风机的原理，是以机翼理论为基础的。假设一个圆筒形截面（圆筒的轴线与叶轮的轴线重合）将叶轮上的各叶片切断，然后再把此截面展开成平面，则各叶片的断面图将如图 7-10 所示。

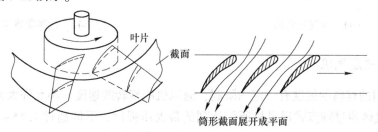

图 7-10 轴流式叶轮截面图的展开

气流流经叶片的速度三角形图，如图 7-11 所示。图中 v_1 与 v_2 分别为气体进入叶轮与离开叶轮的绝对速度；w_1 与 w_2 分别为气体在叶轮进口处与出口处沿叶片流动的相对速度；u_1 与 u_2 分别为气体在叶轮进口处与出口处的圆周切线速度；v_{2t} 为出口绝对速度 v_2 在圆周切线上的分量。轴流式风机的理论风压为：

$$H_t = \frac{\gamma}{g} u v_{2t} \quad (\mathrm{N/m^2}) \tag{7-34}$$

实际的风压为：

$$H = \eta_h H_t = \eta_h \frac{\gamma}{g} u v_{2t} \quad (\mathrm{N/m^2}) \tag{7-35}$$

式中　γ——气体的重度，$\mathrm{N/m^3}$；

η_h——风机的水力效率。

带动轴流式风机所需的轴功率为：

$$N = \frac{QH}{1000\eta} \quad (\mathrm{kW}) \tag{7-36}$$

式中 η ——轴流式通风机的总效率。

轴流式通风机的性能曲线如图 7-12 所示。与离心式风机比较，轴流式风机性能有如下的特点：

（1）性能 $H\text{-}Q$ 曲线较陡；

（2）风量减少，效率降低较快；

（3）风量变化时，功率变化较小。

从图可以看出，当闸阀关闭时，轴流式通风机可得到最大的风压并需要最大的功率。所以轴流式通风机的启动应在闸阀全开的情况下进行，与离心式风机的启动恰恰相反。

轴流式通风机的风量较大，但风压低，适于工厂、矿井及其他场合的通风换气之用。

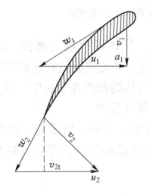
图 7-11 速度三角形

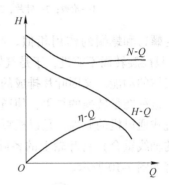
图 7-12 性能曲线图

7.3.2 轴流式压气机

因为使用的材料的强度有一定的限制，通风机的旋转线速度 u 不允许太大，一般不超过 80m/s，气体通过轴流式通风机所能达到的最大压强比，不能超过 1.15～1.2。为了更大地提高气体的压强比，轴流式风机常采用二级或多级压缩。

多级的轴流式风机称为轴流式鼓风机或压气机。这种机械，在轮毂上装置的叶片不是一列，而是几列，如图 7-13 所示。在每一列能随轮毂转动的叶片 2 之后，在机壳 1 上还装有一列固定叶片 3，称为导流叶片。每一列转动叶片和紧接其后的固定叶片称为一级。导流叶片的作用，是引导气流进入随后的一级。另一方面，由于这些叶片所组成的流道，也是扩散形，所以气流的动能同样可转换为压力能。有时，在这种机械的进口处，也装置一列固定叶片 4，称为进口导流叶片，以适应这种机械所需要的工作条件。

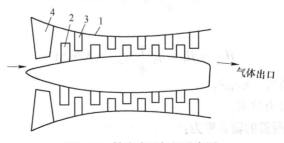
图 7-13 轴流式压气机示意图

1—机壳；2—叶片；3—导流叶片；4—进口导流叶片

因为气体在轴流式风机中流过时，基本上是沿轴向的，不像在离心式风机中有剧烈的方向变化；另一方面，轴流式风机叶轮的叶片剖面都是气动翼剖面，可按空气动力学的理论来计算，所以其效率比离心式风机的效率高；目前完善的轴流式压气机的内效率可高达90%以上。

轴流式风机的另一显著特点是风量很大。通风机的风量可达 $9 \times 10^5 \mathrm{m}^3 / \mathrm{h}$，压气机也可达 $1.8 \times 10^5 \mathrm{m}^3 / \mathrm{h}$ 或更大。但它们的体积都比较小，这是因为通道面积大而且压缩过程是在叶轮的高速旋转的情况下进行的。

轴流式压气机广泛应用于航空工业。

轴流式泵的工作原理、性能、构造情况等与轴流式风机相类似。

习 题 7

7-1 用泵输送重度 $\gamma = 11760 \mathrm{N} / \mathrm{m}^3$ 的盐水，流量为 $Q = 9000 \mathrm{L} / \mathrm{min}$。泵的出口直径为250mm，入口直径为300mm。出口与入口在同一水平面上，在入口处的真空度为150mmHg。泵出口处装有压力表，其中心高于泵出口中心1.2m，读数为1.4大气压。泵的效率为0.84，电动机输出的功率是多少千瓦？

7-2 一容器盛有重度 $\gamma = 8330 \mathrm{N} / \mathrm{m}^3$ 的汽油，容器底部开孔接直径流量为50mm的钢管，离心式泵由此钢管将汽油抽出，经直径为50mm的钢管送往油箱。容器中的液面高于泵的轴线1.2m，油箱中的液面高于泵的轴线30m。钢管的总长为38m，每小时输送汽油4546L，汽油的动力黏性系数为 0.8×10^{-3} Pa·s。若泵的总效率为0.80，电动机的输出功率应为多少？

7-3 在离心式泵的排液管上，以节流阀降低流量，可以减少气蚀危险；而在吸液管上节流却增加气蚀的危险。试说明其理由。

7-4 在直径为300mm的管路上，装有喉部直径为150mm的文丘里流量计。入口处压力表的读数为137.2kPa。假设管内是40℃的水，当喉部开始发生气蚀时，干管内水的流速是多少？

7-5 水泵的吸水管采用铸铁管，管长 $l = 8 \mathrm{m}$，直径 $d = 0.1 \mathrm{m}$，抽水量 $Q = 0.02 \mathrm{m}^3 / \mathrm{s}$，水泵的允许真空度 $[h_v] = 7.0 \mathrm{mH_2O}$，进口损失 $\zeta_{en} = 6.0$，弯头的损失系数 $\zeta_b = 0.53$，沿呈阻力系数 $\lambda = 0.032$。求水泵的最大安装高度 $[h_s]$。

7-6 简述选择离心式泵和离心式风机的一般步骤。

7-7 简述轴流式通风机的工作原理。

8 相似原理与量纲分析

实验既是发展理论的依据又是检验理论的准绳，解决科技问题往往离不开科学实验。在探讨流体运动的内在机理和物理本质方面，当根据不同问题提出研究方法、发展流体力学理论、解决各种工程实际问题时，都必须以科学实验为基础。

工程流体力学的实验主要有两种：一种是工程性的模型实验，目的在于预测即将建造的大型机械或水工结构上流体的流动情况；另一种是探索性的观察实验，目的在于寻找未知的流动规律。指导工程流体力学实验的理论基础是相似原理和量纲分析。

本章内容包括相似原理、量纲分析及其应用。要求理解力学相似、相似准则等概念，掌握近似模型法、π定理、量纲分析法的应用，重点掌握弗劳德模型法、雷诺模型法、欧拉模型法等3种近似模型法。

8.1 相似原理

8.1.1 力学相似的基本概念

为了能够在模型流动上表现出实物流动的主要现象和性能，也为了能够从模型流动上预测实物流动的结果，必须使模型流动和其相似的实物流动保持力学相似关系，所谓力学相似是指实物流动与模型流动在对应点上对应物理量都应该有一定的比例关系，具体地说力学相似应该包括三个方面。

（1）几何相似，即模型流动与实物流动有相似的边界形状，一切对应的线性尺寸成比例。

如果用下标为 p 的物理量符号表示实物流动，用下标为 m 的物理量符号表示模型流动，则长度比例尺 λ_l（也称线性比例尺）、面积比例尺 λ_A 和体积比例尺 λ_V 分别为：

$$\lambda_l = \frac{l_p}{l_m} \tag{8-1}$$

$$\lambda_A = \frac{A_p}{A_m} = \frac{l_p^2}{l_m^2} = \lambda_l^2 \tag{8-2}$$

$$\lambda_V = \frac{V_p}{V_m} = \frac{l_p^3}{l_m^3} = \lambda_l^3 \tag{8-3}$$

其中长度比例尺 λ_l 是几何相似的基本比例尺，面积比例尺 λ_A 和体积比例尺 λ_V 可由长度比例尺导出。长度 l 的量纲是 L，面积 A 的量纲是 L^2，体积 V 的量纲是 L^3。

（2）运动相似，即实物流动与模型流动的流线应该几何相似，而且对应点上的速度成比例。因此，速度比例尺：

$$\lambda_v = \frac{v_\text{p}}{v_\text{m}} \tag{8-4}$$

是力学相似的又一个基本比例尺，其他运动学的比例尺可以按照物理量的定义或量纲由 λ_l 及 λ_v 来确定。

时间比例尺：

$$\lambda_t = \frac{t_\text{p}}{t_\text{m}} = \frac{l_\text{p}/v_\text{p}}{l_\text{m}/v_\text{m}} = \frac{\lambda_l}{\lambda_v} \tag{8-5}$$

加速度比例尺：

$$\lambda_a = \frac{a_\text{p}}{a_\text{m}} = \frac{v_\text{p}/t_\text{p}}{v_\text{m}/t_\text{m}} = \frac{\lambda_v}{\lambda_t} = \frac{\lambda_v^2}{\lambda_l} \tag{8-6}$$

流量比例尺：

$$\lambda_Q = \frac{Q_\text{p}}{Q_\text{m}} = \frac{l_\text{p}^3/t_\text{p}}{l_\text{m}^3/t_\text{m}} = \frac{\lambda_l^3}{\lambda_t} = \lambda_l^2 \lambda_v \tag{8-7}$$

（3）动力相似，即实物流动与模型流动应该受同种外力作用，而且对应点上的对应力成比例。

密度比例尺：

$$\lambda_\rho = \frac{\rho_\text{p}}{\rho_\text{m}} \tag{8-8}$$

是力学相似的第三个基本比例尺，其他动力学的比例尺均可按照物理量的定义或量纲由 λ_ρ、λ_l 及 λ_v 来确定。

质量比例尺：

$$\lambda_m = \frac{m_\text{p}}{m_\text{m}} = \frac{\rho_\text{p} V_\text{p}}{\rho_\text{m} V_\text{m}} = \lambda_\rho \lambda_l^3 \tag{8-9}$$

力的比例尺：

$$\lambda_F = \frac{F_\text{p}}{F_\text{m}} = \frac{m_\text{p} a_\text{p}}{m_\text{m} a_\text{m}} = \lambda_m \lambda_a = \lambda_\rho \lambda_l^2 \lambda_v^2 \tag{8-10}$$

压强（应力）比例尺：

$$\lambda_p = \frac{F_\text{p}/A_\text{p}}{F_\text{m}/A_\text{m}} = \frac{\lambda_F}{\lambda_A} = \lambda_\rho \lambda_v^2 \tag{8-11}$$

值得注意的是，无量纲系数的比例尺：

$$\lambda_C = 1 \tag{8-12}$$

即在相似的实物流动与模型流动之间存在着一切无量纲系数皆对应相等的关系，这提供了在模型流动上测定实物流动中的流速系数、流量系数、阻力系数等的可能性。

此外，由于模型和实物大多处于同样的地心引力范围，故单位质量重力（或重力加速度）g 的比例尺 λ_g 一般等于 1，即：

$$\lambda_g = \frac{g_\text{p}}{g_\text{m}} = 1 \tag{8-13}$$

所有这些力学相似的比例尺均列在表 8-1 的 "力学相似" 栏中，基本比例尺 λ_l、λ_v、

λ_ρ 是各自独立的，基本比例尺确定之后，其他一切物理量的比例尺都可以确定，模型流动与实物流动之间一切物理量的换算关系也就都确定了。

8.1.2 相似准则

模型流动与实物流动如果力学相似，则必然存在着许许多多的比例尺，但是我们却不可能也不必要用一一检查比例尺的方法去判断两个流动是否力学相似，因为这样是不胜其烦的，判断相似的标准是相似准则。

设模型流动符合不可压缩流体的运动微分方程式，其 x 方向的投影为：

$$X - \frac{1}{\rho}\frac{\partial p}{\partial x} + \nu\nabla^2 u_x = \frac{\mathrm{d}u_x}{\mathrm{d}t} \tag{8-14}$$

则与其力学相似的实物流动中各物理量必与模型流动中各物理量存在一定的比例尺关系，故实物流动的运动方程式可以表示为：

$$\lambda_g X - \frac{\lambda_p}{\lambda_\rho\lambda_l}\frac{1}{\rho}\frac{\partial p}{\partial x} + \frac{\lambda_\nu\lambda_v}{\lambda_l^2}\nu\nabla^2 u_x = \frac{\lambda_v^2}{\lambda_l}\frac{\mathrm{d}u_x}{\mathrm{d}t} \tag{8-15}$$

我们知道 N-S 方程式中的所有各项都具有加速度的量纲 LT^{-2}，故上式每一项前面的比例尺都是加速度的比例尺，它们应该是相等的，即：

$$\lambda_g = \frac{\lambda_p}{\lambda_\rho\lambda_l} = \frac{\lambda_\nu\lambda_v}{\lambda_l^2} = \frac{\lambda_v^2}{\lambda_l} \tag{8-16}$$

由式（8-14）及式（8-15）可以看出，式（8-16）中的四项都有确定的物理意义，它们分别代表实物流动与模型流动中，作用在单位质量流体上的质量力之比、压力之比、黏性力之比与惯性力之比。

用式（8-16）中的前三项分别去除第四项，则可写出下列三个等式：

（1）
$$\frac{\lambda_v^2}{\lambda_g\lambda_l} = 1 \tag{8-17}$$

或
$$\frac{v_\mathrm{p}^2}{g_\mathrm{p}l_\mathrm{p}} = \frac{v_\mathrm{m}^2}{g_\mathrm{m}l_\mathrm{m}} \tag{8-18}$$

式中，$\dfrac{v^2}{gl} = Fr$ 称为弗劳德（Froude）数，它代表惯性力与重力之比。

（2）
$$\frac{\lambda_\rho\lambda_v^2}{\lambda_p} = 1 \quad 或 \quad \frac{\lambda_p}{\lambda_\rho\lambda_v^2} = 1 \tag{8-19}$$

即
$$\frac{p_\mathrm{p}}{\rho_\mathrm{p}v_\mathrm{p}^2} = \frac{p_\mathrm{m}}{\rho_\mathrm{m}v_\mathrm{m}^2} \tag{8-20}$$

式中，$\dfrac{p}{\rho v^2} = Eu$ 称为欧拉（Euler）数，它代表压力与惯性力之比。

（3）
$$\frac{\lambda_v\lambda_l}{\lambda_\nu} = 1 \tag{8-21}$$

或
$$\frac{v_\mathrm{p}l_\mathrm{p}}{\nu_\mathrm{p}} = \frac{v_\mathrm{m}l_\mathrm{m}}{\nu_\mathrm{m}} \tag{8-22}$$

式中，$\dfrac{vl}{\nu} = Re$ 称为雷诺（Reynold）数，它代表惯性力与黏性力之比。

总结以上可见，如果两个流动力学相似，则它们的弗劳德数、欧拉数、雷诺数必须各自相等。于是

$$\begin{cases} Fr_p = Fr_m \\ Eu_p = Eu_m \\ Re_p = Re_m \end{cases} \tag{8-23}$$

称为不可压缩流体定常流动的力学相似准则。据此判断两个流动是否相似，显然比一一检查比例尺要方便得多。

相似准则不但是判断相似的标准，而且也是设计模型的准则，因为满足相似准则实质上意味着相似比例尺之间保持下列三个互相制约的关系

$$\begin{cases} \lambda_v^2 = \lambda_g \lambda_l \\ \lambda_p = \lambda_\rho \lambda_v^2 \\ \lambda_\nu = \lambda_l \lambda_v \end{cases} \tag{8-24}$$

设计模型时，所选择的三个基本比例尺 λ_l、λ_v、λ_ρ 如果能满足这三个制约关系，当然模型流动与实物流动是完全力学相似的。但这是有困难的，因为，如前所述一般单位质量力的比例尺 $\lambda_g = 1$，于是从式（8-24）的第一式可得：

$$\lambda_v = \lambda_l^{\frac{1}{2}} \tag{8-25}$$

从式（8-24）的第三式可得：

$$\lambda_v = \frac{\lambda_\nu}{\lambda_l} \tag{8-26}$$

因此

$$\lambda_\nu = \lambda_l^{\frac{3}{2}} \tag{8-27}$$

模型可大可小，即线性比例尺是可以任意选择的，但流体运动黏度的比例尺 λ_ν 要保持 $\lambda_l^{\frac{3}{2}}$ 的数值就不容易了。工程上固然有办法配制各种黏度的流体（如用不同百分比的甘油水溶液等），但用这种化学性质不稳定而又昂贵的流体作为模型流体是并不合适的。模型实验一般用水和空气作为工作介质者居多，如水洞、水工试验池、风洞等等。模型流体的黏度通常不能满足式（8-27）的要求。

一般情况下，模型与实物流动中的流体往往就是同一种介质（例如，航空器械往往在风洞中实验，水工模型往往用水做实验，液压元件往往就用工作油液实验），此时 $\lambda_\nu = 1$，于是由式（8-24）的第一式可得：

$$\lambda_v = \lambda_l^{\frac{1}{2}} \tag{8-28}$$

由式（8-24）的第三式可得：

$$\lambda_v = \frac{1}{\lambda_l} \tag{8-29}$$

显然速度比例尺绝对不可能使两者同时满足，除非 $\lambda_l = 1$，但这又不是模型而是原型实验了。

由于比例尺制约关系的限制，同时满足弗劳德准则和雷诺准则是困难的，因而一般模

型实验难于实现全面的力学相似。欧拉准则与上述两个准则并无矛盾，因此如果放弃弗劳德准则和雷诺准则，或者放弃其一，那么选择基本比例尺就不会遇到困难。这种不能保证全面力学相似的模型设计方法叫做近似模型法。

8.1.3 近似模型法

近似模型法也不是没有科学根据的，弗劳德数代表惯性力与重力之比，雷诺数代表惯性力与黏性力之比，这三种力在一个具体问题上不一定具有同等的重要性，只要能针对所要研究的具体问题，保证它在主要方面不致失真，而有意识地摒弃与问题本质无关的次要因素，不仅无碍于实际问题的研究，而且从突出主要矛盾来说甚至是有益的。

近似模型法有如下三种：

（1）弗劳德模型法。在水利工程及明渠无压流动中，处于主要地位的力是重力。用水位落差形式表现的重力是支配流动的原因，用静水压力表现的重力是水工结构中的主要矛盾。黏性力有时不起作用，有时作用不太显著，因此弗劳德模型法的主要相似准则是：

$$\frac{v_p^2}{g_p l_p} = \frac{v_m^2}{g_m l_m}$$

一般模型流动与实物流动中的重力加速度是相同的，于是：

$$\frac{v_p^2}{l_p} = \frac{v_m^2}{l_m} \tag{8-30}$$

或 $$\lambda_v = \lambda_l^{\frac{1}{2}} \tag{8-31}$$

此式说明在弗劳德模型法中，速度比例尺可以不再作为需要选取的基本比例尺。将式（8-30）代入式（8-1）~式（8-13）的有关公式中，则可得出各物理量的比例尺与基本比例尺 λ_l、λ_ρ 的关系（列于表 8-1 的"重力相似"栏中）。

弗劳德模型法在水利工程上应用甚广，大型水利工程设计必须首先经过模型实验的论证而后方可投入施工。

（2）雷诺模型法。管中有压流动是在压差作用下克服管道摩擦而产生的流动，黏性力决定压差的大小，也决定管内流动的性质，此时重力是无足轻重的次要因素，因此雷诺模型法的主要准则是：

$$\frac{v_p l_p}{\nu_p} = \frac{v_m l_m}{\nu_m} \tag{8-32}$$

或 $$\lambda_v = \frac{\lambda_\nu}{\lambda_l} \tag{8-33}$$

这说明速度比例尺 λ_v 依变于线性比例尺 λ_l 和运动黏度比例尺 λ_ν。将此式代入式（8-1）~式（8-13）的有关公式中即可得出各物理量的比例尺与基本比例尺 λ_l、λ_ν、λ_ρ 的关系（列于表 8-1 的"黏性力相似"栏中）。

雷诺模型法的应用范围也很广泛，管道流动、液压技术、水力机械等方面的模型实验多数采用雷诺模型法。

表 8-1　力学相似及近似模型法的比例尺

模型法	力学相似	重力相似 弗劳德模型法	黏性力相似 雷诺模型法	压力相似 欧拉模型法
相似准则	$Fr_p = Fr_m$ $Re_p = Re_m$ $Eu_p = Eu_m$	$\dfrac{v_p^2}{g_p l_p} = \dfrac{v_m^2}{g_m l_m}$	$\dfrac{v_p l_p}{\nu_p} = \dfrac{v_m l_m}{\nu_m}$	$\dfrac{p_p}{\rho_p v_p^2} = \dfrac{p_m}{\rho_m v_m^2}$
比例尺的制约关系	$\lambda_l \lambda_v \lambda_\rho$	$\lambda_v = \lambda_l^{\frac{1}{2}}$	$\lambda_v = \dfrac{\lambda_\nu}{\lambda_l}$	$\lambda_p = \lambda_\rho \lambda_v^2$
线性比例尺 λ_l	基本比例尺	基本比例尺	基本比例尺	基本比例尺
面积比例尺 λ_A	λ_l^2	λ_l^2	λ_l^2	λ_l^2
体积比例尺 λ_V	λ_l^3	λ_l^3	λ_l^3	λ_l^3
速度比例尺 λ_v	基本比例尺	$\lambda_l^{\frac{1}{2}}$	$\dfrac{\lambda_\nu}{\lambda_l}$	基本比例尺
时间比例尺 λ_t	$\dfrac{\lambda_l}{\lambda_v}$	$\lambda_l^{\frac{1}{2}}$	$\dfrac{\lambda_l^2}{\lambda_\nu}$	$\dfrac{\lambda_l}{\lambda_v}$
加速度比例尺 λ_a	$\dfrac{\lambda_v^2}{\lambda_l}$	1	$\dfrac{\lambda_\nu^2}{\lambda_l^3}$	$\dfrac{\lambda_v^2}{\lambda_l}$
流量比例尺 λ_Q	$\lambda_l^2 \lambda_v$	$\lambda_l^{\frac{5}{2}}$	$\lambda_\nu \lambda_l$	$\lambda_l^2 \lambda_v$
运动黏度比例尺 λ_ν	$\lambda_l \lambda_v$	$\lambda_l^{\frac{3}{2}}$	基本比例尺	$\lambda_l \lambda_v$
角速度比例尺 λ_ω	$\dfrac{\lambda_v}{\lambda_l}$	$\lambda_l^{-\frac{1}{2}}$	$\dfrac{\lambda_\nu}{\lambda_l^2}$	$\dfrac{\lambda_v}{\lambda_l}$
密度比例尺 λ_ρ	基本比例尺	基本比例尺	基本比例尺	基本比例尺
质量比例尺 λ_m	$\lambda_\rho \lambda_l^3$	$\lambda_\rho \lambda_l^3$	$\lambda_\rho \lambda_l^3$	$\lambda_\rho \lambda_l^3$
力的比例尺 λ_F	$\lambda_\rho \lambda_l^2 \lambda_v^2$	$\lambda_\rho \lambda_l^3$	$\lambda_\rho \lambda_\nu^2$	$\lambda_\rho \lambda_l^2 \lambda_v^2$
力矩比例尺 λ_M	$\lambda_\rho \lambda_l^3 \lambda_v^2$	$\lambda_\rho \lambda_l^4$	$\lambda_\rho \lambda_l \lambda_\nu^2$	$\lambda_\rho \lambda_l^3 \lambda_v^2$
功、能的比例尺 λ_E	$\lambda_\rho \lambda_l^3 \lambda_v^2$	$\lambda_\rho \lambda_l^4$	$\lambda_\rho \lambda_l \lambda_\nu^2$	$\lambda_\rho \lambda_l^3 \lambda_v^2$
压强（应力）比例尺 λ_p	$\lambda_\rho \lambda_v^2$	$\lambda_\rho \lambda_l$	$\dfrac{\lambda_\rho \lambda_\nu^2}{\lambda_l^2}$	$\lambda_\rho \lambda_v^2$
动力黏度比例尺 λ_μ	$\lambda_\rho \lambda_l \lambda_v$	$\lambda_\rho \lambda_l^{\frac{3}{2}}$	$\lambda_\rho \lambda_\nu$	$\lambda_\rho \lambda_l \lambda_v$
功率比例尺 λ_P	$\lambda_\rho \lambda_l^2 \lambda_v^3$	$\lambda_\rho \lambda_l^{\frac{7}{2}}$	$\dfrac{\lambda_\rho \lambda_\nu^3}{\lambda_l}$	$\lambda_\rho \lambda_l^2 \lambda_v^3$
单位质量力比例尺 λ_g	1	1	1	1
无量纲系数比例尺 λ_C	1	1	1	1
适用范围	原理论证；自模区的管流等	水工结构，明渠水流，波浪阻力，闸孔出流等	管中流动，液压技术，孔口出流，水力机械等	自动模型区的管流，风洞实验，气体绕流等

（3）欧拉模型法。在第4章中介绍了黏性流动的一种特殊现象，当雷诺数增大到一定界限之后，惯性力与黏性力之比也大到一定程度，黏性力的影响相对减弱，此时继续提高雷诺数，便不再对流动现象和流动性能产生质和量的影响，此时尽管雷诺数不同，但黏

性效果却是一样的。这种现象叫做自动模型化，产生这种现象的雷诺数范围叫做自动模型区，雷诺数处在自动模型区时，雷诺准则失去判别相似的作用。这也就是说，研究雷诺数处于自动模型区时的黏性流动不满足雷诺准则也会自动出现黏性力相似。因此设计模型时，黏性力的影响不必考虑了；如果是管中流动，或者是气体流动，其重力的影响也不必考虑；这样我们只需考虑代表压力和惯性力之比的欧拉准则就可以了。事实上欧拉准则的比例尺制约关系 $\lambda_p = \lambda_\rho \lambda_v^2$ 就是全面力学相似中的压强比例尺式（8-11），这说明需要独立选取的基本比例尺仍然是 λ_l、λ_v、λ_ρ，于是按欧拉准则设计模型实验时，其他物理量的比例尺与力学相似的诸比例尺是完全一致的。

欧拉模型法用于自动模型区的管中流动、风洞实验及气体绕流等情况。

[例题 8-1] 图 8-1 表示深为 $H = 4\text{m}$ 的水在弧形闸门下的流动。

(1) 试求 $\lambda_\rho = 1$，$\lambda_l = 10$ 的模型上的水深 H'。

(2) 在模型上测得流量 $Q_m = 155\text{L/s}$，收缩断面的速度 $v_m = 1.3\text{m/s}$，作用在闸门上的力 $F_m = 50\text{N}$，力矩 $M_m = 70\text{N}\cdot\text{m}$。试求实物流动上的流量、收缩断面上的速度、作用在闸门上的力和力矩。

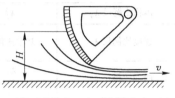

图 8-1 弧形闸门

[解] 闸门下的水流是在重力作用下的流动，因而模型应该是按照弗劳德模型法设计，其比例尺可由表 8-1 查得。

(1) 模型水深

$$H' = \frac{H}{\lambda_l} = \frac{4}{10} = 0.4\text{m}$$

(2) 实物上的流量

$$Q_p = \lambda_Q Q_m = \lambda_l^{\frac{5}{2}} Q_m = 10^{\frac{5}{2}} \times 0.155 = 49\text{m}^3/\text{s}$$

实物收缩断面上的速度

$$v_p = \lambda_v v_m = \lambda_l^{\frac{1}{2}} v_m = \sqrt{10} \times 1.3 = 4.11\text{m/s}$$

实物闸门上的力

$$F_p = \lambda_F F_m = \lambda_\rho \lambda_l^3 F_m = 1 \times 10^3 \times 50 = 5 \times 10^4\text{N}$$

实物闸门上的力矩

$$M_p = \lambda_M M_m = \lambda_\rho \lambda_l^4 M_m = 1 \times 10^4 \times 75 = 7.5 \times 10^5\text{N}\cdot\text{m}$$

[例题 8-2] 有一直径为 15cm 的输油管，管长 5m，管中通过流量为 $0.2\text{m}^3/\text{s}$ 的油，现在改用水来做实验，模型管径和原型一样，原型中油的黏性系数 $\nu = 0.13\text{cm}^2/\text{s}$，模型中的水温为 10℃，问模型中水的流量为若干才能达到相似？若测得 5m 长的模型管段的压差水头为 3cm，试问在原型输油管中 100m 的管段长度上压差水头为多少？（用油柱高表示）

[解] (1) 输油管中流动的主要作用力是黏性力，所以黏性力相似就是两种流动的雷诺数应该相等，即 $Re_p = Re_m$，由此得流量比例尺 $\lambda_Q = \lambda_\nu \lambda_l$。

已知油的 $\nu_p = 0.13\text{cm}^2/\text{s}$，查表得 10℃水的黏性系数 $\nu_m = 0.0131\text{cm}^2/\text{s}$，所以

$$\lambda_\nu = \frac{\lambda_p}{\lambda_m} = \frac{0.13}{0.0131} \approx 10.0$$

$$Q_m = \frac{Q_p}{\lambda_Q} = \frac{Q_p}{\lambda_v \lambda_l} = \frac{0.2}{10 \times 1} = 0.02 \text{m}^3/\text{s}$$

（2）要使黏性力为主的管流得到模型与原型在压强上的相似，就要保证两种流动中压力与黏性力成一定的比例，即要同时保证黏性力相似和压力相似，实验模型应该按照雷诺模型法和欧拉模型法设计，此时

$$\lambda_p = \frac{\lambda_\rho \lambda_v^2}{\lambda_l^2} = \frac{\lambda_\rho \lambda_l^2 \lambda_v^2}{\lambda_l^2} = \lambda_\rho \lambda_v^2$$

因 $\lambda_\gamma = \lambda_\rho \lambda_g$，则原型压强用油柱表示为：

$$h_p = \left(\frac{\Delta p}{\gamma}\right)_p = h_m \lambda_p / \lambda_\gamma = h_m \lambda_v^2 / \lambda_g \lambda_l^2$$

又 $\lambda_g = 1$，$\lambda_l = 1$，所以若 5m 长模型管段的压差水头为 0.03m 时，原型中的压差（油柱高）为：

$$h_p = 0.03 \times (0.13/0.0131)^2/1 = 2.95 \text{m}$$

原型输油管中 100m 的管段长度上压差水头（油柱高）为：

$$2.95 \times 100/5 = 59 \text{m}$$

8.2 量纲分析及其应用

在流体力学及其他许多科学领域中都会遇到这样的情况：根据分析判断可以知道若干个物理量之间存在着函数关系，或者说其中一个物理量 N 受其余物理量 $n_i(i=1\sim k)$ 的影响，但是由于情况复杂，运用已有的理论方法尚不能确定出准确描述这种变化过程的方程式，这时揭示这若干个物理量之间函数关系的唯一方法就是科学实验。

如果用依次改变每个自变量的方法实验，显然对于多种影响因素的情况来说是不适宜的。为了合理地选择实验变量，同时又能使实验结果具有普遍使用价值，一般需要将物理量之间的函数式转化为无量纲数之间的函数式。用无量纲数之间的函数式所表达的实验曲线具有更普遍的使用价值。如何确定实验中的无量纲数需要量纲分析的知识。

8.2.1 量纲分析

在流体力学中需要进行实验研究的物理规律很多。例如能量损失、阻力、升力、推进力的公式等等。影响这些物理规律的因素那就更多，例如，流体的黏度、压强、温度、重力加速度、弹性模量、流量、表面粗糙度、线性尺寸、管道直径、流体速度、密度等等。

假定用函数

$$N = f(n_1, n_2, n_3, \cdots, n_i, \cdots, n_k) \tag{8-34}$$

表示一个需要研究的物理规律，在一定单位制下，这 $k+1$ 物理量都有一定的单位和数值。使用的单位制不同（如国际制、工程制、英制等），物理量的单位和数值也不同，但物理规律是客观存在的，它与单位制的选择无关。

现在不取通常所用的长度、时间、质量（或力）为基本单位，而是取对所研究的问题有重大影响的几个物理量，例如取 n_1、n_2、n_3 作为基本单位。当然这种特殊的 n_1、n_2、n_3 单位制也必须满足两点要求：（1）基本单位应该是各自独立的；（2）利用这几个基本

单位应该能够导出其他所需要的一切物理量的单位。由于研究问题各不相同，对每种问题起重大影响的因素自然也不同，满足上述两点要求的基本单位可以有很多种组合形式。

例如研究水头损失及流动阻力等问题时，其影响因素常离不开线性尺寸 l、流体运动速度 v 及流体密度 ρ 这样三个基本物理量。这三个物理量分别具有几何学、运动学和动力学的特征，它们各自独立，而且也足以导出其他任何物理量的单位。因而以 $n_1=l$，$n_2=v$，$n_3=\rho$ 就可以组成一组特殊单位制。

当研究其他问题时，可令 n_1、n_2、n_3 分别代表另外三个有重大影响而又满足上述两点要求的基本物理量。在 n_1、n_2、n_3 单位制下，每一种物理量都应该有一定的单位和数值。因而式（8-34）中的物理量都可以表示成这三个基本单位的一定幂次组合（即新的单位）与一个无量纲数的乘积，即：

$$\begin{cases} N = \pi n_1^x n_2^y n_3^z \\ n_i = \pi_i n_1^{x_i} n_2^{y_i} n_3^{z_i} \end{cases} \tag{8-35}$$

式中无量纲数：

$$\begin{cases} \pi = \dfrac{N}{n_1^x n_2^y n_3^z} \\[3mm] \pi_i = \dfrac{n_i}{n_1^{x_i} n_2^{y_i} n_3^{z_i}} \end{cases} \tag{8-36}$$

就是物理量 N 与 n_i 在 n_1、n_2、n_3 基本单位制下的数值，或者说在新的单位制下 N 与 n_i 的数值各自变小了 $n_1^x n_2^y n_3^z$ 与 $n_1^{x_i} n_2^{y_i} n_3^{z_i}$ 倍。因而在 n_1、n_2、n_3 基本单位制下式（8-34）的规律仍然不变，只是各物理量的数值有所改变。于是式（8-34）可以写成：

$$\frac{N}{n_1^x n_2^y n_3^z} = f\left(\frac{n_1}{n_1^{x_1} n_2^{y_1} n_3^{z_1}}, \ \frac{n_2}{n_1^{x_2} n_2^{y_2} n_3^{z_2}}, \ \frac{n_3}{n_1^{x_3} n_2^{y_3} n_3^{z_3}}, \ \cdots, \ \frac{n_i}{n_1^{x_i} n_2^{y_i} n_3^{z_i}}, \ \cdots, \ \frac{n_k}{n_1^{x_k} n_2^{y_k} n_3^{z_k}} \right) \tag{8-37}$$

从右端前三项不难看出，其分母上的乘幂为：

$$\begin{cases} x_1 = 1 & y_1 = z_1 = 0 \\ y_2 = 1 & x_2 = z_2 = 0 \\ z_3 = 1 & x_3 = y_3 = 0 \end{cases}$$

根据式（8-36）可得 $\pi_1 = \pi_2 = \pi_3 = 1$，于是

$$\pi = f(1, \ 1, \ 1, \ \pi_4, \ \pi_5, \ \cdots, \ \pi_i, \ \cdots, \ \pi_k)$$

或　　　　　　　$$\pi = f(\pi_4, \ \pi_5, \ \cdots, \ \pi_i, \ \cdots, \ \pi_k) \tag{8-38}$$

这样，运用选择新基本单位的办法，可使原来 $k+1$ 个有量纲的物理量之间的函数式（8-34）变成 $k+1-3$ 个即 $k-2$ 个无量纲数之间的函数式（8-38），这就是泊金汉（E. Buckingham）定理，因为经常用 π 表示无量纲数，故又简称 π 定理。

π 定理只是说明了物理量函数式怎样转化为无量纲数的函数式，无量纲数的具体确定则要用量纲分析的方法。因为 π 是无量纲数，因而式（8-36）右端分子分母的量纲必须相同，对每个物理量 n_i 列出其分子分母量纲（L，T，M）的幂次方程，联立求解，即可得出分母上的乘幂 x_i，y_i，z_i，这样逐个分析即可确定出式（8-38）中所有无量纲数，用这种自变量个数已经减少三个的无量纲函数式安排实验和整理实验结果要比用原来的物理

量函数式方便得多。

8.2.2 量纲分析法的应用

[**例题 8-3**] 根据实验观测，管中流动由于沿程摩擦而造成的压强差 Δp 与下列因素有关：管路直径 d、管中平均速度 v、流体密度 ρ、流体动力黏度 μ、管路长度 l、管壁的粗糙度 Δ，试求水管中流动的沿程水头损失。

[**解**] 根据题意知

$$\Delta p = f(d, \ v, \ \rho, \ \mu, \ l, \ \Delta)$$

选择 d、v、ρ 作为基本单位，它们符合基本单位制的两点要求，于是

$$\pi = \frac{\Delta p}{d^x v^y \rho^z}, \ \pi_4 = \frac{\mu}{d^{x_4} v^{y_4} \rho^{z_4}}, \ \pi_5 = \frac{l}{d^{x_5} v^{y_5} \rho^{z_5}}, \ \pi_6 = \frac{\Delta}{d^{x_6} v^{y_6} \rho^{z_6}}$$

各物理量的量纲如下：

物理量	d	v	ρ	Δp	μ	l	Δ
量纲	L	LT^{-1}	ML^{-3}	$ML^{-1}T^{-2}$	$ML^{-1}T^{-1}$	L	L

首先分析 Δp 的量纲，因为分子分母的量纲应该相同，所以

$$ML^{-1}T^{-2} = L^x(LT^{-1})^y(ML^{-3})^z = M^z L^{x+y-3z} T^{-y}$$

由此解得： $\qquad z = 1, \ y = 2, \ x = 0$

所以 $$\pi = \frac{\Delta p}{v^2 \rho}$$

其次再分析 μ 的量纲，同理有：

$$ML^{-1}T^{-1} = L^{x_4}(LT^{-1})^{y_4}(ML^{-3})^{z_4} = M^{z_4} L^{x_4+y_4-3z_4} T^{-y_4}$$

由此解得： $\qquad z_4 = 1, \ y_4 = 1, \ x_4 = 1$

所以 $$\pi_4 = \frac{\mu}{dv\rho}$$

同理可得： $$\pi_5 = \frac{l}{d}, \ \pi_6 = \frac{\Delta}{d}$$

将所有 π 值代入式（8-38）可得：

$$\frac{\Delta p}{v^2 \rho} = f\left(\frac{\mu}{dv\rho}, \ \frac{l}{d}, \ \frac{\Delta}{d}\right)$$

因为管中流动的水头损失 $h_f = \dfrac{\Delta p}{\rho g}$，令 $Re = \dfrac{vd}{\nu} = \dfrac{vd\rho}{\mu}$，则

$$h_f = \frac{\Delta p}{\rho g} = \frac{v^2}{g} f\left(\frac{1}{Re}, \ \frac{l}{d}, \ \frac{\Delta}{d}\right)$$

从第 3 章可知沿程损失与管长 l 成正比，与管径 d 成反比，故 $\dfrac{l}{d}$ 可从函数符号中提出。另外，Re 与其倒数在函数中是等价的，将右式分母乘 2 也不影响公式的结构，故最后公式可写成：

$$h_f = f\left(Re, \frac{\Delta}{d}\right)\frac{l}{d}\frac{v^2}{2g} = \lambda \frac{l}{d}\frac{v^2}{2g}$$

上式就是计算管路沿程阻力损失的达西公式，沿程阻力系数 λ 只由雷诺数和管壁的相对粗糙度决定，在实验中只要改变这两个自变量即可得出 λ 的变化规律。本例用量纲分析法得到了达西公式，可见量纲分析法在解决未知规律和指导实验方面有巨大作用。

[**例题 8-4**]　用孔板测流量。管路直径为 D，孔的直径为 d，流体的密度为 ρ，运动黏性系数为 ν，流体经过孔板的速度为 v，孔板前后的压强差为 Δp。用量纲分析法导出流量 Q 的表达式。

[**解**]　根据题意知

$$Q = f(D, d, \nu, v, \rho, \Delta p) = f(d, v, \rho, D, \nu, \Delta p)$$

选择孔的直径 d、流体速度 v、流体密度 ρ 作为基本单位，它们符合基本单位制的两点要求，于是

$$\pi = \frac{Q}{d^x v^y \rho^z}, \quad \pi_4 = \frac{D}{d^{x_4} v^{y_4} \rho^{z_4}}, \quad \pi_5 = \frac{\nu}{d^{x_5} v^{y_5} \rho^{z_5}}, \quad \pi_6 = \frac{\Delta p}{d^{x_6} v^{y_6} \rho^{z_6}}$$

各物理量的量纲如下：

物理量	d	v	ρ	Q	D	ν	Δp
量纲	L	LT^{-1}	ML^{-3}	L^3T^{-1}	L	L^2T^{-1}	$ML^{-1}T^{-2}$

首先分析 Q 的量纲，因为分子分母的量纲应该相同，所以

$$L^3T^{-1} = L^x(LT^{-1})^y(ML^{-3})^z = M^z L^{x+y-3z}T^{-y}$$

由此解得：
$$z = 0, \quad y = 1, \quad x = 2$$

所以
$$\pi = \frac{Q}{d^2 v}$$

同理可得：
$$\pi_4 = \frac{D}{d}, \quad \pi_5 = \frac{\nu}{dv}, \quad \pi_6 = \frac{\Delta p}{\rho v^2}$$

将所有 π 值代入式（8-38）可得：

$$\frac{Q}{d^2 v} = f\left(\frac{D}{d}, \frac{\nu}{dv}, \frac{\Delta p}{\rho v^2}\right)$$

式中，$\frac{vd}{\nu}$ 是雷诺数；Δp 与 v 是相互关联的，v 可以用 $\sqrt{\dfrac{\Delta p}{\rho}}$ 代换，而将 $\dfrac{\Delta p}{\rho v^2}$ 消去；$\dfrac{Q}{d^2 v}$ 与 $Q\bigg/\left(d^2\sqrt{\dfrac{\Delta p}{\rho}}\right)$ 相等，是孔板流量系数 μ 的定义。所以上式可以写成：

$$\frac{Q}{d^2 v} = \varphi\left(Re, \frac{D}{d}\right) \quad \text{或} \quad Q = \varphi\left(Re, \frac{D}{d}\right)d^2 v$$

即孔板的流量系数 μ 是管径对孔径比 D/d 和雷诺数 Re 的函数。根据这种关系，通过实验，以取得的雷诺数 Re 值为横坐标，流量系数 μ 值为纵坐标，以直径比 D/d 为附加参数，可以画出 μ 对 Re 的线图。图 8-2 表示不同 D/d 值的孔板流量计在各种 Re 值时的流量系数 μ 之值。

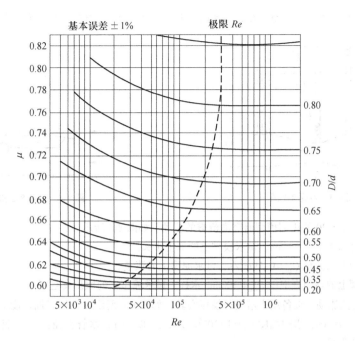

图 8-2 孔板流量计的流量系数 μ

上述两例说明了量纲分析法在解决未知函数规律上的作用，不过需要注意的是，使用量纲分析法首先要列出关系式 $N=f(n_1, n_2, n_3, \cdots, n_i, \cdots, n_k)$，式中的影响因素既要可靠又要全面。从影响因素中选取基本单位时既要是主要物理量又要符合单位制的两项条件。这些都说明只有对所要研究问题的物理本质认识得越透彻，才有可能更好地运用量纲分析法。归根到底，这种方法只是从实验中来又到实验中去的一种分析手段，缺乏由实验取得的一手资料而单纯依靠量纲分析是不可能得出什么成果的。与其他许多原理一样，量纲分析法虽然是科学技术上的一种重要手段，但它也并不是万能的。

习 题 8

8-1 如图 8-3 所示，煤油管路上的文丘里流量计 $D=300\text{m}$，$d=150\text{mm}$，流量 $Q=100\text{L/s}$，煤油的运动黏度 $\nu=4.5\times10^{-6}\text{m}^2/\text{s}$，煤油的密度 $\rho=820\text{kg/m}^3$。用运动黏度 $\nu_m=1\times10^{-6}\text{m}^2/\text{s}$ 的水在缩小为原型 1/3 的模型上试验，试求模型上的流量是多少？如果在模型上测出水头损失 $h_{fm}=0.2\text{m}$，收缩管段上压强差 $\Delta p_m=10^5\text{Pa}$，试求煤油管路上的水头损失和收缩管段的压强差。

8-2 如图 8-4 所示，汽车高度 $h=2\text{m}$，速度 $v=100\text{km/h}$，行驶环境为 20℃时的空气。模型实验的空气为 0℃，气流速度为 $v'=60\text{m/s}$。

 （1）试求模型中的汽车高度 h'。

 （2）在模型中测得汽车的正面阻力为 $F'=1500\text{N}$，试求实物汽车行驶时的正面阻力为多少？

8-3 一枚鱼雷长 5.8m，淹没在 15℃的海水（$\nu=1.5\times10^{-6}\text{m}^2/\text{s}$）中，以时速 74km 行驶。一鱼雷模型长 2.4m，在 20℃的清水中试验，模型速度应为多少？若在标准状态的空气中试验，模型速度应为多少？

8-4 20℃的蓖麻油（$\rho=965\text{kg/m}^3$）以每秒 5m 的速度在内径为 75mm 的管中流动。一根 50mm 直径的管子作为模型，以标准状态的空气在其中流动。为了动力相似，空气的平均速度应为多少？

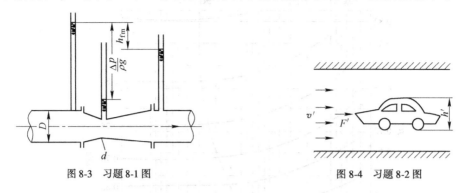

图 8-3　习题 8-1 图　　　　　　　　　　　图 8-4　习题 8-2 图

8-5　在实验室中用 $\lambda_l = 20$ 的比例模型研究溢流堰的流动，如图 8-5 所示。

　　（1）如果原型堰上水头 $h = 3$m，试求模型上的堰上水头。

　　（2）如果模型上的流量 $Q_m = 0.19$m³/s，试求原型上的流量。

　　（3）如果模型上的堰顶真空度 $h_{vm} = 200$mm 水柱，试求原型上的堰顶真空度。

8-6　煤油罐上的管路流动，准备用水塔进行模拟实验，如图 8-6 所示。已知煤油黏度 $\nu = 4.5 \times 10^{-6}$ m²/s，煤油管直径 $d = 75$mm，水的黏度 $\nu_m = 1 \times 10^{-6}$ m²/s，试求：（1）水管直径；（2）液面高度的比例尺；（3）流量的比例尺。

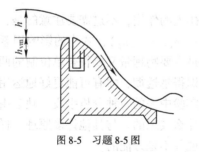　　　　　　　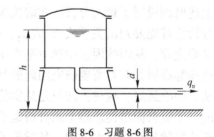

图 8-5　习题 8-5 图　　　　　　　　　　图 8-6　习题 8-6 图

8-7　有一圆管直径为 20cm，输送 $\nu_p = 0.4$cm²/s 的油，其流量为 121L/s，若在实验中用 5cm 的圆管做模型试验，假如做实验时：（1）采用 20℃ 的水（$\nu_m = 1.003 \times 10^{-6}$ m²/s）；（2）采用 $\nu_m = 0.17$cm²/s 的空气，则模型实验中流量各为多少？假定主要作用力为黏性力。

8-8　一个通风巷道，按 1：30 的比例尺建造几何相似的模型。用动力黏度为空气 50 倍、密度为空气 800 倍的水进行实验，保持动力相似的条件。若在模型上测得的压强降是 22.8×10^4 N/m²，则原型上相应的压强降为多少 mmH₂O？

8-9　如图 8-7 所示，矩形堰单位长度上的流量 $\dfrac{Q}{B} = kH^x g^y$，式中 k 为常数，H 为堰顶水头，g 为重力加速度，试用量纲分析法确定待定指数 x、y。

8-10　如图 8-8 所示，经过孔口出流的流量与孔口直径 d、流体压强 p、流体密度 ρ 有关，试用量纲分析法确定流量的函数式。

8-11　当液体在几何相似的管道中流动时，其压强损失的表达式为 $p = \dfrac{\rho l v^2}{d} \varphi\left(\dfrac{v d \rho}{\mu}\right)$，试证明之（$d$ 为管道直径，l 为管道长度，ρ 为流体质量密度，μ 为流体的动力黏度，v 为流体在管中的速度，φ 表示函数）。

8-12　淹没在流体中并在其中运动的平板的阻力为 R。已知其与流体的密度 ρ、黏性 μ 有关，也与平板的

速度 v、长度 l、宽度 b 有关。求阻力的表达式。

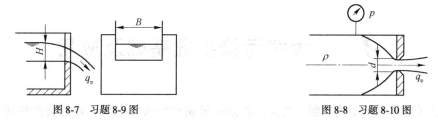

图 8-7　习题 8-9 图　　　　　　　　　　　　图 8-8　习题 8-10 图

8-13 风机的输入功率与叶轮直径 D、旋转角速度 ω 以及流体的黏度 μ 有关，试用量纲分析法确定功率与其他变量间的关系。

8-14 若作用在圆球上的阻力 F 与球在流体中的运动速度 v、球的直径 D、流体密度 ρ、动力黏度系数 μ 有关，试用量纲分析法将阻力表示为有关量的函数。

9 大气污染扩散基础及应用

大气的污染状况直接关系到广大人民群众的健康和生命安全，随着社会的快速发展，大气污染状况也越来越受到公众的关注，我国的大气污染状况是世界上比较严重的国家之一，北京市环保局的统计数据表明：2015 年北京有 179 个污染天，其中 46 天有重度污染，全年的 PM2.5 浓度平均值为每立方米 80.6μg，是世界卫生组织建议的最大年均值 10 的八倍多。不仅在北京，雾霾天气已经蔓延到华东和华北的大部分地区，甚至部分华南地区也开始出现雾霾天气，雾霾已成为全中国人的"心肺大患"。另外，随着能源结构改变和工业化水平的提高，我国大气环境污染类型已从煤烟型污染为主，向城市扬尘、机动车排气和工业废气排放的复合型污染转化。如何治理大气污染，是全人类面临急需解决的问题之一。

本章内容包括气体污染物的扩散及控制、大气环境预测。要求理解湍流扩散的基本理论、大气扩散的模式，掌握气体污染物的控制，能用流体力学软件对大气环境进行预测，了解大气环境的概念和大气环境预测的意义。

9.1　气体污染物的扩散及控制

污染物从污染源排放到大气中，只是一系列复杂过程的开始，污染物在大气中的迁移和扩散是这些复杂过程的重要方面。大气污染物在迁移和扩散过程中对生态环境产生影响和危害。因此，大气污染物的迁移、扩散规律为人们所关注。为了最终解决大气污染问题，必须首先了解气体污染物的扩散规律和大气污染现状。

9.1.1　湍流扩散的基本理论

大气中几乎时时处处存在着不同尺度的湍流运动。在大气边界层内，气流直接受到下垫面的强烈影响，湍流运动尤为剧烈，湍流输送的速率在大气中比分子扩散速率大几个数量级。同样，当污染物从排放源进入大气时，就在流场中造成了污染物质分布的不均匀，形成浓度梯度。

由于湍流的扩散作用（如图 9-1 所示），流场各部分之间发生强烈的混合和交换，大大加快了污染物的扩散速度，污染物从高浓度区向低浓度区输送，逐渐被分散、稀释。而在风场运动的主风向上由于平均风速比脉动风速大很多，因此主风向上风的输运作用是主要的，只要风速足够大，主风向上的湍流输送作用可忽略不计。

归纳起来：风速越大，湍流越强，污染物的扩散速度也就越快，浓度相应越低，因此风和湍流是决定污染物在大气中扩散稀释最本质的因素。就扩散稀释而言，其他一切气象因素都是通过风和湍流的作用来影响空气污染的，凡是有利于增大风速，加强湍流的气象条件都有利于扩散稀释，反之亦然。

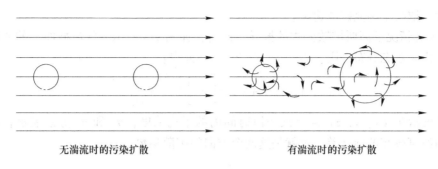

无湍流时的污染扩散　　　　　　　　有湍流时的污染扩散

图 9-1　湍流对污染扩散的影响

9.1.2　大气扩散模式

9.1.2.1　高斯扩散模式

（1）高斯扩散模式的有关假设。高斯模型的坐标系为：原点为排放点（无界源或地面源）或高架源排放点在地面的投影，x 轴正向为平均风速，y 轴在水平面上垂直于 x 轴，正向在 x 轴的左侧，z 轴垂直于水平面 xoy，向上为正向，即为右手坐标系。在这种坐标系中，污染物流的中心线或与 x 轴重合，或在 xoy 面的投影为 x 轴。大量的实验和理论研究证明，特别是对于连续点源的平均烟流，其浓度分布是符合正态分布（高斯分布）的。于是做出如下假设：1）污染物的浓度在 y、z 轴上的分布符合高斯分布；2）在全部空间中风速是均匀的、稳定的；3）源强是连续均匀的；4）在扩散过程中污染物质的质量是守恒的。

（2）高斯连续点源扩散模式。图 9-2 所示的为无界空间中的一个泄漏点源，取源点为坐标原点，x 轴与平均风向一致。设泄漏点的源强为 $Q(\mathrm{g/s})$，气流为圆锥形，且在每一个与 x 轴垂直的气流截面上，泄漏介质的浓度是均匀的。现求气流中每一点的浓度。

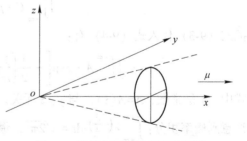

图 9-2　无界空间泄漏点源示意图

若不记 x 方向扩散引起的涨落，根据连续条件每秒钟通过任意截面 A 的污染物应为 $Q(\mathrm{g/s})$。设截面 A 的半径是 $r(\mathrm{m})$，显然 r 是 x 的函数，可写成 $r(x)$，风速为 $\mu(\mathrm{m/s})$。则每秒钟通过截面 A 的空气量有 $\pi\mu r^2(\mathrm{m}^3)$，截面上任意一点的浓度为：

$$C = \frac{Q}{\pi \cdot \mu \cdot r^2(x)} \quad (\mathrm{g/m}^3) \tag{9-1}$$

式中，$r(x)$ 随 x 增大，浓度逐渐减少。

如果气流截面是椭圆形，长轴长 $2a$ m，短轴长 $2b$ m，则浓度为：

$$C = \frac{Q}{\pi \cdot \mu \cdot a(x) \cdot b(x)} \quad (\mathrm{g/m}^3) \tag{9-2}$$

从上面的计算可以看出，$\mu \cdot r^2$ 或 $\mu \cdot a(x) \cdot b(x)$ 越大，泄漏介质的浓度就越小。它们是大气扩散稀释能力的标志。$r(x)$ 和 $a(x)$、$b(x)$ 是扩散的范围，在相同的距离上，它们的大小取决于湍流扩散速率。

1) 无界情况下高斯扩散公式的推导。此时，如图9-3所示，气流截面上的浓度不是均匀的，而是正态分布。则：$C = C_m \cdot e^{-y^2/2\sigma_y^2}$，由此得：

$$C(x, y, z) = A \cdot \exp\left[-\frac{1}{2}\left(\frac{y^2}{\sigma_y^2} + \frac{z^2}{\sigma_z^2}\right) \right] \tag{9-3}$$

式中，C 表示在 (x, y, z) 点上某一段时间内的平均浓度；σ_y 和 σ_z 分别表示在横风向和垂直向浓度分布的标准差，也就是这两个方向的扩散参数。

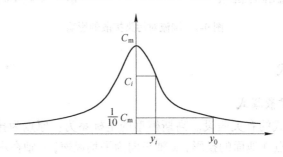

图9-3 气流截面上的浓度分布

当 $y = z = 0$ 时，有 $C(x,0,0) = A$，所以 A 是 x 轴上的浓度，又称为轴线浓度，在任意一个与 x 轴垂直的气流截面上取一个小面元 $\mathrm{d}y \cdot \mathrm{d}z$，单位时间通过面元的泄漏介质质量为 $C \cdot \mu \cdot \mathrm{d}y \cdot \mathrm{d}z$。根据连续性原理，单位时间通过整个截面的泄漏介质应该等于源强 Q，即：

$$\iint_{-\infty}^{+\infty} C \cdot \mu \cdot \mathrm{d}y \cdot \mathrm{d}z = Q \tag{9-4}$$

把式 (9-3) 代入式 (9-4) 有：

$$\iint_{-\infty}^{+\infty} A \cdot \exp\left[-\frac{1}{2}\left(\frac{y^2}{\sigma_y^2} + \frac{z^2}{\sigma_z^2}\right) \right] \cdot \mu \cdot \mathrm{d}y \cdot \mathrm{d}z = Q \tag{9-5}$$

式中，μ 是常数，$A = A(x)$，与 y、z 无关。

注意到概率积分：$\int_{-\infty}^{+\infty} c\left(-\frac{t^2}{2}\right) \mathrm{d}t = \sqrt{2\pi}$，最后得到：

$$A = \frac{Q}{2\pi\mu\sigma_y\sigma_z} \tag{9-6}$$

代入式 (9-5)，得到无界空间连续点源的高斯扩散公式为：

$$C(x, y, z) = \frac{Q}{2\pi\mu\sigma_y\sigma_z}\exp\left[-\frac{1}{2}\left(\frac{y^2}{\sigma_y^2} + \frac{z^2}{\sigma_z^2}\right) \right] \tag{9-7}$$

σ_y 和 σ_z 是扩散范围的标志，与均匀分布时 r 或 a、b 的意义相同。$\mu\sigma_y\sigma_z$ 的意义和 $\mu \cdot r^2$ 或 $\mu \cdot a(x) \cdot b(x)$ 一样，都是大气扩散稀释能力的标志。不过此时截面上各点的浓度不相等，而按正态分布规律改变，故应乘上指数项。σ_y 和 σ_z 随距离 x 增大，可写成 $\sigma_y(x)$ 和 $\sigma_z(x)$，所以浓度 C 也是 x 的函数。

按照上面的方法还可以导出瞬时泄漏点源的浓度公式。若以随风飘移的"气团"中心为坐标原点，其浓度公式为：

$$C(x, y, z) = \frac{Q}{(2\pi)^{3/2}\sigma_x\sigma_y\sigma_z}\exp\left[-\frac{1}{2}\left(\frac{x^2}{\sigma_x^2} + \frac{y^2}{\sigma_y^2} + \frac{z^2}{\sigma_z^2}\right)\right] \tag{9-8}$$

若以瞬时泄漏点源发生的起点为原点，二轴与平均风向平行，则在经过 t 时间后：

$$C(x, y, z) = \frac{Q}{(2\pi)^{3/2}\sigma_x\sigma_y\sigma_z}\exp\left\{-\frac{1}{2}\left[\frac{(x-\mu t)^2}{\sigma_x^2} + \frac{y^2}{\sigma_y^2} + \frac{z^2}{\sigma_z^2}\right]\right\} \tag{9-9}$$

2）有界情况的高斯扩散公式的推导。其坐标系的取法与无界时不同，原点不与泄漏点源重合，而是取在泄漏点源在地面的直投影点上。设地面对泄漏介质没有吸收、吸附作用，对扩散的影响犹如一个完全反射面。下面按支架连续点源扩散的示意图（图9-4），计算图中 P 点的浓度。按照全反射原理，可以用"像源法"来解决这个问题。P 点的浓度可以看成两部分贡献之和：一部分是不存在地面时 P 点具有的浓度；另一部分

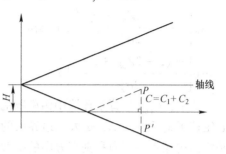

图9-4 支架连续点源扩散示意图

是由于地面反射作用增加的浓度。这相当于不存在地面，等于位置在 $(0, 0, H)$ 的实源在 P 点造成的浓度以及位置在 $(0, 0, -H)$ 的"像源"在 P 点浓度之和。

实源贡献：由于坐标原点的位移，式中的 x 在新坐标系中应该是 $(z-H)$，因此实源在 P 点造成的浓度：

$$C_1 = \frac{Q}{2\pi\mu\sigma_y\sigma_z}\exp\left\{-\frac{1}{2}\left[\frac{y^2}{\sigma_y^2} + \frac{(z-H)^2}{\sigma_z^2}\right]\right\} \tag{9-10}$$

像源贡献：由于像源在 P' 点的浓度相当于实源在 P 点的浓度，根据式（9-10），应有：

$$C_2 = \frac{Q}{2\pi\mu\sigma_y\sigma_z}\exp\left\{-\frac{1}{2}\left[\frac{y^2}{\sigma_y^2} + \frac{(z+H)^2}{\sigma_z^2}\right]\right\} \tag{9-11}$$

实际浓度是上述两部分之和：$C=C_1+C_2$，即：

$$C(x, y, z, H) = \frac{Q}{2\pi\mu\sigma_y\sigma_z}\exp\left(-\frac{y^2}{2\sigma_y^2}\right)\left\{\exp\left[-\frac{(z-H)^2}{2\sigma_z^2}\right] + \exp\left[-\frac{(z+H)^2}{2\sigma_z^2}\right]\right\} \tag{9-12}$$

这就是支架连续泄漏点源的高斯扩散公式。

如果地面对泄漏介质完全吸收，公式中无反射项，虚源贡献为零，扩散公式取式（9-10），与无界时的公式相同，只是因坐标系的平移，在形式上与式（9-7）略有不同。实际的情况介于全反射和全吸收之间。

以上各式中的 H 是泄漏点源的有效高度。若为地面源，令式（9-7）中 $H=0$，得到：

$$C_2 = \frac{Q}{\pi\mu\sigma_y\sigma_z}\exp\left[-\frac{1}{2}\left(\frac{y^2}{\sigma_y^2} + \frac{z^2}{\sigma_z^2}\right)\right] \tag{9-13}$$

其浓度恰好是无界时的二倍。在全反射条件下，本应扩散到地面以下的泄漏介质对称地反射到上半部，所以浓度应当加倍。

9.1.2.2 拉格朗日扩散模式

拉格朗日运动轨迹模式是由经典气团扩散模式中形成的通用假设推导而来的。如果污

染气团是由点源释放并在一个恒定风作用和扩散系数的三维环境中扩散，且垂直方向上扩散范围限制在地表面到大气边界层的顶端（距地 2400m），这时污染气团的边缘浓度可以用如下公式计算：

$$C = C_{\text{back}} + \frac{Q}{(2\pi)^{1.5}\sigma_h^2\sigma_z}\exp\left[\frac{-(x-x_c)^2}{2\sigma_h^2} - \frac{(y-y_c)^2}{2\sigma_h^2}\right] \times \left\{\exp\left[\frac{-(z-z_e)^2}{2\sigma_z^2}\right] + \exp\left[\frac{-(z+z_e)^2}{2\sigma_z^2}\right] + \right.$$

$$\exp\left[\frac{-(z-2Z_{pbl}-z_e)^2}{2\sigma_z^2}\right] + \exp\left[\frac{-(z-2Z_{pbl}+z_e)^2}{2\sigma_z^2}\right] + \exp\left[\frac{-(z+2Z_{pbl}-z_e)^2}{2\sigma_z^2}\right] +$$

$$\left. \exp\left[\frac{-(z+2Z_{pbl}+z_e)^2}{2\sigma_z^2}\right]\right\} \tag{9-14}$$

式中，C_{back} 是背景环境中污染物的浓度；Q 是污染气团中污染物的总量；污染气团中心定位于 x_c 和 y_c；Z_{pbl} 是大气边界层的高度，m；z_e 是污染物排放的高度，500m；σ_h 和 σ_z 是气团边缘水平方向和垂直方向的扩散浓度分布。因为扩散只在地平面至边界层顶端之间进行，所以方程式（9-14）中 6 个与 z 相关的指数项是反映垂直方向的浓度分布的项。

污染物气团中心（x_c, y_c）可用一个轨迹方程计算：

$$\begin{cases} x_c(t+\Delta t) = x_c(t) + u_p\Delta t \\ y_c(t+\Delta t) = y_c(t) + v_p\Delta t \end{cases} \tag{9-15}$$

式中，Δt 是轨迹方程的时间增量；使污染物气团运动的风速 u_p 和 v_p 是污染物气团单位质量上所受的平均风速。根据菲克（Fickian）扩散理论，污染物离气团中心的水平和垂直方向上的扩散距离 σ 为：

$$\sigma = \sqrt{2Kt} \tag{9-16}$$

式中，t 是污染点源释放的污染物在下风向传播的距离 d 与风速 u 的比值，即 $t = d/u$；边界层的低层扩散系数 $K_{(h\&z)}$ 可以用大气湍流的混长/相似理论来确定。如果用式（9-16）计算 σ_h 和 σ_z，式（9-14）则是三维平流—扩散方程（式（9-17））的一个解析式。

$$\frac{\partial c}{\partial t} = -\frac{\partial(uc)}{\partial x} - \frac{\partial(vc)}{\partial y} + \frac{\partial}{\partial x}\left[\frac{\partial(K_hc)}{\partial x}\right] + \frac{\partial}{\partial y}\left[\frac{\partial(K_hc)}{\partial y}\right] + \frac{\partial}{\partial z}\left[\frac{\partial(K_zc)}{\partial z}\right] \tag{9-17}$$

9.1.2.3　欧拉扩散模式

用一个综合三维空间和时间的平流—扩散数学方程式可以模拟出一个独立的污染团：

$$\frac{\partial c}{\partial t} = -\frac{\partial(uc)}{\partial x} - \frac{\partial(vc)}{\partial y} + \frac{\partial}{\partial x}\left[\frac{\partial(K_hc)}{\partial x}\right] + \frac{\partial}{\partial y}\left[\frac{\partial(K_hc)}{\partial y}\right] + \frac{\partial}{\partial z}\left[\frac{\partial(K_zc)}{\partial z}\right] \tag{9-18}$$

式中，c 是污染物在空气中的浓度，水平扩散风速为 u（x 轴方向）和 v（y 轴方向）。由于大气边界层的垂直气流通常很小，所以忽略不考虑。水平方向和垂直方向的湍流参数分别用 Fickian 扩散参数 K_h 和 K_z。本实验研究中，K_h 和 K_z 在水平方向上是确定不变的，但随高度的改变而改变，并且在大气边界层的顶端和底端（$z=0$）时为 $Z_{pbl}=0$。虽然这些假定可能不适用于大区域范围和远距离传播，但是我们可以看到即使在这种简化了的条件下，拉格朗日扩散理论中实际的偏差将随着风速的增大而增大。

欧拉平流扩散模式以 60s 为一个时段，并首先计算由平流扩散引起的浓度变化，然后计算由风作用导致的水平和垂直扩散引起的浓度变化。平流扩散浓度变化采用 Walck（2000）修正的分段线性运算法。风作用引起的扩散则采用时间推移，限制中心空间形状变迁的近似法。

9.1.3 气体污染物的控制策略

目前，中国的大气污染控制政策基本上是围绕污染物总量控制展开的。第一，大气污染控制的管理目标设定为污染物减排量，而非基于大气环境质量的排放量控制。虽然国家提出"总量控制与浓度控制并重"的原则，但是"浓度控制"指的是针对污染源排放口的污染物排放浓度控制，并不是大气环境中的污染物浓度。第二，目前的大气污染控制重点仍然是 SO_2 和烟尘、粉尘等一次污染物。以燃煤电力行业为例，现行的主要环境政策的作用对象都是 SO_2 控制。

面临越来越明显的区域复合型特征的趋势，现行的传统策略存在着效率损失，呈现低效益和高成本特征，并具体体现为：（1）控制目标的选取（一次污染物的减排数量）缺乏有效性，从而因为控制对象、控制措施和控制路径的选择使污染控制效益偏离最优目标；（2）单一污染物控制指标使得污染控制决策忽略协同效应或抵消效应，提高了污染控制成本，并且单一控制指标导致企业污染控制方案缺乏长期战略考虑，一旦控制目标变化，带来企业长期控制成本的增加；（3）属地模式限制了区域合作的动力，从而制约了区域整体成本节约的可能。

在分析传统策略的问题和总结区域复合型大气污染控制的国外实践经验的基础上，对于大气污染的控制策略有如下改进建议：第一，把大气污染控制目标从减少污染物排放转变为减少环境损害（或提高环境质量效益），将大气污染带来的人体健康和生态影响作为重要的控制准则纳入政府污染控制决策过程，从而促进污染控制效益最大化的实现。第二，尽快从单一污染物控制转向多种污染物控制。比如，政府制定 SO_2、NO_x、PM10 和 Hg 等气态有毒重金属的总量控制目标，明确污染主体对多种污染物的减排责任，从而为其选择污染控制方案提供更大灵活性。第三，建立基于大气污染的生态补偿机制，以此促进大气污染控制从属地模式向区域合作模式转变，从而实现区域控制的成本节约的实现。

9.2 大气环境预测

我国正处于工业化和城市化发展的快速时期，而环境质量仍在不断恶化，尤其是近年以来，由于经济持续高速增长，使得环境压力明显增大，长期积累的环境风险开始出现。在诸多环境问题中，大气污染造成的损失尤其巨大。目前被列入大气质量标准的大气污染物有硫化物、氮氧化物、碳氧化物、颗粒污染物和臭氧等。

传统常用的污染物浓度预测方法主要是以污染物排放量为基础进行预测的。典型的有箱式模型、高斯扩散模式、多源扩散模式、线源扩散模式、面源扩散模式和总悬浮微粒扩散模式。另外随着计算流体力学的发展，在实际环境基础上运用计算机软件能够更加合理和准确地对大气污染程度和范围进行预测。

9.2.1 大气环境的概念

包围地球的空气称为大气。像鱼类生活在水中一样，我们人类生活在地球大气的底部，并且一刻也离不开大气。大气为地球生命的繁衍，人类的发展，提供了理想的环境。

它的状态和变化，时时处处影响到人类的活动与生存。

大气环境是指生物赖以生存的空气的物理、化学和生物学特性。物理特性主要包括空气的温度、湿度、风速、气压和降水，这一切均由太阳辐射这一原动力引起。化学特性则主要为空气的化学组成：大气对流层中氮、氧、氩 3 种气体占 99.96%，二氧化碳约占 0.03%，还有一些微量杂质及含量变化较大的水汽。人类生活或工农业生产排出的氨、二氧化硫、一氧化碳、氮化物与氟化物等有害气体可改变原有空气的组成，并引起污染，造成全球气候变化，破坏生态平衡。

大气环境和人类生存密切相关，大气环境的每一个因素几乎都可影响到人类，所以我们要爱护自然，为子孙后代留下一个优美的环境。

9.2.2　大气环境预测的意义

大气环境预测是经济发展和环境保护的需要，它对环境管理、污染防治都具有指导作用。因此，能准确预测大气的污染趋势是目前世界各国所研究的主要课题之一。

预测模式和方法是影响预测结果的主要因素。在进行大气环境预测时，不仅对点源和面源分别考虑，而在模式的选取时还应考虑到干沉积、降雨等影响。这样会使预测结果更符合实际，造成的误差较小。大气污染源不仅有源强较大、排放口较高的点源；也有一些低矮、源强较弱的面源。

常用的大气环境影响预测方法是通过建立数学模型来模拟各种气象条件、地形条件下的污染物在大气中输送、扩散、转化和清除等物理、化学机制。

大气环境影响预测的步骤一般为：（1）确定预测因子；（2）确定预测范围；（3）确定计算点；（4）确定污染源计算清单；（5）确定气象条件；（6）确定地形数据；（7）确定预测内容和设定预测情景；（8）选择预测模式；（9）确定模式中的相关参数；（10）进行大气环境影响预测与评价。

对大气环境质量进行准确的预测与评价，可以为环境污染防治与治理提供理论上的坚实保障，同时，也是进行环境污染防治与治理工作的重要内容之一。通过对区域大气环境质量有了比较详细的了解之后，如大气中主要的污染物种类、其空间分布规律以及污染物的动态扩散趋势，区域大气的质量现状、污染程度、大气环境质量等级等，在进行环境污染防治与治理的工作中，才能有针对性的、有计划地进行，从而提高了工作的效率，节省不必要的人力、物力、财力的开支。因此，对区域环境质量的预测与评价是很有必要的，也具有重大现实和长远意义。

9.2.3　运用流体力学软件对大气环境进行预测

9.2.3.1　化学品泄漏大气污染扩散模拟系统

化学品泄漏大气污染扩散模拟系统在应用程序开发软件 Microsoft Visual Basic 6.0 的基础上，结合流体力学基本理论以及气体污染物扩散理论研发而成。图 9-5 和图 9-6 为本系统的基本展示图。

图 9-7 为模拟系统功能演示图，演示结果中浅色区以内的范围为受到污染影响的区域，灰色区以内的范围是危险污染区域，黑色区以内的范围是致死污染区域。根据演示结果可以很明确地了解污染物扩散的程度和范围，可以给现场救援提供指导。

图 9-5　化学品泄漏大气污染扩散模拟系统的进入界面

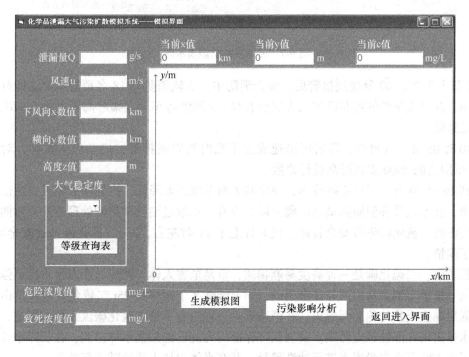

图 9-6　化学品泄漏大气污染扩散模拟系统的模拟界面

9.2.3.2　实例分析及模拟结果展示

2005 年 12 月 5 日一辆装有 25t 二硫化碳液体的槽罐车罐体在浙江甬台温高速公路黄岩收费站发生泄漏并起火。据《浙江日报》报道，这辆装载 25t 二硫化碳液体的槽罐车 5 日上午发生罐体泄漏并起火冒烟，该车随即在甬台温高速黄岩收费站浦西出口处的隔离带停靠。燃烧后产生的有毒气体二硫化氢迅速扩散蔓延，随时有发生爆炸的危险。

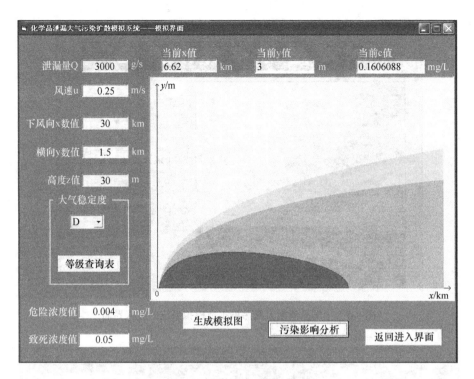

图 9-7 模拟系统功能演示图

5 日上午 9 时 40 分接到报警后，黄岩消防中队 5 辆消防车 18 名消防队员立即赶到事故现场，此时罐车外的篷布已被大火完全吞噬。5 辆消防车马上架起高压水枪，对准车辆着火处猛喷。

10 时 05 分，台州市、黄岩区迅速成立了临时抢险指挥部，启动应急预案，对附近 500m 范围内的 2000 多名群众进行疏散。

到 16 时 30 分，通过不断冷却，罐体的表面温度逐渐降低，火焰彻底熄灭。为彻底消除隐患，技术人员和消防队员冒险爬上罐车查看，采取过泊化学品的处理方法，对两个泄漏槽罐内的二硫化碳进行安全转卸。到 6 日上午 11 时左右，25t 二硫化碳已被安全转移，排除了险情。

据了解，二硫化碳是一种高度易燃物质，极易危害人体，燃烧后会产生毒性更强的二硫化氢。肇事车辆是从山西开往温州的，车上装载 3 个罐体共 25t 二硫化碳液体，由于液体泄漏后黏上受热的轮胎而起火。在消防灭火过程中有少量二硫化碳流入江北渠道，造成渠道水体出现强酸性轻度污染。黄岩区环保部门为此已经加强水体监测，在长潭水库分两次放了共 120 万立方米库水进行冲洗稀释，并在水体中加入适量碱进行处理。

由案例简述可知，8t 二硫化碳泄漏燃烧了 7 个小时，平均泄漏流量为 317.5g/s，在燃烧的高温中二硫化碳几乎能完全挥发到空气中。但在消防车水枪的喷射下，有一部分二硫化碳随水流入江北渠道，所以估计能挥发到空气中的二硫化碳流量占大约 70%，即大概有 230g/s。由于事故发生过去一年半，当时的天气状况、大气稳定度不可查，所以只能根据报道联系实际推断。事故发生在冬季，加上报道中提到的二硫化碳是由于罐车的高温轮胎引燃的，可以推断天气是晴朗、少云、微风的，日照比较强。假定风速为 0.2m/s，冬天上午浙江的日照角度在 35°~60° 之间，据此可以确定当时的大气稳定度为 A-B 级。因为高速公路的两侧多是不高的建筑物，多数建筑在 12m 以下，人们生活在距地面 10m 的范围内，拟选定模拟的高度分别为 2m 和 6m，选取模拟的区域范围为下风向 10km，横向 0.7km。由 3.2 节可设定短时间内二硫化碳的危险浓度值为 0.05mg/L，致死浓度值为 10mg/L。由这些条件，进行两次模拟。

第一次模拟参数组合为：$Q = 230$g/s，风速 $u = 0.2$m/s，大气稳定度 A-B，$x = 10$km，$y = 0.7$km，$z = 2$m，危险浓度值 0.05mg/L，致死浓度值 10mg/L（如图 9-8 所示）。模拟得出结果：最大浓度值为 60.973mg/L，其出现在污染源下风向 6.7m 处。在距地面 2m 的高度，二硫化碳泄漏形成的受污染影响的区域范围是 6800m×535m，危险浓度污染区域范围是 450m×70m，危险浓度污染区域持续时间是 38min，致死浓度污染区域范围是 30m×5m，其持续时间是 2.5min。

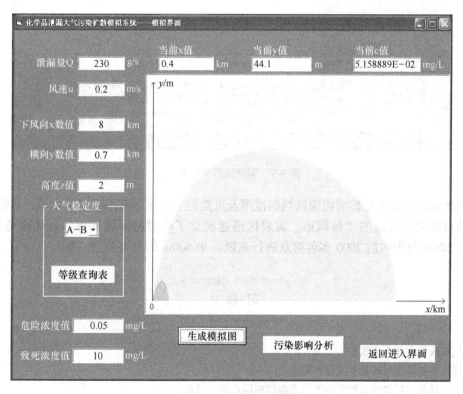

图 9-8 实例模拟分析图一

第二次模拟参数组合为：$Q = 230$g/s，风速 $u = 0.2$m/s，大气稳定度 A-B，$x = 10$km，$y = 0.7$km，$z = 6$m，危险浓度值 0.05mg/L，致死浓度值 10mg/L（如图 9-9 所示）。模拟得出结果：最大浓度值为 6.873mg/L，其出现在污染源下风向 21.3m 处。在距地面 6m 的高度，二硫化碳泄漏形成的受污染影响的区域范围是 6830m×534m，危险浓度污染区域范围是 460m×70m，危险浓度污染区域持续时间是 38min，没有形成致死浓度污染区域。

事故形成的最高浓度高达 60.973mg/L，吸入后将使人意识迅速丧失，应防止人员进入最高浓度点。由于致死浓度污染区域持续的时间较短，所以这次泄漏事故没有造成人员中毒死亡。消防队员在进行灭火处理时身处致死浓度污染区域，需要佩戴防毒面具以防中

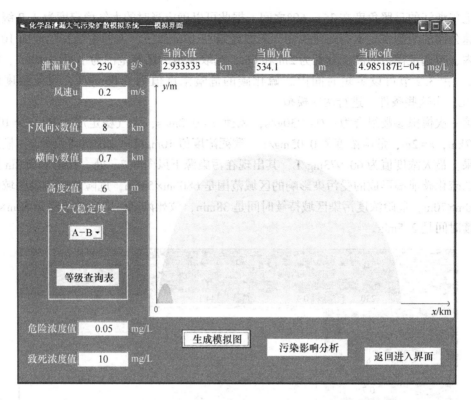

图 9-9　实例模拟分析图二

毒。两次模拟得出的受影响污染区域的范围及危险污染区域的范围都几乎相等，且危险污染区域与报道中所述的"台州市、黄岩区迅速成立了临时抢险指挥部，启动应急预案，对附近 500m 范围内的 2000 多名群众进行疏散"中 500m 的撤离范围一致。

习 题 9

9-1 大气扩散都有什么模式？

9-2 简述高斯扩散模型的基本假设和原理。

9-3 简述拉格朗日扩散模型和欧拉扩散模型的相同点和不同点。

9-4 典型污染物浓度预测都有什么模型？

9-5 简述大气环境的概念。

10 海洋石油污染运移分析及控制

随着工业的迅速发展，石油的需求量急剧上升，石油工业和石油运输业迅猛发展，运输船队不断增多，油井井喷和油轮溢油事故频繁发生，致使大量石油进入水体，造成的溢油不仅严重影响海洋的生态环境，还直接威胁人居和生态环境。2011年6月中海油渤海湾蓬莱19-3油田发生漏油事故，累计5500平方千米海面遭受污染，溢油对渤海湾的养殖、旅游、生态等产生了明显影响。因此控制海洋石油扩散，保护和改善海洋水域环境，实现经济社会的可持续发展，是我国人民面临的一项紧迫而艰巨的任务。

本章内容包括海洋石油污染现状及危害、石油在海洋中的迁移与转化规律以及海洋石油污染物扩散运移特征研究。要求了解海洋石油污染现状、产生的原因以及危害，掌握石油在海洋中的迁移和转化规律，学会用流体力学模拟的方法预测海洋石油污染的运移特征。

10.1 海洋石油污染现状及危害

环境水力学作为一门新兴学科，是水力学的一个重要分支，也是环境科学的重要组成部分。主要研究污染物在水体中的扩散、输移规律及其在各种水环境问题中的应用。环境水力学的研究成果可以为水域保护，水质预报，水环境评价、规划、治理，以及水资源开发、利用提供科学依据。

污染物质在水体中的扩散是以多种方式进行的，如随流扩散、紊动扩散、剪切弥散等。其中分子扩散所占的比例极小，即分子扩散对于水环境问题并无多少直接意义。但因污染物的其他扩散方式与分子扩散有着类似的过程，因此人们常借助于成熟的分子扩散理论来描述和求解环境水力学问题。也就是说，分子扩散理论是研究污染物在水中运移扩散的重要理论基础。

10.1.1 海洋石油污染的现状

海洋占地球表面积的71%，在人类社会发展史中占有非常重要的位置，为人们提供了丰富的生产资源、生活资源、空间资源。近几十年来，由于工业的迅速发展，石油的需求量急剧上升，石油工业和石油运输业迅猛发展，运输船队不断增多，油井井喷和油轮溢油事故频繁发生，致使大量石油进入水体，造成的溢油不仅严重影响海洋的生态环境，还直接威胁人居和生态环境。

据国际石油工业环境保护组织统计，1967~1979年的12年间，世界上发生的2000t以上的海上溢油事故33起，因此而进入海洋的石油污染物达90万吨；1974~1989年的15年间，7t以上的溢油事故达774次。到了90年代，全球每年进入海洋的石油污染物以100万吨计，其中半数以上为溢油事故所致。2010年5月5日，美国墨西哥湾原油泄漏事件已经造成 2000 平方英里（1 平方英里等于 2.59 平方千米）的污染区，油污的清理工作将耗时近 10 年，造成的经济损失将以数千亿美元计。

目前，溢油问题已经得到了广泛的关注，世界上许多国家都制定了相应的政策、法规来管理海上石油的运输，最大限度地减少溢油事故的发生，同时各国政府也投入了大量的人力和财力进行科学研究，探索溢油在水环境中的运动规律，以便更好地预测溢油的动态行为。

10.1.2　海洋石油污染的原因

海洋石油污染按石油输入类型，可分为突发性输入和慢性长期输入。突发性输入包括油轮事故和海上石油开采的泄漏与井喷事故，而慢性长期输入则有港口和船舶的作业含油污水排放、天然海底渗漏、含油沉积岩遭侵蚀后渗出、工业民用废水排放、含油废气沉降等。而造成污染的原因主要体现在：石油的海上运输频繁使海上溢油事故发生几率增大；港口装卸油作业频繁，存在溢漏油的隐患；油轮的大型化增添了发生重大海上溢油事故的可能性，提高了溢油处理的难度；海上油田石油勘探开发中的泄漏和采油废水排放等。

10.1.3　海洋石油污染的危害

10.1.3.1　生态危害

（1）影响海气交换：油膜覆盖于海面，阻断 O_2、CO_2 等气体的交换，从而破坏了海洋中溶解气体的循环平衡。

（2）影响光合作用：油阻碍阳光射入海洋，使水温下降，破坏海洋中 O_2、CO_2 的平衡，从而破坏了光合作用的客观条件。同时，分散和乳化油侵入海洋植物体内，破坏叶绿素，阻碍细胞正常分裂，堵塞植物呼吸孔道，破坏光合作用的主体。

（3）消耗海水中溶解氧：石油的降解大量消耗水体中的氧，然而海水复氧的主要途径大气溶氧又被油膜阻碍，直接导致海水的缺氧。

（4）毒化作用：石油中所含的稠环芳香烃对生物体呈剧毒，且毒性明显与芳环的数目和烷基化程度有关。烃类经过生物富集和食物链传递能进一步加剧危害。

（5）全球温室效应：考虑到大洋是大气中 CO_2 的汇集地，石油污染必将加剧温室效应，也可能促使厄尔尼诺现象的频繁发生，从而间接加重"全球问题"。

（6）破坏滨海湿地：据初步估算，石油开发等人为活动导致中国累计丧失滨海湿地面积约 219 万公顷，占滨海湿地总面积的 50%。

10.1.3.2　社会危害

（1）石油污染对渔业的危害：由于石油污染抑制光合作用，降低溶解氧含量，破坏生物生理机能，海洋渔业资源正逐步衰退。

（2）石油污染刺激赤潮的发生：据研究，在石油污染严重的海区，赤潮的发生概率增加，虽然赤潮发生机理尚无定论，但应考虑石油烃类在其中的作用。

（3）石油污染对工农业生产的影响：海洋中的石油易附着在渔船网具上，加大清洗难度，降低网具效率，增加捕捞成本，造成巨大经济损失。对于海水淡化厂、海滩晒盐厂和其他需要以海水为原料的企业，受污海水必然大幅增加生产成本。

（4）石油污染对旅游业的影响：海洋石油极易贴岸而玷污海滩等极具吸引力的海滨娱乐场所，影响滨海城市形象。

10.2　石油在海洋中的迁移与转化规律

10.2.1　溢油的迁移转化过程

要消除海洋石油污染，首先要弄清楚石油在海洋中的迁移与转化规律，即海洋溢油的发生、发展与消失的过程。

研究表明，石油作为污染物一旦溢入海面，将发生展布、挥发、扩散、溶解、乳化、氧化、吸附沉降和生物降解等物理、化学变化，统称为"风化"。其中一些反应能减少海面上的石油，另一些反应又会使石油滞留在海面上。但以哪种变化为主，取决于石油特性、海况及水面的污浊程度。虽然溢油最终会被海洋环境同化，但这个同化时间取决于多种因素，例如溢油量、石油初始物理化学特性、盛行气候、海况以及石油在海里还是被冲上岸等。

要准确把握溢油反应规律，就很有必要理解其中参与的各个过程以及它们如何通过相互作用改变石油的性质、组成和行为。本文主要研究的是平滑海岸线海洋石油污染物运移模型及规律，以下详细介绍各个风化过程所经历的变化。

10.2.1.1　溢油的展布过程

石油的密度比海水小，因此一旦入海便可浮在水面并向外展布。其展布速度与风向、风速、波浪水温、海流及石油的特性有关。低黏度的液态石油比高黏度的石油展布速度快。液态石油最初以一个黏着的光滑体进行扩展，但很快便被分散。固态石油或高黏度油膜倾向于向水体浅层扩展。当温度低于石油凝点时，石油会迅速固化以致几乎不能再扩展，固化后石油厚度达几厘米。风、波浪及湍流常常使石油形成平行于风向的窄带或"堆积行"。

石油展布或成为碎块的速率同样受潮汐和水流的影响，其联合力量越强，这个过程就越快。溢油在短短几小时内扩展数平方公里或在数天内扩散超过数百平方公里的例子并不鲜见，石油厚度从小于 1 微米到几个毫米的情况都有可能发生。石油不仅在海面向水平方向扩展，同时也向水下垂直扩散。

扩展一方面决定了溢油表面积的大小；另一方面，由于其表面积增大，溢油的风化、挥发、溶解、扩散和氧化过程都会受到不同程度的影响。

10.2.1.2　溢油的挥发过程

挥发是指石油溢出后变为气体向四周大气中散布的过程。随着石油的扩散，其中低沸点成分不断挥发，这部分数量一般占总溢油量的 20% ~ 40%。影响挥发过程的因素有油种类别和水文气象条件等。

精制石油产品（如煤油、汽油）可能在几个小时内完全挥发，轻原油在第一天内也能减少 40% 左右。相反，重燃料油即使能挥发也只有很少的量。低沸点成分所占的比例越大，石油挥发的程度就越大。

溢油的扩散速率也会影响挥发速率，因为溢油表面积越大，轻油组分挥发就越快。汹涌的海浪、高风速和高温也会使挥发率增大。蒸气压和溢油转移系数则受风速影响。蒸气压随溢油中碳氢化合物组分不同而异，轻组分绝大部分逸入到大气之中。

挥发后只要有残余油渣，其密度和黏度就会增大，这会影响后续的风化过程和清洁工艺的效率。

10.2.1.3 溢油的扩散过程

全部或部分油膜会被波浪和湍流分散为不同尺寸的油滴，而后混合在水体上层。

较小的油滴会停留在悬浮液中，而较大的会回升至水面。水面上的大油滴要么会与其他油滴凝聚而变大，要么扩展成一个非常薄的膜。分散后的石油覆盖的海水范围增大，可促进生物降解、溶解和沉降等过程。

扩散率在很大程度上取决于石油特性和海况。在波浪出现时，黏度低的石油会迅速扩散。有些石油仍然以液态形式存在，且其扩散过程不受天气状况影响，这些石油在适宜海况下几天内便会完全扩散。相反，高黏度油和处于低于其凝点温度的石油，或是那些能形成稳定的包水型乳化油的石油，它们往往会在水面形成很厚的油膜。这些石油即使在添加分散剂的情况下都几乎没有要扩散的趋势，它们可以在海面停留数周，如果不进行清除便可能会延伸至岸上，最终会像硬沥青路面一般。

10.2.1.4 溢油的溶解过程

溶解是溢油在一定能量的搅动下，形成油粒均匀进入海水中的过程。石油在扩散过程中，可溶性组分将不断地溶于海水。原油中的重组分几乎不溶，润滑油及高沸点馏分的溶解度非常小。可溶性组分主要有低碳的直链链烷烃和一些液态芳烃，如芳香烃甲苯、苯等。它们在水中的溶解度一般都很低，溶解量依油的成分和种类不同。石油溶解的速率和程度取决于石油的组成、散布、水温、湍流度和扩散程度。

溢油的溶解无疑会影响本可挥发的碳氢化合物量。但油和水一般不相溶，因此溢油溶解量要比挥发量小得多。溶解后生成的化合物也极不稳定，很快就会蒸发，其蒸发速率通常比溶解速率快 10~1000 倍。所以海水中溶解的碳氢化合物浓度很少超过 $1×10^{-6}$，溶解过程也不会使海表面的油量明显减少。

10.2.1.5 溢油的乳化过程

为了使原来不能混合的两种液体混合起来，把其中一种液体变成微小的颗粒分散在另一种液体中，这种过程叫乳化。溢油乳化过程会出现两种情况：一种情况是形成水包油乳化液，这是化学消油剂分散溢油的情况；一种情况是形成油包水乳化液，生成类似"巧克力奶油冻"的黏液——最终形成沥青块。目前已知后一种情况受涡动、油种和温度的影响，但其形成机理尚未搞清。

高黏度石油一般比液态油取代水滴的速度慢。随着乳化的进行，石油在波浪中不停运动使得石油取代的液滴越来越小，乳液黏度逐渐变大且趋于稳定。随着石油吸水量的增加，乳液密度逐渐接近海水密度。稳定的乳液可能含有 70% 或 80% 水分，体积比原来增长 5~6 倍，密度和黏度亦比原来大得多，且往往呈半固态并具有深的红色、棕色、橙色或黄色。它们能够长期保持并可能无限期继续乳化。在温和的海况下或被搁浅在海岸时，欠稳定乳液可能会在日光的照耀下分离出来进入石油或水中。

10.2.1.6 溢油的氧化过程

一般认为，石油中不易挥发的高沸点组分会残留于海上，这些细小的残油颗粒互相凝集，而后可与氧气发生反应，生成一些极性的、水溶的和氧化的碳氢化合物产物或持续焦油。日照能够促进氧化，但这种促进作用需要有石油滑面的存在，相对于其他风化过程其影响也是轻微的。溢油前几日，氧化过程一般不太明显，几周之后，其影响逐渐变大，重要性也日益凸显。

高黏度石油的厚层或包水型乳化油被氧化后倾向于长期残留在海面上而不是被降解掉，这是因为生成的分子量较高的化合物会形成一个有保护作用的表面层。氧化后的石油和泥沙颗粒包裹着较柔和、少经风化的内核形成焦油球，它们大的直径超过 50cm，质量达 50kg 之多。这些焦油球有时随波逐流，有时在海岸线攒成一股。

10.2.1.7　溢油的吸附沉降过程

大部分原油和燃料油如果不互相发生反应，而且没有附着密度较大的沉积物或有机微粒，密度便较低，可以漂在海面上。沉降可通过两种方法进行：（1）随着溢油风化时间和程度的延续，溢油黏度增加，发生沉降；（2）溢油与悬浮颗粒物质絮凝，沉入海底。海水中的悬浮颗粒主要是浮游生物残骸的碎片和黏土矿物，绝大多数是 $1\mu m$ 以下的微粒。第一种情况只在温热带海区发生，一般不在寒冷海区发生；第二种情况曾进行了无数次研究，至今仍不能详细确切定量地描述其沉降机理和动力学过程。

沉降速度随水中的油浓度和附着物（悬浮颗粒）的含量而变化。当盐度增加或温度降低时，吸附量也随之增加。季节性的凝聚和周期性的侵蚀也可以促进吸附沉降过程。另外，生物地球化学和生物降解及其他化学反应的相继产生也会造成沉降。石油还可以被浮游生物摄入，进入其粪便颗粒，随之沉降至海底。

若水体中的油滴吸附在非常细的泥沙颗粒或有机质上，便会形成颗粒絮凝物，可被湍流或海浪广泛分散至海面。在暴风雨、湍流或潮汐上下运动的作用下，残留在海床沉积物或海滩中的少量石油也可能附着在这些粒子上以絮凝物的形式悬浮在水中。这个过程（有时被称为黏土-石油混凝）使得从海滩移除石油需要一段时间。

10.2.1.8　溢油的生物降解过程

海水中含有一系列能够新陈代谢掉石油化合物的海洋微生物。其中包括细菌、霉菌、酵母菌、真菌、单细胞藻类和原生动物，它们可以利用石油作为碳源和能量。这些生物体广泛分布在世界各地的海洋中，尤其在有长期污染的沿海水域（如有定期船舶交通或囤积工业污水和未经处理的污水的水域）中更为丰富。溢油发生之后，生物降解过程一般可延续数年之久，其吞噬石油的能力，多因生物细菌不同而异。

影响生物降解速率和程度的主要因素有石油的特性、供氧情况、营养物质（主要是氮和磷的化合物）和温度。降解过程中涉及到的各类微生物往往降解特定的石油组分，所以生物降解的进行需要多种微生物同时作用或依次作用。随着降解的进行，这个复杂的微生物群体也将发展。尽管在开阔海域中，降解所需的微生物数量相对较少，但只要有足够量的石油，它们就会迅速繁殖，降解过程也会随之进行，直至营养物质或氧气不足才会停止。虽然微生物有能力降解大部分种类的原油化合物，但一些大而复杂的分子物依然难以降解。

微生物生活在水中，水是它们获取必要营养和氧气的来源，可生物降解只能在油/水界面处才能发生。在海洋中，不管是通过自然还是化学分散而形成油滴，增加了石油与微生物接触的面积，有利于提高生物活性，促进降解的发生。

与此相反，被困在海岸线厚层或高水位以上的石油只有有限的表面积，且极易干燥，因此降解过程非常缓慢，石油会滞留多年。类似地，一旦石油纳入海岸线或海床上的沉积物中，降解反应就会因为缺乏氧气或营养物质而急剧减少甚至停止。

影响生物降解的因素有很多种，所以很难预测石油可能的去除率。

10.2.2　溢油风化过程的综合作用

总结前面描述的过程，如图 10-1 所示。一旦溢油发生，所有过程都将全部开始发挥作用，尽管他们的相对重要性会随时间而变化。在溢油早期阶段展布、挥发、扩散、乳化、溶解过程是最重要的，而氧化、沉淀和生物降解则是更长的过程并决定石油的最终去向。

应该明白的是，海洋表面的浮油运动是由于风和海面水流的作用，同时可能受综合风化作用的影响。溢油运动的实际机制是复杂的，但是经验表明，基于大约 3% 的风速和100% 的水流速度，通过简单的风矢量计算和表面水流方向便可对石油的漂移过程进行预测。对浮油运动的可靠预测显然依赖于良风的存在和当前数据的可靠性。精确的当前数据有时很难获得。对于一些地区，这些数据一般是通过图表或潮汐流地图获得的，但往往只能得到常规信息。在靠近海岸或岛屿之间的浅水域，水流经常会复杂到难以理解，使得准确预测浮油运动非常困难。

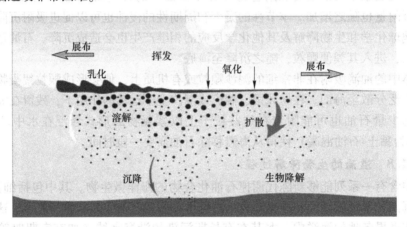

图 10-1　海洋溢油风化过程综合作用

10.3　海洋石油污染物扩散运移特征研究

10.3.1　平滑海岸线特征

海洋和陆地是地球表面的两个基本单元，海岸线即是陆地与海洋的分界线，一般指海潮时高潮所到达的界线。根据海洋与陆地的接触面，可将海岸线分为平滑海岸线、海峡海岸线、海湾海岸线三类（如图 10-2 所示）。其中，平滑海岸线即陆地与海洋只有一个接触面，其接触面并非完全光滑曲线，但基本无明显凹凸面，且对应海域为开阔海域；两块相近的开阔陆地之间形成海域，其对应的内海岸线即为海峡海岸线；陆地凹回形成的海域对应的内海岸线即为海湾海岸线。

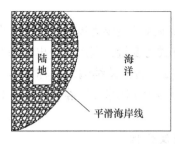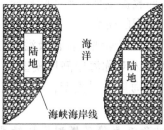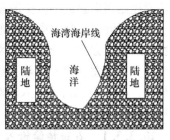

图 10-2　海岸线分类图

10.3.2　海洋溢油模型建立

溢油运动的数值模拟是一个非常复杂的问题，它不但包括油膜在自身重力、表面张力和惯性力作用下的自身扩展运动，在流场及风场作用下的漂移、扩散运动，而且在运动过程中，油膜本身的物理化学性质也不断发生变化，比如溢油的蒸发、溶解、乳化、生物降解会引起溢油的组成、密度、黏性等发生变化。要准确模拟溢油的运动，就必须全面考虑溢油的各种行为归宿，这决定了溢油数值模拟是一项庞大而复杂的工程。

溢油预报模型始于 20 世纪 60 年代，早在 1964 年 Blocker 建立了油扩散和挥发模型，而后的 70~90 年代，许多学者在油的物理特性、油与海水相互作用等方面作了深入细致的研究，建立了油-水两相双流体模型，用于计算水下油浓度分布。

通过各国学者的不懈努力、各种半经验公式的大量提出以及大型数据库的不断建立，溢油预测模型技术得到了飞速发展。已从早期的现场简单观测和描述中解脱出来向系统化方向发展，并由单一计算过程步入与决策管理程序结合的领域，预测精度也进一步提高，成功支持了溢油清除行动。溢油归宿的模型发展趋势是把单个溢油模型联合成复杂的整体系统，使其具有全方位功能，既能预测溢油的漂移方向，也能预测经济损失和对生态的影响，在决策管理机构中得到广泛应用。

早期，研究者们采用的基于对流扩散方程的各种数值方法来模拟溢油运动，采用这类方法可能会引起与物理扩散无关的数值扩散，数值扩散很大时，会完全掩盖溢油的实际物理扩散，使计算结果不令人满意。

通过分析国内外各种数学模型可见，各国学者总体的研究思路依然停留在对经验公式的探索方面。这类研究方法对于相似情况的早期预测研究具有极大实用意义，能够有效控制常见情况下的溢油扩散问题，但就模型本身对于溢油现象存在性和本质影响因素而言，其意义远不及其实用价值。其次我们只能定性了解该区域的动力学过程，还不能确切地预测出它的海流、涡动及溢油的含量水平。

10.3.3　海洋石油污染物扩散运移模拟结果及分析

Fluent 是目前国际上比较流行的商用 CFD 数值模拟软件包，用来模拟从不可压缩到高度可压缩范围内的复杂流动。凡是跟流体、热传递及化学反应等有关的工业均可使用。它具有丰富的物理模型、先进的数值方法以及强大的前后处理功能，在航空航天、汽车设计、石油天然气、涡轮机设计等方面都有着广泛的应用。本研究利用 Fluent 前后处理模块，通过建立模型、计算以及模型分析来对海洋石油污染物的扩散运移进行深入的研究，

188

为后期控制污染物进一步扩散和回收提供理论和实际指导。

　　通过对海洋石油污染物展布过程的研究可以得出，其影响因素主要为风浪，综合海岸线特征及溢油方式，分别选取风浪、海岸线对称性及溢油方式为变量，利用所得出的基本模型，分别建立：（1）石油持续输入对称海岸静风模型；（2）石油持续输入对称海岸风浪模型；（3）石油持续输入非对称海岸静风模型；（4）定量溢油对称海岸静风模型。其模拟结果及分析如下。

10.3.3.1　石油持续输入对称海岸静风模型模拟结果及分析

　　该模型采用轴对称海岸线，且石油在离海岸线最近点 600m 处以 1m/s 的初速度垂直向海岸线射流，海水与石油初速度方向相同，流速为 2m/s。其海水与石油混合液沿海岸线两侧流出。由模型迭代计算后，分别导出溢油开始 1 天后、1 周后及 1 个月后石油的速度等值线图，如图 10-3~图 10-5 所示。图中左侧标示的颜色深度代表速度大小，颜色波长越长，代表速度越大。

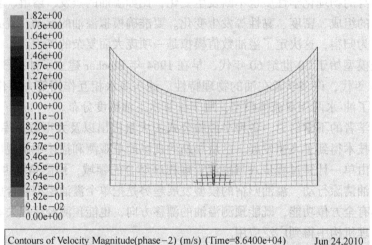

Contours of Velocity Magnitude(phase−2) (m/s) (Time=8.6400e+04)　　　Jun 24,2010
FLUENT 6.3(2d,pbns,mixture,ske,unsteady)

图 10-3　石油持续输入对称海岸静风模型溢油 1 天后石油速度等值线图

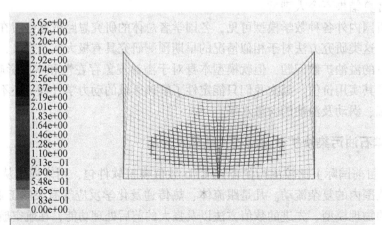

Contours of Velocity Magnitude(phase−2) (m/s) (Time=1.2096e+06)　　　Jun24,2010
FLUENT 6.3(2d,pbns,mixture,ske,unsteady)

图 10-4　石油持续输入对称海岸静风模型溢油 1 周后石油速度等值线图

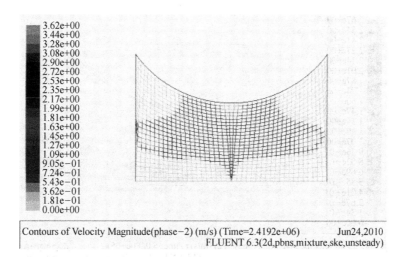

Contours of Velocity Magnitude(phase−2) (m/s) (Time=2.4192e+06)　　　Jun24,2010
FLUENT 6.3(2d,pbns,mixture,ske,unsteady)

图 10-5　石油持续输入对称海岸静风模型溢油 1 个月后石油速度等值线图

由以上石油速度等值线图随时间的变化情况可知，石油分布区域逐渐向四周扩散，其横向（平行于海岸线方向）扩散面积约为纵向扩散面积的 2 倍。石油速度及展布区域同样呈轴对称分布，且其对称轴与海岸线对称轴相同。随着石油向前推进，其在海水流动的推动作用下，向海岸线两侧的速率也不断增大，最高速率一般处于离对称轴最远处，即展布区域垂直轴向最外围。1 个月后，最高速率达到 3.62m/s，扩散区域面积达到 0.6km^2 左右。

10.3.3.2　石油持续输入对称海岸风浪模型模拟结果及分析

该模型同样采用轴对称海岸线，其他设置同石油持续输入对称海岸静风模型。在此基础上给予由左至右风向，从而引起海浪波动。由模型迭代计算后，分别导出溢油开始 1 天后、1 周后及 1 个月后石油的速度等值线图，如图 10-6~图 10-8 所示。

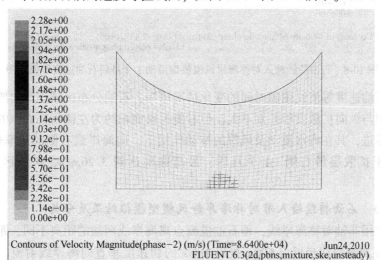

Contours of Velocity Magnitude(phase−2) (m/s) (Time=8.6400e+04)　　　Jun24,2010
FLUENT 6.3(2d,pbns,mixture,ske,unsteady)

图 10-6　石油持续输入对称海岸风浪模型溢油 1 天后石油速度等值线图

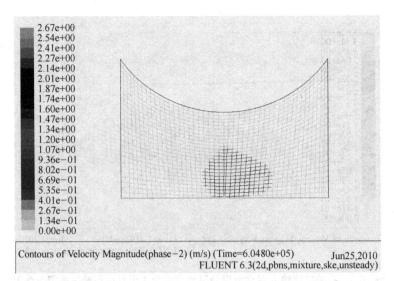

Contours of Velocity Magnitude(phase−2) (m/s) (Time=6.0480e+05)   Jun25,2010
FLUENT 6.3(2d,pbns,mixture,ske,unsteady)

图 10-7   石油持续输入对称海岸风浪模型溢油 1 周后石油速度等值线图

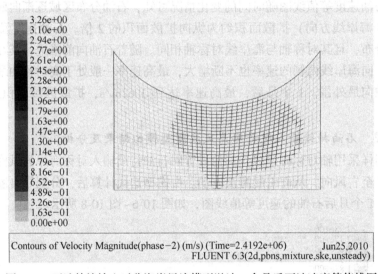

Contours of Velocity Magnitude(phase−2) (m/s) (Time=2.4192e+06)   Jun25,2010
FLUENT 6.3(2d,pbns,mixture,ske,unsteady)

图 10-8   石油持续输入对称海岸风浪模型溢油 1 个月后石油速度等值线图

由以上石油速度等值线图随时间的变化情况可知，石油分布区域逐渐向四周扩散，其横向扩散面积与纵向扩散面积差别不大，但右侧污染面积约为左侧污染面积的 1.5 倍。随着石油向前推进，其在海水流动及风浪的推动作用下，向海岸线右侧的速率也不断增大，最高速率处于扩散层最右侧。1 个月后，最高速率达到 3.26m/s，扩散区域面积达到 0.7km² 左右。

10.3.3.3   石油持续输入非对称海岸静风模型模拟结果及分析

该模型采用非轴对称海岸线，即石油溢流点离海岸线两端的距离不同，距离差值约为 700m。石油在离海岸线最近点 600m 处以 1m/s 的初速度垂直向海岸线射流，海水与石油初速度方向相同，流速为 2m/s。其海水与石油混合液沿海岸线两侧流出。由模型迭代计算后，分别导出溢油开始 1 天后、1 周后及 1 个月后石油的速度等值线图，如图 10-9~图

10-11 所示。

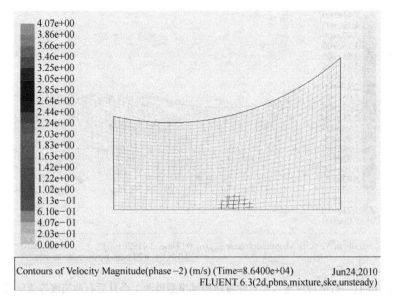

Contours of Velocity Magnitude(phase −2) (m/s) (Time=8.6400e+04)   Jun24,2010
FLUENT 6.3(2d,pbns,mixture,ske,unsteady)

图 10-9   石油持续输入非对称海岸静风模型溢油 1 天后石油速度等值线图

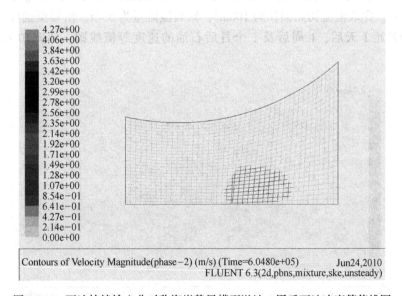

Contours of Velocity Magnitude(phase −2) (m/s) (Time=6.0480e+05)   Jun24,2010
FLUENT 6.3(2d,pbns,mixture,ske,unsteady)

图 10-10   石油持续输入非对称海岸静风模型溢油 1 周后石油速度等值线图

由以上石油速度等值线图随时间的变化情况可知，石油分布区域逐渐向四周扩散，其横向扩散面积约为纵向扩散面积的 1.5 倍。随着石油向前推进，其在海水流动的推动作用下，向海岸线右侧的速率及扩散区域也不断增大，且较石油持续输入对称海岸风浪模型变化幅度更大，几乎 90% 的石油都偏向海岸线右侧，而最高速率处于扩散层最右侧。1 个月后，最高速率达到 4.41m/s，扩散区域面积达到 0.6km^2 左右。

10.3.3.4   定量溢油对称海岸静风模型模拟结果及分析

该模型与轴对称海岸线静风模型设置基本相同，但石油并非慢性长期输入，而是一次

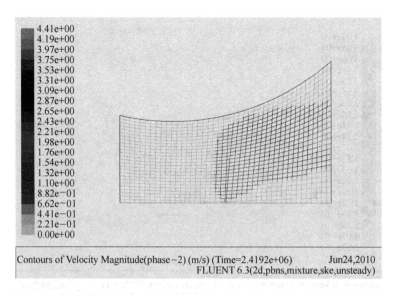

图 10-11　石油持续输入非对称海岸静风模型溢油 1 个月后石油速度等值线图

性大量输入。据实测，每滴石油在水面上能够形成 0.25m^2 的油膜，每吨石油可能覆盖 530m^2 的水面。先取溢流初始面积为 100m^2，则其溢流量为 5.3t。由模型迭代计算后，分别导出溢油开始 1 天后、1 周后及 1 个月后石油的速度等值线图，如图10-12~图 10-14 所示。

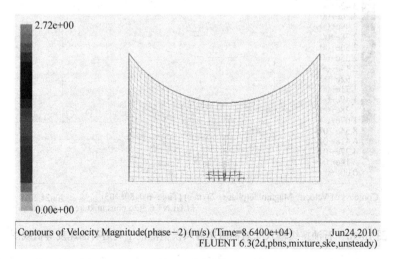

图 10-12　定量溢油对称海岸静风模型溢油 1 天后石油速度等值线图

由以上石油速度等值线图随时间的变化情况可知，石油分布区域逐渐向四周扩散，其横向扩散面积约为纵向扩散面积的 3 倍。石油速度及展布区域同样呈轴对称分布，且其对称轴与海岸线对称轴相同。石油在海水流动的推动作用下向前推进，向海岸线两侧的速率也不断增大，最高速率处于离对称轴最远处，即展布区域垂直轴向最外围。1 个月后，最高速率达到 3.28m/s，扩散区域面积达到 0.6km^2 左右。

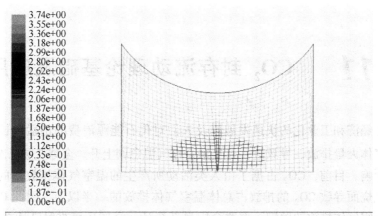

图 10-13 定量溢油对称海岸静风模型溢油 1 周后石油速度等值线图

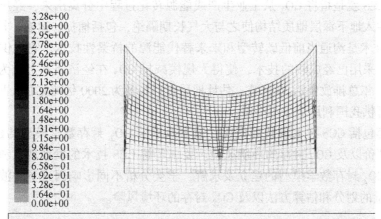

图 10-14 定量溢油对称海岸静风模型溢油 1 个月后石油速度等值线图

习 题 10

10-1 海洋石油污染的危害都有哪些?

10-2 石油在海洋中的迁移与转化规律都有哪些过程?

10-3 溢油的沉降都有什么方法?

10-4 平滑海岸线都有哪些特征?

11　CO₂ 封存流动理论基础及应用

随着全球经济和工业化的快速发展以及人们对化石能源消费的迅猛增长，以 CO_2 为代表的温室气体大量排放，导致近一百年来全球气温急剧上升。全球变暖已对环境造成了显著的负面影响，目前，CO_2 占据了由人类活动所产生的温室气体排放量的 77%，其中由化石燃料燃烧而导致 CO_2 的排放占总体温室气体排放的一半以上，因此 CO_2 的减排就成为了控制温室气体排放的关键。据联合国最新统计，全球环境难民已达 2500 万，远远超过政治难民；并预计到 2050 年，全球变暖导致的环境难民将达到 1.5 亿。

在此背景下，碳捕捉与封存技术（Carbon Dioxide Capture and Storage，CCS）就应运而生。所谓 CCS 就是指将 CO_2 从工业生产或能源转化过程中分离出来，经压缩后输送到封存地点，注入地下深层地质结构使之与大气长期隔绝，包括捕捉、运输、封存三个基本过程的 CCS 技术是沟通当前低碳转型和未来替代能源的桥梁性技术。它提供了一种切实可行的方案，采用已经成熟的技术，使得大规模减排 CO_2 在经济成本上成为可行。2015年，我国 CO_2 年总排放量达 30 亿吨，估计地质封存容量为 2000 亿吨左右。两相对比，地质封存资源可供我国利用至少 100 年。

本章内容包括 CCS 技术现状和概况、地下咸水层 CO_2 封存数学模型的建立及求解、CO_2 封存量评价以及 CO_2 封存的环境风险。要求了解 CCS 技术的发展现状和概况，掌握地下咸水层 CO_2 封存数学模型的建立及求解，学会分析不同影响因素下的波及效率。理解 CO_2 封存量的划分和估算方法以及 CO_2 封存的环境风险。

11.1　CCS 技术现状和概况

在 CCS 项目中，CO_2 的安全封存是整个项目能否成功实施的关键。目前技术上可行的方案有：（1）地质封存，把 CO_2 直接注入深部咸水层、枯竭油气田或玄武岩含水层；（2）CO_2-EOR（CO_2 Enhanced Oil Recovery）技术；（3）CO_2-ECBM（CO_2 Enhanced Coal Bed Methane）技术；（4）海洋封存。

11.1.1　CO₂ 地质封存

11.1.1.1　CO₂ 地质封存概述

自然界的 CO_2 地质封存过程已经发生了百万年，但人工将 CO_2 注入到地层中却是 20 世纪才开始的。CO_2 地质封存是 CCS 技术中的核心内容之一，也是 CCS 整个过程中技术上最具挑战性的一个环节。地质封存技术是直接把 CO_2 注入地下适当地质构造并使其永久封存的技术。目前，适于注入 CO_2 的地质构造包括深部咸水层构造、枯竭油气田、玄武岩含水层。

最早将 CO_2 注入地下的项目是 20 世纪 70 年代美国德克萨斯州的 CO_2 驱油提高采收率（EOR）项目。此后，利用 CO_2 注入地下油藏进行提高采收率的活动逐渐多了起来。将 CO_2 封存于地下作为人类活动温室气体的减排手段，最早是 20 世纪 70 年代提出的，但到 20 世纪 90 年代，也没有开展太多深入研究。但 20 世纪 90 年代以后，这一观点受到许多研究团体的关注。从 20 世纪 90 年代至今，CO_2 地质封存已经从当初的一个未受关注的理论概念，发展成为广被了解并被认为是全球温室气体减排的重要手段之一。目前，世界上正在运行或建设的 CCS 地质封存代表性项目见表 11-1。

表 11-1 全球 CCS 地质封存项目一览表

项目名称	CO_2 处理能力/$Mt \cdot a^{-1}$	地质构造	封存深度/m	备 注
Sleipner, Norway	1（1996）	海上咸水层	1000	世界上的第一个商业化 CCS 项目
In Salah, Algeria	1（2004）	陆上咸水层	1850	世界上第一个在陆地上开展的商业规模的 CCS 项目
Frio Project, U.S.A	—（2004）	陆上咸水层	1540	第一例验证把 CO_2 注入咸水层可行性的示范工程
Snohvit, Norway	0.75（2008）	海上咸水层	2600	达到商业规模
Gorgon, Australia	3.3（—）	海上咸水层	2500	达到商业规模
鄂尔多斯，中国	>0.1（2010 年年底）	陆上咸水层	3000	中国第一、亚洲最大规模把 CO_2 封存在咸水层的全流程 CCS 项目
West Pearl Queen, U.S.A	—（2002）	枯竭油田	—	美国第一个现场试验，共注入 CO_2 2090 t
Total Lacq, France	0.075（2006）	枯竭油田	4500	法国第一个进行 CCS 全套运作的项目
Otway Basin, Australia	1（2005）	枯竭油田	2056	澳大利亚最大的 CO_2 地质封存示范项目
Carb-fix, Iceland	—	玄武岩含水层	400~800	走在玄武岩固碳技术前沿

CO_2 被注入到深部地层（通常深度超过 1000m）的岩石空隙中，从而被封存在地层中。一旦 CO_2 被安全地注入到地层中时，其可能被封存长达地质时期之久。为了能更好地地质封存 CO_2，需要将 CO_2 压缩，使 CO_2 的密度状态达到"超临界"。CO_2 的密度会随注入深度的增加逐渐增加，当深度达到或者超过 800m 时，CO_2 的密度将会达到临界状态，此时随注入深度的增加，CO_2 的密度变化会很小。处于"超临界"状态的 CO_2 密度约为 $750kg/m^3$，此时，CO_2 以气体状态充满岩石空隙，同时又具有黏稠性，即其状态介于气态和液态之间。地表 $1000m^3$ 的 CO_2 注入到地下，在地下 800m 达到"超临界"状态，在地下 2km 的注入深度，其体积从地表的 $1000m^3$ 锐减到 $2.7m^3$。这种特性使得大规模地质封存 CO_2 具有很大的吸引力和应用价值。

11.1.1.2 CO_2 地质封存类型

能实现 CO_2 地质封存的地层需要满足几个主要条件：

（1）充足的储存空间和可注入性（足够的孔隙度和渗透性）；

（2）安全的封层（盖层），即位于储层之上具有不可渗透岩石层，这样可以防止 CO_2 向上移动和渗漏；

（3）地层需要深于 800m，这样压力和温度才能足够高，使得注入的 CO_2 达到"超临界"状态，从而最大化地封存 CO_2。

深部咸水层是最具潜力的 CO_2 地质封存地层。因为其覆盖范围广且地质特征接近 CO_2 地质封存要求，具有良好封存条件的深部咸水层往往和油气藏分布在同样的盆地中，并且其地质条件和天然油气藏也比较相似。

枯竭的油藏、气藏是当前最为现实和具有可操作性的 CO_2 封存地层类型。因为这些油气藏已经被研究得较为彻底，所以数据资料丰富且容易获取，从而可以直接、有效地支持 CO_2 地质封存评估以及理解 CO_2 注入地层后的动态情况。同时，这些地层的压力状态都比较适宜 CO_2 的注入和封存。可以利用现有的钻井评估和地层监测数据分析研究 CO_2 地质封存。但同时，已有钻井也是破坏地层完整性的潜在因素，需要进一步评价、修复和监测。

玄武岩是地球上最活跃的岩石类型之一，富含 Ca、Fe、Mg 等二价金属离子，易与 CO_2 反应生成稳定的碳酸盐矿物。当把 CO_2 注入玄武岩含水层时，CO_2 溶解在地下水中，地下水 pH 值下降，大量的化学耦合反应随之发生，玄武岩开始溶解。而玄武岩的溶解过程不仅使地下水的酸性得到中和，同时生成稳定的碳酸盐矿物沉淀，从而实现永久封存 CO_2。玄武岩的封存机理使得 CO_2 封存工程潜在的健康、安全以及环境风险降到最低。目前，只有冰岛和美国有小型示范项目。

11.1.2　CO_2-EOR 和 CO_2-ECBM 技术

目前，国际社会一般把 CO_2-EOR、CO_2-ECBM 技术都归类于地质封存，但 CO_2-EOR 技术与地质封存存在巨大差异。驱油是一个短期过程，而封存的目的是为了永久封存。驱油项目所使用的 CO_2 在驱油过程中大约有 50% ~ 60% 会回到地表，而封存项目要求将 100% 的 CO_2 永久地封存在地下。最后，驱油的盈利模式决定了它的目标是用最少的 CO_2 来获得最多的原油，这也就决定了 EOR 技术不能大规模用于碳减排。

CO_2-EOR（CO_2 Enhanced Oil Recovery）技术的原理是用高压将 CO_2 注入油田与原油形成混合物，把原油驱入生产油井中，同时又把 CO_2 封存在地下的技术。原油的增产率取决于储层特性和二次采油阶段的回收效率，一般在 5% ~ 15% 之间。美国的 CO_2-EOR 技术已有 30 余年的工程实践历史并且已经形成一定的市场规模，但将 CO_2 埋存作为首要目的，却是近 10 年发展起来的新技术。在漫长的地质历史时期，油气田已经安全地储存烃类液（气）体千百万年了，因此，一般来说，CO_2 的理想封存地质构造是油（气）储层。

CO_2-ECBM（Enhanced Coal Bed Methane）技术是把 CO_2 注入深部不可采煤层的技术。其机理为竞争吸附，煤层对二氧化碳的吸附能力比对甲烷的更强，煤层在吸附 CO_2 的同时解吸 CH_4，解吸出来的这部分 CH_4 的价值可以抵消部分 CO_2 注入费用。目前，世界上正在运行的和计划进行建设的 CO_2-EOR、CO_2-ECBM 项目共有 24 项（分别为 13 和 11 项），其中较有代表性的项目见表 11-2。

表 11-2 CO_2-EOR 和 CO_2-ECBM 项目

项目名称	储量/Mt	注入深度/m	备注
Weyburn（CO_2-EOR），Canada	40（2000）	1500	达到商业规模
Zama（CO_2-EOR），Canada	未知（2005）	1600	注入气体成分为 70%的 CO_2 和 30%的 H_2S
Fenn（CO_2-ECBM），Canada	未知（1997）	500	目前该项目已进行到第五期
Allison Unit（CO_2-ECBM），U.S.A	未知（1995）	950	全球第一个 CO_2-ECBM 示范项目，也是在 1995～2001 年之间唯一一成功的试点项目
Qinshui（CO_2-ECBM），China	447（2004）	2500	中加合作项目
RECOPOL（CO_2-ECBM），Poland	0.1（2003）	478	目前欧洲大陆最成功的煤层封存 CO_2 项目

11.1.3 CO_2 海洋封存概述

科学研究表明，近 50 年来的气候变暖主要是人类使用化石燃料而排放大量的 CO_2 等温室气体的增温效应造成的。现阶段，我国 CO_2 的排放总量仅次于美国，高居世界第 2 位。开展对 CO_2 排放控制的研究将对我国能源与环境的可持续发展产生深远的影响。同时，捕集、分离和储存大气中已有的 CO_2 也是一项重要的任务。目前，处理 CO_2 的方法总体上来说可以分为以下几种：地质封存、海洋封存、矿石碳化和工业循环利用等。目的都是捕集大气中多余的 CO_2，使它以一种特定的方式储存在特定的场所。虽然这不是一劳永逸的方法，但是对缓解目前的温室效应还是有一定作用的。

海洋是全球最大的 CO_2 贮库，工业革命以来释放到大气中的 CO_2 有一半左右被海洋吸收，大气 CO_2 的输入已经显著改变世界范围内表层海水化学，因此海洋在全球碳循环中扮演了重要角色。

海洋封存可以分为液态封存和固态封存两种方式，无论是液态封存还是固态封存，都存在二氧化碳挥发和溶解在海水中的问题，而液态二氧化碳比固态二氧化碳更容易挥发、溶解。所以，液态封存的技术关键就是如何减少液态二氧化碳溶解在海水中而造成对海洋生态环境的影响；固态封存的技术关键就在于二氧化碳水合物的快速生成和充分生长以及如何运输到适合的海底位置。同时，深海海域作为仅存少有的，没有被人类污染的资源之一，我们必须加以保护，充分考虑这一技术可能带来的影响。

下面我们以地质封存中的地下咸水层封层为例，通过建立物理模型和数学模型，分析 CO_2 封存过程中不同因素对封存效率的影响。

11.2 地下咸水层 CO_2 封存数学模型的建立及求解

11.2.1 CO_2-盐水两相驱替模型

由于 CO_2 在注入地下盐水层过程，地层介质本身存在宏观和微观的不均匀性，如黏土分布、孔隙结构、渗透性、润湿性、地层压力及温度条件等。这些不均质性对两相流体的流动、驱替界面的移动有很大的影响。

为了更好的建立 CO_2 注入过程的模型，将整个咸水层区域看作是以半径为 R 的圆柱，

把咸水层分成 n 层，如图 11-1 所示。则每一层内都是均质的，假定第 i 层的厚度、孔隙度、绝对渗透率分别为 h_i，ϕ_i，k_i。在研究过程中，选取其中的任意一层进行分析，该层即为均质层。

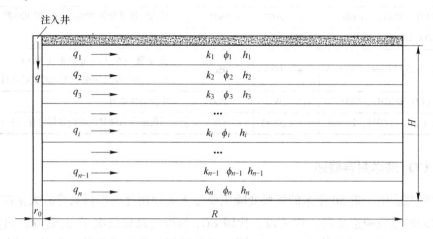

图 11-1　地下盐水层分层模型图

在实际注入过程中，由于地质层的微观非均质性、CO_2 和盐水的密度、流度及润湿性的差异以及毛管力现象，超临界 CO_2 渗入盐水区后，不可能把能流动的盐水全部驱走，则超临界 CO_2 和盐水区域没有清晰的接触面，出现了一个超临界 CO_2 和盐水两相同时混合流动的两相渗流区，如图 11-2 所示。两相区的存在增大了渗流阻力，加大了 CO_2 的注入难度。

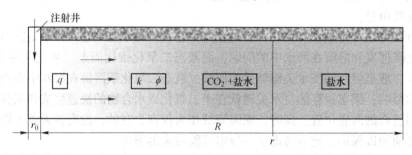

图 11-2　超临界 CO_2-盐水两相驱替单层模型示意图

因此，在建立模型、理论分析的过程做出如下假设条件：

（1）多孔介质是不可发生形变的，且其最初是饱和盐水层，CO_2 连续注入的过程中和盐水层的混合是瞬间完成的。

（2）盐水层的半径范围比它的厚度大。

（3）假定盐水层中的温度、流体密度和流体黏度在时间和空间上都是常数。

（4）研究的盐水层在地下 800m 以下，在地理构造上的温度和压力足够大，可以使得 CO_2 达到"超临界"状态。

（5）注入井贯穿整个咸水层的，且咸水层的厚度是均匀的，为 H。

（6）注入速率为常数 q，m^3/s。

（7）盐水层的盐水被注入的 CO_2 所替换，但是盐水层的残余饱和度为 S_{rw}。

（8）注入压力 P 不能超过咸水层上部应力的 75%。

（9）盐水层在横向上是均匀的，垂直方向的压力分布达到静力学平衡，且不考虑毛细管力的影响。

（10）研究对象为非达西流，与达西流相比存在启动压力梯度。

根据上述模型可知，注入到井中的 CO_2 沿着咸水层向四周作径向扩散。时间 t 内 CO_2 移动的距离为 r（称之为前缘半径），咸水层可以分为两个区域，从注入井向四周依次为两相区和盐水区，如图 11-3 所示。

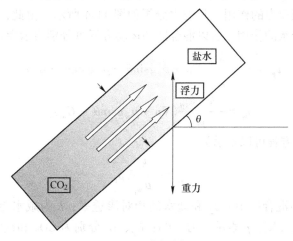

图 11-3　受力分析图

11.2.2　CO_2-盐水两相驱替数学模型建立

11.2.2.1　连续性方程

CO_2 在注入的过程中，由于压力的作用使盐水从多孔介质中流出，在渗流的过程中遵循渗流定律和质量守恒。CO_2 和盐水的两相混合区域随着时间的推进逐渐扩大。CO_2 和盐水的两相混合区域中盐水和超临界 CO_2 的质量守恒方程为：

$$- \nabla \cdot [\rho_g \cdot V_g] = \frac{\partial}{\partial t}(\phi \rho_g S_g) \tag{11-1}$$

$$- \nabla \cdot [\rho_w \cdot V_w] = \frac{\partial}{\partial t}(\phi \rho_w S_w) \tag{11-2}$$

式中，ρ_g、ρ_w 分别为 CO_2 和盐水的密度，kg/m^3；V_g、V_w 分别为 CO_2 和盐水的渗流速度矢量；S_g、S_w 分别为 CO_2 和盐水的混合区域中 CO_2 和盐水的饱和度；ϕ 为咸水层的孔隙度。

由假设可知，不考虑超临界 CO_2 和咸水层的压缩性以及密度的变化，可由方程式（11-1）、式（11-2）得到混合区和盐水区的连续性方程为：

$$- \nabla \cdot V_g = \phi \frac{\partial S_g}{\partial t} \tag{11-3}$$

$$- \nabla \cdot V_w = \phi \frac{\partial S_w}{\partial t} \tag{11-4}$$

在极坐标下，式（11-3）、式（11-4）可写成：

$$\frac{1}{r} \cdot \frac{\partial}{\partial r}(r V_g) = - \phi \frac{\partial S_g}{\partial t} \tag{11-5}$$

$$\frac{1}{r} \cdot \frac{\partial}{\partial r}(r V_w) = - \phi \frac{\partial S_w}{\partial t} \tag{11-6}$$

11.2.2.2 运动方程

根据模型的假设条件，CO₂ 和盐水在流动的过程中不符合达西定律，存在启动压力梯度。由于在超临界 CO₂ 和盐水之间存在密度的差异，且超临界 CO₂ 密度小于盐水密度，所以超临界 CO₂ 受到浮力的作用，其受力分析如图 11-4 所示。由此，同时考虑重力和浮力对超临界 CO₂ 和盐水的作用，所以混合区的运动方程可分别表示为：

$$v_g = - \frac{k \cdot k_{rg}}{\mu_g}(\nabla p + \rho_g g\sin\theta - \rho_w g\sin\theta - G_g) \tag{11-7}$$

$$v_w = - \frac{k \cdot k_{rw}}{\mu_w}(\nabla p + \rho_w g\sin\theta - G_w) \tag{11-8}$$

纯盐水区的运动方程可以表示为：

$$v_{w_i} = - \frac{k_i}{\mu_{w_i}}\nabla p_i \tag{11-9}$$

式中，k_{rg}、k_{rw} 分别为混合区中 CO₂ 和盐水的相对渗透率；k 为咸水层的渗透率；μ_g、μ_w 分别为 CO₂ 和盐水的黏度；p 表示压力，Pa；G_g、G_w 分别为 CO₂ 和盐水的启动压力梯度，Pa/m；g 为重力常量；θ 为渗流方向和水平方向的夹角（见图 11-3）。

11.2.2.3 状态方程

（1）咸水层中的饱和度。由假设可知，CO₂ 在连续注入的过程中，和盐水的混合是瞬间完成的，多孔介质中是 CO₂ 和盐水的混合物，饱和度的总和等于定值，即：

$$S_g + S_w = 1 \tag{11-10}$$

（2）超临界 CO₂ 的分流方程式。分流方程式是用含 CO₂ 的量来表示，CO₂ 的含有率是在总流量中所占的比例，用 f_g 表示。由假设可知，本模型不考虑毛细管力的影响，所以分流方程式可以由下式表示：

$$f_g = \frac{q_g}{q_g + q_w} = \frac{V_g}{V_g + V_w} = \frac{1 + \frac{k_w}{\mu_w} \cdot \frac{(2\rho_w - \rho_g)g\sin\theta - (G_w - G_g)}{V_g + V_w}}{1 + \frac{\mu_g}{k_g} \frac{k_w}{\mu_w}} \tag{11-11}$$

式中，f_g 为 CO₂ 的含量。

由式（11-11）可知，在不考虑毛细管力影响时，分流方程式主要取决于 CO₂ 和盐水的黏度及相对渗透率的比值。由于模型选取一个特定的均质盐水层来研究，在 CO₂ 注入的过程中，μ_g、μ_w 值基本不变。因此 f_g 的变化主要受 k_{rw}/k_{rg} 的影响，而相对渗透率是饱和度的函数，所以 f_g 也是饱和度 S_g 的函数。

11.2.2.4 控制方程

联合式（11-3）、式（11-4）、式（11-10）和式（11-11），经过代换可以得到 CO₂ 从

注入井向四周径向流动的微分方程为：

$$\frac{dr}{dt} = \frac{q(t)}{2\pi h\phi r}\frac{df_g}{dS_g} \tag{11-12}$$

式中，h 为选取的盐水层的平均厚度；$q(t)$ 为随着时间变化注入的流速。

对式（11-12）进行分离变量积分可以得到咸水层中 CO_2 饱和度的分布状况，即：

$$\int_{r_0}^{r} r\,dr = \frac{f_g'}{2\pi h\phi}\int_0^t q(t)\,dt$$

得出

$$r^2 - r_0^2 = \frac{f_g'}{\pi h\phi}W(t) \tag{11-13}$$

式中，r 为咸水层中 t 时刻前缘位置半径；$W(t)$ 为 t 时刻注入 CO_2 的总量，$W(t) = \int_0^t q(t)\,dt$；r_0 为注入井半径；$f_g' = df_g/dS_g$。

由于流量 $q(t)$ 是随时间变化的，所以在确定计算时间周期后经过迭代就可以确定在每一时间内前缘位置的半径。

11.2.3 CO_2-咸水两相驱替界面移动

由式（11-13）得到前缘半径随着超临界 CO_2 的注入移动的表达式如下：

$$r = \sqrt{\frac{f_g'}{\pi h\phi}W(t) + r_0^2} \tag{11-14}$$

式中，咸水层的 $W(t)$ 是随着时间变化的，其他参数根据已知条件都可以得到，所以前缘半径 $r(t)$ 是时间的函数。在计算周期内流量重新分配才能得到在该时刻内前缘半径的位置。

11.2.3.1 前缘饱和度和平均饱和度

（1）前缘饱和度。通过大量实验与分析，由于地层中存在重力和毛细管力的影响，前缘的饱和值并不是突然变化的，而是逐渐缓慢变化的。在工程中把它当作突变值来处理，可以满足精度要求。

由以上分析可知，在 t 时间注入到盐水层中的 CO_2 的量是其中饱和度的增量，即：

$$\int_0^t q(t)\,dt = \int_0^r 2\pi h\phi r[S_g(r,\ t) - S_{rg}]\,dr \tag{11-15}$$

对式（11-13）求导：$dr = \dfrac{W(t)}{2\pi h\phi r}f_g'' \cdot dS_g$，代入式（11-15）中得：

$$\int_{S_{g0}}^{S_{gf}} [S_g(r,\ t) - S_{rg}]f_g''\,dS_g = 1 \tag{11-16}$$

式中，S_{g0} 为 $r=r_0$ 时 CO_2 的饱和度；S_{gf} 为前缘位置时 CO_2 的饱和度。

分析可知，注入井壁处 CO_2 的饱和度 $S_{g0}=1$，当 CO_2 的饱和度为 1 时，即：$f_g(1) = 1$，$f_g'(1) = 0$，所以由式（11-15）可得：

$$f_g'(S_{gf}) = \frac{f_g(S_{gf})}{S_{gf} - S_{rg}} \tag{11-17}$$

式（11-16）是含有 S_{gf} 的隐函数，可以利用作图法求出 f_g'，代入到式（11-13）中就可以求出前缘半径随着时间增长的曲线图。

（2）平均饱和度。由假设条件可知，当同一咸水层中，CO_2 注入后其饱和度用平均饱和度表示，并且在注入的过程中其饱和度不变。混合区内的前缘饱和度求出后，可以进一步确定平均饱和度 $\bar{S}_g$，即：

$$\bar{S}_g - S_{rg} = \frac{q(t) \cdot t}{\pi h (r_f - r_0)^2 \phi} \tag{11-18}$$

将式（11-13）代入到式（11-18）中得到：

$$\bar{S}_g - S_{rg} = \frac{r_f + r_0}{r_f - r_0} \cdot \frac{1}{f_g'(S_g)}$$

由于咸水层的半径 R 远远大于井半径 r_0，忽略井半径的影响，得到：

$$\bar{S}_g - S_{rg} = \frac{1}{f_g'(S_g)} \tag{11-19}$$

根据式（11-19）的意义，也可以通过作图法求出 CO_2 注入过程中平均饱和度。

11.2.3.2　注入压力和注入速率

在定流量注入超临界 CO_2 时，可以在上述分析的基础上，导出咸水层中的注入压力公式，从而推导出定压力条件下的注入速率变化公式。

（1）注入压力。在该模型假设中，CO_2 是以等流量注入到咸水层中的，在咸水层中，混合区内的流量由 CO_2 和盐水层两部分组成，即：

$$
\begin{aligned}
Q(t) &= q(t) + q_w = \frac{k \cdot k_{rg}}{\mu_g} 2\pi rh \left(\frac{dp}{dr} + \rho_g g\sin\theta - \rho_w g\sin\theta - G_g\right) - \frac{k \cdot k_{rw}}{\mu_w} 2\pi rh \left(\frac{dp}{dr} + \rho_w g\sin\theta - G_w\right) \\
&= -2k\pi rh(\lambda_g + \lambda_w)\frac{dp}{dr} - 2k\pi rh g\sin\theta(\lambda_g \rho_g - \lambda_g \rho_w + \lambda_w \rho_w) + 2k\pi rh(\lambda_g G_g + \lambda_w G_w)
\end{aligned}
\tag{11-20}
$$

式中，Q 为咸水层中在 t 时刻的流量；k 为咸水层的绝对渗透率；λ_g、λ_w 分别为 CO_2 和盐水的流度，定义为 $\lambda = k_r/\mu$。

对式（11-20）进行分离变量积分：

$$\int_P^{P_r} dp = \frac{Q(t)}{2k\pi h(\lambda_g + \lambda_w)}\int_{r_0}^r \frac{1}{r}dr - \frac{g\sin\theta(\lambda_g \rho_g - \lambda_g \rho_w + \lambda_w \rho_w)}{\lambda_g + \lambda_w}\int_{r_0}^r dr + \frac{\lambda_g G_g + \lambda_w G_w}{\lambda_g + \lambda_w}\int_{r_0}^r dr \tag{11-21}$$

得到结果：

$$
\begin{aligned}
P - P_r &= \frac{Q(t) \cdot \ln\frac{r}{r_0}}{2k\pi h(\lambda_g + \lambda_w)} + \frac{g\sin\theta(\lambda_g \rho_g - \lambda_g \rho_w + \lambda_w \rho_w)}{\lambda_g + \lambda_w}(r - r_0) - \frac{\lambda_g G_g + \lambda_w G_w}{\lambda_g + \lambda_w}(r - r_0) \\
&= \frac{Q(t) \cdot \ln\frac{r}{r_0}}{2k\pi h(\lambda_g + \lambda_w)} + \frac{r - r_0}{\lambda_g + \lambda_w}\left[g\sin\theta(\lambda_g \rho_g - \lambda_g \rho_w + \lambda_w \rho_w) - (\lambda_g G_g + \lambda_w G_w)\right]
\end{aligned}
\tag{11-22}
$$

式中，$P(t)$ 为注入井处的注入压力，是随时间变化的函数；P_r 为前缘位置处的压力。

同理，在盐水区里可以得到压力的表达式为：

$$Q(t) = -\frac{k}{\mu_w} 2\pi rh \left(\frac{dp}{dr} + \rho_w g \sin\theta - G_w \right) \tag{11-23}$$

对式（11-23）积分：

$$\int_{P_r}^{P_h} dp = -\frac{Q(t)\mu_w}{2\pi hk} \int_r^R \frac{1}{r} dr - \rho_w g \sin\theta \int_r^R dr + G_w \int_r^R dr$$

得到：

$$P_r - P_h = \frac{Q(t)\mu_w}{2\pi hk} \ln\frac{R}{r} + (\rho_w g \sin\theta - G_w)(R - r) \tag{11-24}$$

式中，P_h 为咸水层的静水压力；R 为储存区域的半径。

联立式（11-22）、式（11-24）可以得出注入压力的表达式如下：

$$P(t) - P_h = \frac{Q(t)}{2\pi hk} \left(\mu_w \cdot \ln\frac{R}{r} + \frac{\ln\frac{r}{r_0}}{\lambda_g + \lambda_w} \right) + \frac{r - r_0}{\lambda_g + \lambda_w} \left[g\sin\theta(\lambda_g \rho_g - \lambda_g \rho_w + \lambda_w \rho_w) - \right.$$
$$\left. (\lambda_g G_g + \lambda_w G_w) \right] + (\rho_w g \sin\theta - G_w)(R - r) \tag{11-25}$$

（2）流量。将式（11-25）进行变换则可得到流量方程：

$$Q(t) = \frac{P(t) - P_h - \frac{r - r_0}{\lambda_g + \lambda_w} \left[g\sin\theta(\lambda_g \rho_g - \lambda_g \rho_w + \lambda_w \rho_w) - (\lambda_g G_g + \lambda_w G_w) \right] - (\rho_w g \sin\theta - G_w)(R - r)}{\frac{\ln\frac{r}{r_0}}{2\pi hk(\lambda_g + \lambda_w)} + \frac{\mu_w \cdot \ln\frac{R}{r}}{2\pi hk}}$$

$$\tag{11-26}$$

11.2.3.3 层间变异系数

为描述各分层之间的差异性，定义层间变异系数来描述层间的异质性。层间的变异系数是指统计层段内各层渗透率的均方差与平均渗透率之比。渗透率变异系数越大，说明层间非均质性越强。其定义如下：

$$\bar{k} = \frac{\sum_{i=1}^{n} h_i k_i}{\sum_{i=1}^{n} h_i} \tag{11-27}$$

$$K_v = \frac{\sqrt{\sum_{i=1}^{n} (k_i - \bar{k})^2 / n}}{\bar{k}} \tag{11-28}$$

式中，$\bar{k}$ 为咸水层中的平均渗透率；h_i 为第 i 层的有效厚度；K_v 为层间变异系数。

当 $K_v \leqslant 0.5$ 时，为均匀型；当 $0.5 \leqslant K_v \leqslant 0.7$ 时，为较均匀型；当 $0.7 \leqslant K_v$ 时，为不均匀型。

11.2.3.4 波及效率

CO_2 在咸水层中存储的过程中，存储效率是评价 CO_2 地质储存的一个重要指标。在此次研究中，定义波及效率来评价 CCS 的存储效率。波及效率的定义公式如下：

$$\eta = \frac{\sum\limits_{i=1}^{n} \pi r_i^2 h_i}{\pi \cdot r_{max}^2 H} = \frac{\sum\limits_{i=1}^{n} r_i^2 h_i}{r_{max}^2 H} \quad (11\text{-}29)$$

式中，η 为波及效率；r_{max} 为 n 层咸水层中最大的前缘半径；H 为咸水层的总厚度；其他符号如前文所述。

根据式中各参数的含义可知，波及效率主要和各层 CO_2 注入过程中的前缘半径有关。根据渗透规律，在注入条件相同的情况下，一般渗透率大的地层，前缘半径越大，所以 r_{max} 即指渗透率最大那一层的前缘半径。

11.2.4 波及效率及其影响因素

波及效率是评价咸水层 CO_2 存储效率的重要指标。由于地层的差异性，CO_2 在各小层的推进速度不一样。在此次研究中，将分析变异系数、注入速率、存储半径、孔隙度四种条件下，前缘半径和波及效率的变化规律，为 CCS 的方案设计提供理论指导。

11.2.4.1 波及效率随变异系数和注入速率的变化

（1）波及效率和前缘半径。根据表 11-3 中提供的方案，变异系数分别设为 0.2803、0.5498、0.7370、1.0165，即均匀性、较均匀性、不均匀性和极不均匀性咸水层，来研究层间的均匀程度对波及效率和前缘半径的影响，其结果如图 11-4 所示。

表 11-3　不同方案相关数据表

不同方案	渗透率/m^2			波及效率	注入速率/$Mt \cdot a^{-1}$
	一层	二层	三层		
1	6.0×10^{-14}	4.5×10^{-14}	3.0×10^{-14}	0.2803	0.5
2	7.7×10^{-14}	4.3×10^{-14}	1.9×10^{-14}	0.5498	0.5
3	8.8×10^{-14}	4.4×10^{-14}	1.0×10^{-14}	0.7370	0.5
4	11×10^{-14}	2.0×10^{-14}	1.4×10^{-14}	1.0165	0.5
5	6.0×10^{-14}	4.5×10^{-14}	3×10^{-14}	0.2803	0.1
6	6.0×10^{-14}	4.5×10^{-14}	3×10^{-14}	0.2803	0.3
7	6.0×10^{-14}	4.5×10^{-14}	3×10^{-14}	0.2803	1

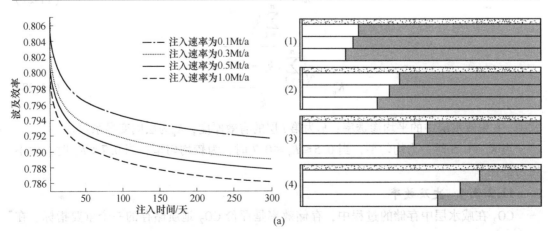

(a)

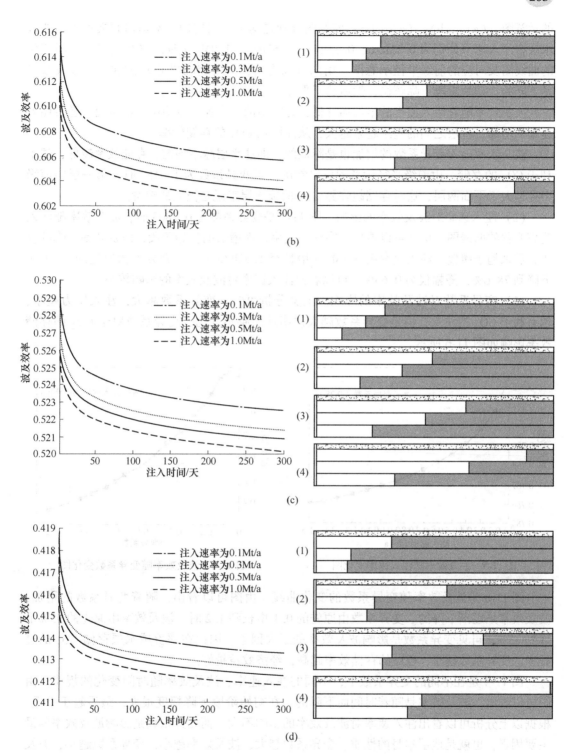

图 11-4　不同变异系数的情况下波及效率随时间变化的曲线图及咸水层中前缘半径的示意图

（a）变异系数为 0.2803；（b）变异系数为 0.5498；（c）变异系数为 0.7370；（d）变异系数为 1.0165

图 11-4 是不同变异系数的情况下波及效率随时间变化的曲线图及咸水层中前缘半径

的示意图。（a）、（b）、（c）、（d）四幅图分别是均匀、较均匀、不均匀和极不均匀的咸水层在注入速率分别为 0.1Mt/a、0.3Mt/a、0.5Mt/a、1.0Mt/a 时，波及效率随时间变化的曲线图及对应的前缘半径示意图。由图可以看出，随着超临界 CO$_2$ 的注入，波及效率是下降的，初始阶段下降较快，然后趋于平缓。

波及效率随着注入速率的增加而降低，各图中前缘半径示意图中可以看出，随着注入速率的增加，各层之间的差距越来越大，从而影响 CO$_2$ 的存储效率。

波及效率随着变异系数的增加也是降低的，即盐水层越不均匀，存储效率越低，越不利于 CO$_2$ 的存储。由前缘半径示意图可以看出，当变异系数为 1.0165 时，第一层的前缘半径远大于下面两层，这对存储超临界 CO$_2$ 的咸水层来说是极大的浪费。

（2）注入速率对波及效率的影响。图 11-5 是变异系数为 0.2803 时，波及效率随注入速率变化的曲线图。由图可以看出，在注入速率线性增长的初始阶段，波及效率下降的较快，后来趋于缓慢。注入速率由 0.1Mt/a 增长至 1.5Mt/a 时，波及效率由原先的 79.25% 下降到 78.6%，降幅仅为 0.65%，可以看出注入速率对波及效率的影响较小。

（3）变异系数对波及效率的影响。上文分析可知，变异系数越大，注入压力越小，越有利于 CO$_2$ 的注入，但是变异系数越大说明地层越不均匀，变异系数对于 CO$_2$ 的存储效率影响如图 11-6 所示。

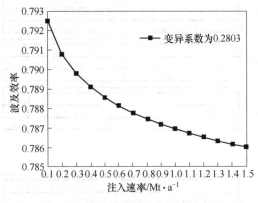

图 11-5   波及效率随注入速率变化图

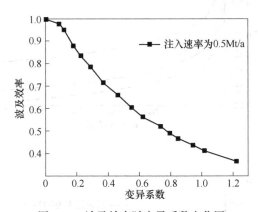

图 11-6   波及效率随变异系数变化图

图 11-6 是波及效率随变异系数的变化曲线。由图可以看出，随着变异系数的增加，波及效率是逐渐下降的。变异系数由原先的 0.1 增长到 1.2 时，波及效率由原先的 95% 下降到 35%，可见变异系数是影响波及效率的最大因素。因此在评价咸水层存储 CO$_2$ 的过程中，变异系数越小，CO$_2$ 的存储效率越高，经济效益越好。

图 11-4 是在不同的变异系数下，不同的注入速率、波及效率随时间变化的规律。由图可以看出，波及效率是随着时间而下降的。在初始阶段下降幅度很大，最后趋于平缓。根据以上分析可以看出注入速率对波及效率的影响不大，而变异系数是影响波及效率的最主要因素，也就是地层本身的性质。变异系数越大，波及效率越小，变异系数越小，波及效率越大。而注入速率对波及效率的影响也不容忽视。

11.2.4.2 不同存储半径对波及效率的影响

在选取 CO$_2$ 存储地点时，咸水层半径越大，存储的 CO$_2$ 越多，但是盐水层的可存储半径的大小会影响注入压力的大小，间接的影响波及效率，分析存储半径对波及效率的影响对评价咸水层的存储效率有重要的意义。在超临界 CO_2-咸水两相驱替模型的计算中，选取 10km、15km、20km、25km 不同的存储半径，分析波及效率随时间的变化曲线如图 11-7 所示。

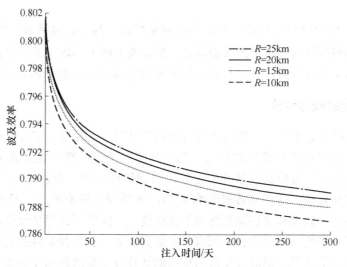

图 11-7　不同存储半径下的波及效率变化图

由图 11-7 中可知，存储半径越大，波及效率越大，反之则越小，说明选择存储地点时，范围越广越有利于 CO_2 的存储，存储效率和经济效益越高，可以作为评价 CCS 的一个重要指标。

11.2.4.3　孔隙度不同对波及效率的影响

在评价咸水层的储存效率时，孔隙度是不容忽视的因素。对于某一盐水层，孔隙度越大，单位体积的盐水层存储的 CO_2 越多，越有利于 CO_2 的存储。所以在不同的孔隙度下，波及效率随时间的变化曲线如图 11-8 所示。

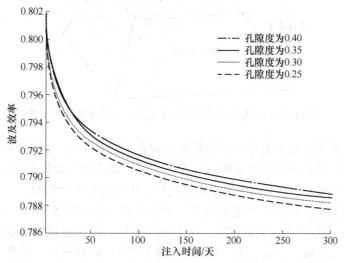

图 11-8　不同孔隙度下的波及效率变化图

由图 11-8 可知，孔隙度越大，波及效率越大，越有利于 CO_2 的存储，反之则越小。在评价咸水层存储 CO_2 经济效益时，以此参数作为选址的重要指标。

11.3 CO_2 封存量评价

目前阻碍 CO_2 地质封存技术顺利实施的因素很多，其中就包括对潜在 CO_2 封存区的区域地质特征和封存能力评估上的认识不足。封存能力的大小取决于封存容量和储层 CO_2 的可注入性这两个关键因素，其中封存量是决定 CO_2 地下封存能力的决定因素。

11.3.1 封存量的概念划分

尽管封存量计算是基于一套取决于封存机制的计算一定深度、温度和压力条件下某一体积沉积岩中可用封存量的简单的算法，当将其应用于某一特定地区或场地时却是复杂的。当捕获机制多样，各捕获机制开始生效的时间尺度不同，以及 CO_2 以多种物理状态存在时，计算尤显复杂。这些参数都影响到 CO_2 地质封存的有效性，且常具有不同的演化方向。地质背景、岩性和储层储集性能的高度变化，降低了封存量计算的可信度。封存量计算存在不同水平的不确定性，不同水平的估算需要来自多种学科的大量数据，并将其综合以获得有意义的结果。局域尺度最为精确的计算方法是通过构建地质模型进行储层模拟，但这需要大量的资金、时间和数据。Bradshaw 等人将资源金字塔的概念引入 CO_2 地质封存量评价之中（如图 11-9 所示），从技术、经济角度对地质封存量的类型进行了划分：

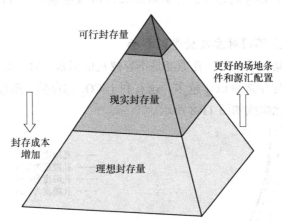

图 11-9 CO_2 地质封存量评价的技术——经济资源金字塔

（1）理想封存量：假定整个储层的孔隙空间都可封存 CO_2，或储层中全部地层水可溶解 CO_2 至饱和，或整个煤层可吸附 CO_2 至最大量。理论封存量代表封存量计算的上限。但由于技术和经济限制，总有部分储层无法利用，因此是不能达到的。

（2）现实封存量：评价中考虑地质和工程方面的一系列技术限制，如储层品位（孔隙率、渗透性）、盖层条件、封存深度、压力和应力场、储层和圈闭孔隙空间的大小、有无其他利用价值（如油气、煤、水、地热能、矿产等）。计算可达一定精度，且更具现实意义。

（3）可行封存量：在现实封存量的基础上，考虑地质封存的经济、法律约束。本阶段进行详细的源/汇配置，使最好、最近的封存场地与最大的排放源匹配。源/汇配置不仅从地质和工程方面考虑，还包括场地选址的社会和环境效应，并给出成本曲线，评价数据的不确定性。根据可行封存量评价结果，可在区域尺度上给出年可持续注入量，而不仅是封存总量。

11.3.2　CO₂ 封存量估算

11.3.2.1　深部咸水层 CO₂ 封存量估算

欧盟委员会（European Commission）于 2005 年提出了一种咸水层 CO₂ 封存量的估算方法。假定计算的咸水层密闭，其封存空间来自基质和孔隙流体的压缩。对 100m 厚咸水层的计算作如下估计：单位面积封存系数（SF）为 0.2Mt/km²，深部咸水层覆盖系数（ACF）为 50%（即 50% 的面积适于封存 CO₂），则 CO₂ 的封存量可计算如下：

$$V_{CO_2} = A \times ACF \times SF$$

式中，V_{CO_2} 为封存量；A 为盆地面积；ACF 为咸水层覆盖系数；SF 为封存系数。

计算时需获得以下参数：（1）咸水层可能占据的面积。（2）咸水层的具体体积。咸水层适合封存 CO₂ 的空间受到深度限制。计算中假设咸水层厚 100m，孔隙率为 20%，则咸水层体积为 20m³/m²。（3）封存条件下 CO₂ 的密度。在一般地下温度和压力下，CO₂ 的密度可达 700kg/m³。（4）储层空间可被利用的比例。存在圈闭时，约 0.02% 的咸水层体积可以封存 CO₂。不存在圈闭时，这一比例约为 5%。真正的咸水层 CO₂ 封存量，须通过对单个盆地的分析及对 CO₂ 注入场地进行严格的研究、实证和监测后方可确定。

11.3.2.2　枯竭油气藏 CO₂ 封存量估算

枯竭油气藏封存 CO₂ 的概念系基于油气的采出提供了封存 CO₂ 的空间。枯竭油气藏封存 CO₂ 的能力取决于封存层大小、孔隙率、封存层可被利用的百分数、CO₂ 的密度等。假设地下所有最终可采出的油气体积都可为 CO₂ 替换，则油田或气田中 CO₂ 的封存量可计算如下：

$$V_{CO_2} = V_{oil(stp)} \times B_o \times \rho_{CO_2}$$
$$V_{CO_2} = V_{gas(stp)} \times B_g \times \rho_{CO_2}$$

式中，V_{CO_2} 为封存量；$V_{oil(stp)}$ 为可采出的油在标准状态下的体积；$V_{gas(stp)}$ 为最终可采出的气在标准条件下的体积；B_o 为油层体积系数；B_g 为气层体积系数；ρ_{CO_2} 为 CO₂ 在储层条件下的密度。

国际能源署（IEA）基于 155 个石油省，包括 32000 个已知油气藏的最终资源预测，建立了枯竭油气藏封存 CO₂ 的全球经济模型。模型根据平均地层深度、油密度、位置、预测资金、操作成本及当时油价估测了每个省份的封存能力及封存成本，与 CO₂ 的供应成本相关性很大。

11.3.2.3　不可采煤层 CO₂ 封存量估算

在深部不可采煤层 CO₂ 封存能力计算中，须做更多的假设，如渗透率、煤的密度、气含量、CO₂/CH₄ 交换比例及采收率。CO₂ 封存量计算如下：

$$S_{CO_2} = PGIP \times ER \times \rho_{CO_2}$$

$$PGIP = GIP \times ACF \times RF$$

式中，S_{CO_2} 为封存量；$PGIP$ 为采出气在标准温度和压力下的体积；ER 为 CO_2/CH_4 交换比；ρ_{CO_2} 为 CO_2 密度；GIP 为煤层气地质储量；ACF 为可采煤的系数；RF 为采收率。

11. 3. 2. 4 世界 CO_2 地质封存总量

由于不确定因素很多，全球或区域 CO_2 地质封存量评价的结果差别较大。一些研究者对全球或区域封存量做了简单计算，但评价结果往往相互矛盾。全球封存总量评价结果大部分落在 100~10000Gt CO_2 的范围内，其中不可采煤层的封存量范围在 150~250Gt，枯竭油气藏为 500~1000Gt，深部盐水层为 240~20000Gt。封存量评价中许多矛盾的结果系数据缺乏，对物理、化学过程和经济因素考虑不足，及忽略不同封存机制在发生显著作用时的时间尺度不同所致，这种评价不能用于战略和投资决策。因此，进行封存量评价时应说明方法的局限，指出评价结果的用途。

IEA 对全球 CO_2 地质封存潜力进行了评估，其中枯竭气藏 CO_2 封存潜力为 690Gt、枯竭油藏为 120Gt、不可采煤层为 40Gt、深部咸水层为 400~10000Gt（如图 11-10 所示）。

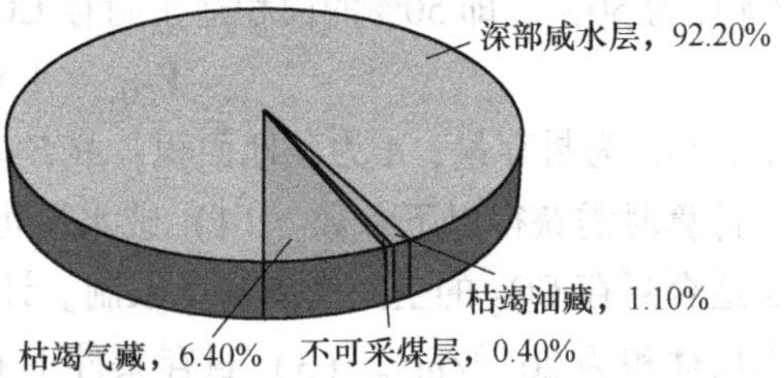

图 11-10　全球主要地质空间的封存量比较

这一评估结果是对比 2000~2050 年 CO_2 的排放量得出的，同时考虑注入 CO_2 的成本为 20 美元/吨。评估表明，CO_2 的地质封存对 CO_2 减排将起到重要作用，深部咸水层具有巨大的封存空间。枯竭油气藏也有较大封存潜力，可封存全部需封存 CO_2 的 40%，而不可采煤层对 CO_2 的封存贡献不大。总之，地质空间拥有巨大的封存 CO_2 的潜力，将对全球 CO_2 减排起到举足轻重的作用。然而，必须认识到这些全球地质储层的 CO_2 封存潜力是由 IEA GHG 基于对特定储层封存 CO_2 能力的普遍假定得到的。CO_2 的理论封存量与实际封存量是有区别的，还需要进行深入的分析研究，得到实际或"可行"的 CO_2 封存量。

11. 3. 2. 5 我国 CO_2 地质封存总量

中国陆地及大陆架分布有大量的沉积盆地，分布面积广，沉积厚度大，可用于 CO_2 封存的地质空间很大。

在收集地质、水文地质和石油勘探等资料的基础上，将中国大陆地区 24 个主要沉积盆地划为 70 个封存分区。不考虑咸水层的碳含量和 pH 值，直接采用饱和度计算，利用溶解度法计算了各封存分区地下 1~3km 深度内咸水层的 CO_2 封存量。在各分区的 CO_2 封存量基础上，根据其内部及其周边 50km 和 100km 范围内的大规模 CO_2 集中排放源的排放总量进行了场地分级评价。

初步评价结果表明，中国咸水含水层 CO_2 封存量达 144Gt，约为 2003 年中国大陆地区 CO_2 排放量的 40.5 倍。华北平原大部，四川盆地北部、东部和南部，准噶尔盆地东南部都是将来优先考虑的 CO_2 含水层封存地区。东南沿海和华南大部，应考虑利用近海沉积盆地内的咸水含水层封存 CO_2。

根据中国各含油气盆地天然气勘探资料和天然气资源评估结果，对中国天然气田 CO_2 封存量进行了初步评估。结果表明，中国主要的含油气盆地气田可以封存约 30.4Gt CO_2，其中陆地区约占 78.1%，大陆架区约占 21.9%，相当于 2002 年全国 CO_2 排放总量的 9.2 倍；其中已探明天然气资源所对应的 CO_2 封存量为 4.1Gt，相当于 2002 年全国 CO_2 排放总量的 1.2 倍，其中陆地区约占 88.7%，大陆架区约占 11.3%。各含气盆地中以鄂尔多斯盆地封存容量最大，其次为四川盆地、塔里木盆地和柴达木盆地，四者占陆地区封存容量的 78.6%；大陆架区以莺歌海封存容量最大，约占大陆架区封存容量的 38.6%。

根据中国煤炭和煤层气勘探资料、不同性质煤的储量分布及 CO_2 与 CH_4 置换比例，对中国主要含煤层气区深度 300~1500m 范围内的煤层 CO_2 封存量进行初步评价。结果表明，利用 CO_2-ECBMR 技术可封存 CO_2 约 11.0Gt，相当于 2002 年全国 CO_2 排放量的 3.6 倍。

11.4 CO₂ 封存量的风险

11.4.1 CO₂ 封存的环境风险

CO_2 地质封存的环境风险是指由于地质封存 CO_2 可能导致的环境损害，环境风险的大小直接和环境损害的严重程度及其概率相关，对于 CO_2 地质封存，几乎所有的环境风险都和 CO_2 泄漏有关，因为封存于地下的 CO_2 发生爆炸等的可能性非常微弱，而且其可能性在地质封存选址和评价的过程中已经被排除了。

CO_2 地质封存的环境风险主要发生在地面操作和地下注入过程，以及注入后，CO_2 在地层活动中。对于 CO_2 的捕获、提取、加工、运输以及注入等过程，工业界有很多经验和相关研究。此外，其他碳水化合物及化学物质的处理和运输经验都可以为 CO_2 的处理和运输提供有益的借鉴。工业领域对于地表 CO_2 及其他气体的处理过程（提纯、运输、注入等）的经验表明，在工程标准和程序规范的控制下，这些过程可以被有效地管理。但 CO_2 注入地下地层后的活动及其风险，相关研究和经验却非常少，而这一部分正是 CO_2 地质封存的核心内容。

自然界和工程的类比研究显示，CO_2 封存于地下地质层后，有可能在一些因素的作用下缓慢释放出来。自然界存在突然、灾难性的 CO_2 喷发事件，一般是伴随火山活动或者地下开矿活动。但这对于 CO_2 地质封存的风险评估没有太多借鉴意义。但当注入地下的 CO_2 充满岩石空隙，导致压力过大从而超过地层承受压力时，就会导致地层断裂和沿着地质断层的位移。地层断裂和地层位移非常危险，因为一些断裂和微地震活动或者产生、或者提高断裂部分的渗透性，这样就为 CO_2 迁移和泄漏提供了途径。

而封存于地质层的 CO_2 一旦沿着断裂、地质断层、注入井、废弃的油气井等迁移到地表，就可能会对土壤、人体和生态系统产生负面影响。释放出来的 CO_2 还可能会降低地下水水质，影响一些碳水化合物和矿物资源。环境风险评价对于 CO_2 地质封存具有非常重要的意义，它能够使公众和管理者确信 CO_2 地质封存的环境安全性和技术可靠性。

环境风险评价会为环境监测提供依据，并且知道环境监测的监测布点、监测重点和监测取样的频率。环境风险评价还可以为全球推广 CCS 提供管理规则和标准。

11.4.2　CO_2 地质封存的泄漏风险

CO_2 地质封存的泄漏主要是指封存于地下 CO_2 向上移动至近地表，从而产生环境影响。工业规模水平的 CO_2 地质封存项目，会将大量超临界状态的 CO_2 注入地下，这些 CO_2 会不断发生大面积迁移，因而泄漏风险在很大范围内都存在。但泄漏风险主要是受钻井、地质封存盖层的完整性以及捕获机制影响。

当 CO_2 注入到地下储层中时，其可能会通过如下途径发生泄漏：通过低渗透率的盖层（例如页岩）的岩石空隙泄漏；CO_2 通过不整合面（位于不同地质年代的岩石层之间显示沉积作用非连续性的侵蚀面）或者岩石空隙横向移动；通过盖层的裂隙、断裂或者地质断层；通过人为因素导致的途径，例如未进行完整密封的钻井或者废弃油井等。

开采枯竭的油藏和气藏，由于研究数据和开发利用得较为充分，因而是 CO_2 地质封存较为安全和理想的地层类型。许多天然气层本身就含有大量的 CO_2，这就给 CO_2 在这类地层中的封存增加了信心。但是，由于开采枯竭的油藏和气藏的区域会存在很多钻井，其中包括许多未被利用的钻井，很多钻井的状况很差，因此这类地层的风险是 CO_2 可能通过钻井而泄漏。特别是那些未被发现或者未能妥善废弃的钻井是开采枯竭的油藏和气藏的重要风险源。

石油行业的经验表明，由于操作不当或者油井套管、封隔器或者灌注水泥等的退化，废弃油井往往是重要的泄漏途径之一。油井完整性的缺失长期以来一直被认为是工业范围内的 CO_2 地质封存最有可能的泄漏途径，尤其是当存在废弃油井或者老油井时。通过废弃油井泄漏 CO_2 的风险受影响于在 CO_2 地层活动范围内油井的个数、深度及其废弃处理过程。

深部咸水层封存的 CO_2 泄漏途径也主要是上述途径，它与枯竭油气藏的主要的差异是，其盖层对 CO_2 的密闭性没有经过实践考验。另一个差异是当 CO_2 注入到深部咸水层时，会引起储层压力的增加，因为只有将咸水层岩石空隙中的盐水挤压出来，才有空间储存 CO_2。

煤层较为特殊，因为注入的 CO_2 主要是吸附于煤层的煤基质上，因为 CO_2 比煤层气更容易吸附于煤基质之上。理论上讲，煤层可以储存煤层气百万年，所以也可以储存 CO_2 百万年。但是当出现煤矿开采等情况，导致煤层内部的压力降低时，吸附于煤基质之上的 CO_2 就会释放出来。如果煤层压力大幅降低，大量吸附于煤基质上的 CO_2 就会通过煤层割理系统（割理系统是广泛存在于煤层中的内生裂隙系统，是煤层经过干缩作用、煤化作用、岩化作用和构造压力等各种过程形成的天然裂隙）自由流动。地质断层、人工开矿导致的地层裂隙或者未能妥善处理的废弃煤矿井都可能成为 CO_2 从地层中泄漏出来的途径。

11.4.3　CO_2 泄漏的环境影响

封存于地下的 CO_2 如果泄漏，会导致下面两个层面的环境影响。

（1）全球尺度：CO_2 释放于大气，则增加大气中 CO_2，对全球气候变化发生作用，这是对全球尺度的环境影响。

（2）地方尺度：泄漏的 CO_2 可能会对当地人体健康、生态系统、土壤、地下水等产生负面影响。

11.4.3.1 全球尺度

CO_2 地质封存的根本目的是减少大气中 CO_2 的量，将 CO_2 从排放源提取出来，直接封存于地下。但如果封存于地下的 CO_2 重新释放回大气，则 CO_2 地质封存项目本身也就失败了。因此，CO_2 地质封存的全球环境影响可以认为是 CO_2 封存有效性的失败。关键问题是，泄漏多少 CO_2 才能认为是有全球环境影响，或者说才能认定一个 CO_2 封存项目是失败的。

从全球尺度或者从温室气体清单角度讲，IPCC（联合国政府间气候变化专门委员会）温室气体清单指南将 CO_2 地质封存作为一个 CO_2 排放源，系统的边界是陆地和大气的临界面，或者对于海上封存项目而言，边界是海床和河水临界面（IPCC，2006）。任何从地质储层中逃逸出来而超过了临界面的 CO_2 都被认作是排放（泄漏）。

需要强调的是，从全球环境角度，CO_2 在地层中迁移但是没有超过临界面（陆地表面或者海水中），不被视为排放（泄漏）。这是与地方尺度环境影响的一个重要差别。地方环境尺度上，CO_2 一旦从设定的储层中迁移出来，就认为是泄漏。

许多研究都通过模型等方式探讨全球尺度环境影响可以接受的泄漏水平。Benson（2006）认为设定一个具体的每年泄漏量（例如：5000t）要比设定一个排放率（每年排放量和注入量/总注入量的比值）作为可接受的泄漏水平要合理些。因为其简单、便于验证和易于理解。

许多理论研究模型都表明全球气候变化对 CCS 的要求需要将其泄漏水平控制在 0.01%~0.1% 排放率以下。Enting 等人（2008）认为要确保 CCS 项目的全球环境效益在 500 年后能保持一半，就需要将排放率控制在每年低于 0.1% 的水平。Shaffer（2010）认为 CO_2 地质储层每千年 1% 的排放率是实现全球低 CO_2 排放情景的必要条件之一。美国能源部（DOE）2007 年曾有定义，到 2008 年和到 2012 年，CO_2 地质封存的保留率必须分别达到 95% 和 99%。

IPCC 的结论类似，认为 100 年内，CO_2 地质封存的保留率为 99% 是其可能的水平。在澳大利亚 Otway 项目中，为了检验监测技术，以每年 1000t CO_2 泄漏作为监测技术的监测底线，这种泄漏水平相当于 10Mt 注入量项目的每年 0.01% 的泄漏率。

虽然关于可接受的泄漏水平没有一个较为确定的范围（主要取决于不同方法对 CO_2 地质封存在全球 CO_2 减排中作用和贡献的设定），但许多研究者还是认为每年的泄漏率应当低于 0.1%。在这种情况下，年注入量为 1Mt 的 CO_2 地质封存项目，0.1% 的泄漏率意味着每年的泄漏量不能超过 1000t。

11.4.3.2 地方尺度

如果 CO_2 从地下储层中泄漏出来，进入浅表层，则人体健康、地下水资源、土壤、植被、大气以及海洋等都有可能受到其影响。

（1）人体健康。较高的 CO_2 浓度对人体健康的影响这方面的研究已经较为成熟。一定浓度的 CO_2 会使人体产生生理反应和毒素反应，从而威胁人体健康。普通人可以在 0.5%~1.5% 的 CO_2 空气浓度中持续待几个小时而不会有不适反应；但更高的暴露浓度和更长的暴露时间则会对人体产生负面影响，其主要是通过降低空气中维持人体需求的氧气浓度（低于16%），或者是 CO_2 进入人体，特别是进入血液，或者是改变和影响呼吸摄入的空气量等方式产生影响。

当空气中的 CO_2 浓度超过2%时，CO_2 就会对人体的呼吸生理产生较为明显的影响；当浓度超过3%时，人会出现失聪和视力模糊；当空气中氧气浓度低于16%时，正常人可能会出现窒息或昏厥的现象；当空气中 CO_2 浓度在7%~10%时，CO_2 就成为了致窒息物质，在这个浓度下，CO_2 也可能导致丧失知觉和死亡；当 CO_2 浓度超过20%时，20~30min 内就可能导致死亡。长时间地暴露于较高 CO_2 浓度的空气环境中，即便 CO_2 浓度仅为1%，也会对人体产生显著的健康影响。呼吸系统受损和血液中 pH 值的变化，都可能导致心跳加快、身体不适、恶心和意识不清。

（2）地下水。如果 CO_2 从地下储层泄漏出来，进入浅层地下水层，则会逐渐溶解进入地下水，从而对地下水质产生影响。溶解的 CO_2 会影响地下水的化学成分，可能会影响地下水的饮用功能及工业、农业的利用。

溶解的 CO_2 会提高地下水碳酸浓度（见下式），从而降低地下水的 pH 值。

$$CO_2 + H_2O \longrightarrow H^+ + HCO_3^-$$

地下水酸性的提高会增加地下水中主要元素和微量元素的变化，恶化地下水水质。溶解的 CO_2 会提高地下水中有毒金属、硫酸盐、氯化物的移动能力，从而可能会给地下水带来异常气味、颜色或者异常味道。因 CO_2 在水中的溶解而提高有害微量元素的迁移已经在实验室和野外试验中被证明。

酸化的地下水可以通过溶解、吸附和离子交换等反应，使微量金属元素从周围环境中释放进入地下水中。许多微量金属元素都属于重金属，例如铅（Pb）、镉（Cd）以及砷（As），这些元素会对地下水产生较为严重的毒理作用。Rempel 等人（2011）的研究认为，封存于地下的 CO_2，在一定压强和温度条件下与盐水达到平衡状态，可以溶解相当量的 Fe、Cu、Zn 和 Na，并使之移动。当 CO_2 泄漏时，盐水和 CO_2 自身携带的金属元素也会产生严重的污染。

（3）陆地生态系统和海洋生态系统。CO_2 进入土壤后，会造成土壤局部地区 CO_2 浓度的升高，达到一定程度时，会对土壤生物系统以及植物根系产生较为严重的影响。当地下封存的 CO_2 沿着断层泄漏到近地表时，很可能进入地表凹陷或者洞穴结构的地表，造成短时间 CO_2 聚集从而到达较高浓度，对该系统内的生态系统造成破坏性影响。

泄漏的 CO_2 进入近地表植被生态系统时，开始可能会产生施肥效果，从而促进植被生长，因为植物光合作用需要 CO_2。当 CO_2 浓度在土壤中逐渐升高并导致土壤中氧气浓度降低时，这时植物开始出现胁迫效应，并且植被胁迫效应会逐渐大于植被的施肥效应。土壤气体中的 CO_2 浓度超过5%时，就会对植被产生负面影响，当超过10%时，就会导致根系窒息，当达到20%时，CO_2 就会成为植物毒素。CO_2 可以通过植物根系缺氧导致植被死亡。

CO_2 对近地表的微生物群落的影响，当前的研究尚不充分。低 pH 值、高 CO_2 浓度的环境可能会对一些种群有利而对另一些种群有害。但是在强还原环境下，CO_2 的增加会刺激微生物群落将 CO_2 转化为 CH_4。在另一些环境下，会导致短期内 Fe(Ⅲ) 还原性菌群的活跃。

许多有潜力的 CO_2 地质封存地层都位于海底，因此研究 CO_2 泄漏对于海洋生态系统的影响非常重要。很明显，从海底地层泄漏的 CO_2 造成的环境风险要小于从陆地地层中泄漏出来的 CO_2 造成的环境风险。

从海底地层中渗流出来的 CO_2 可能会对深海生态系统和有机物产生有害影响。一些专家认为，海底 CO_2 封存可接受的 CO_2 泄漏水平应该控制在正常 CO_2 通量的 10%，即相当于每年每平方千米 10t CO_2。

> ## 习　题　11

11-1 简述 CO_2 封存技术分类。

11-2 简述 CO_2 地质封存的基本原理和技术关键。

11-3 简述 CO_2-EOR 和 CO_2-ECBM 技术的意义。

11-4 简述 CO_2 封存量概念划分标准以及封存量估算分类。

11-5 CO_2 封存对环境的潜在影响有哪些？

习题答案

习题 1

1-1　$\mu = 1.87 \times 10^{-5}\text{Pa} \cdot \text{s}$, $v = 1.69 \times 10^{-5}\text{m}^2/\text{s}$

1-2　$\tau = 145.8\text{Pa}$

1-3　(1) $F_1 = 6\text{N}$; (2) $F_2 = 420\text{N}$

1-4　$\mu = 0.105\text{Pa} \cdot \text{s}$

1-5　$F = 3.73\text{N}$

1-6　$\mu = 1.86\text{Pa} \cdot \text{s}$

1-7　$\beta_\text{p} = 0.5 \times 10^{-8}\text{m}^2/\text{N}$

1-8　$V = 151.34\text{m}^3$

1-9　$p_2 = 172.2\text{ kPa}$

1-10　$\Delta V = 5.8\text{L}$

1-11　$\Delta V = 0.2\text{m}^3$

习题 2

2-1　绝对压强 $p = 176.48\text{kPa}$, 相对压强 $p' = 78.48\text{kPa}$

2-2　$h = 679.4\text{m}$

2-3　$\Delta h = 0.0372\text{m}$

2-4　$p_0 = 265\text{kPa}$

2-5　(1) $h_\text{B} = 1.08\text{m}$; (2) $\rho = 10^3\text{kg/m}^3$

2-6　$h = 0.04\text{m}$

2-7　34700Pa

2-8　-33.85kPa; -50.78kPa

2-9　$\gamma_{煤气} = 5.29\text{N/m}^3$

2-10　34.65kN; 2.46m

2-11　0.44m

2-12　$1.02 \times 10^8\text{N}$; 27.9m

2-13　28.2kN; 离顶点 A 距离 1.28m

2-14　$9.36 \times 10^5\text{N} \cdot \text{m}$

2-15　30kg

2-16　7.35kN; 方向水平向右

习题 3

3-1　$2\sqrt{10}$

3-2　迹线方程: $\begin{cases} x = -\dfrac{t^3}{6} + \dfrac{3}{2}t - \dfrac{1}{3} \\ y = \dfrac{1}{2}t^2 - \dfrac{1}{2} \end{cases}$; 流线方程: $-2y^2 - 2y - 2x = 0$

3-3 (1) $y = 2(2\ln x + 1)^{\frac{1}{2}} + 1$; (2) $y = \dfrac{2}{t}\ln x + C$

3-4 $xy = C$

3-5 (1) 满足；(2) 满足；(3) 不满足

3-6 $u_y = -2axy + f(x)$

3-7 $u_z = -3xz - 2xyz + \dfrac{z^3}{3} + f(x, y)$

3-8 $v = 0.015\mathrm{m/s}$

3-9 $v_1 = 6.25\mathrm{m/s}$, $v_2 = 12.5\mathrm{m/s}$

3-10 (1) $Q = 4.9 \times 10^{-3}\mathrm{m^3/s}$, $M = 4.9\mathrm{kg/s}$; (2) $v_1 = 0.623\mathrm{m/s}$, $v_2 = 2.496\mathrm{m/s}$

3-11 $v_1 = 8.04\mathrm{m/s}$, $v_8 = 6.98\mathrm{m/s}$

3-12 $u = 0.79\mathrm{m/s}$

3-13 $u = 29\mathrm{m/s}$

3-14 $3.11\mathrm{mH_2O}$；流向 $A \to B$

3-15 $v = 10.85\mathrm{m/s}$, $Q = 1.9\mathrm{L/s}$

3-16 水平时：12.36kPa，垂直时：14.32kPa

3-17 $v = 7\mathrm{m/s}$, $Q = 0.055\mathrm{m^3/s}$

3-18 31.2m

3-19 0.244kN，方向与 x 轴的夹角：$6°6'$

3-20 38.46kN，方向与 x 轴的夹角：$2°42'$

3-21 125.96N

3-22 456N，30°

习题 4

4-1 湍流；层流

4-2 湍流；湍流

4-3 小断面的雷诺数大；2

4-4 $0.185\mathrm{cm^2/s}$

4-5 $0.149\mathrm{Pa \cdot s}$

4-6 $h_f = 0.0256\mathrm{mH_2O}$

4-7 $1.032 \times 10^{-6}\mathrm{m^2/s}$

4-8 (1) 1.07cm; (2) 12.63Pa; (3) 15.88Pa; (4) 2.06m/s, 0.146m³/s

4-9 (1) 0.023; (2) 1.9mm; (3) 4.89Pa

4-10 $h_f = 0.0655\mathrm{mH_2O}$

4-11 $0.0327\mathrm{m^3/s}$

4-12 $h_f = 0.268\mathrm{mH_2O}$

4-13 (1) $0.248\mathrm{mH_2O}$; (2) $0.455\mathrm{mH_2O}$; (3) $0.74\mathrm{mH_2O}$

习题 5

5-1 $Q = 0.757\mathrm{m^3/s}$

5-2 $Q = 13.57\mathrm{L/s}$, $d = 135\mathrm{mm}$

5-3 $Q = 39.38\mathrm{L/s}$

5-4 $h_{f1} = 0.824\ \mathrm{m\ H_2O}$, $h_{f2} = 1.76\ \mathrm{m\ H_2O}$, $h_{f3} = 9.42\ \mathrm{m\ H_2O}$

5-5 $d_2 = 150$mm

5-6 $h_f = 7.39$ m H_2O

5-7 $d = 110$mm

5-8 $Q = 11$L/s

5-9 $d = 51.3$cm

5-10 (1) $Q_1 = 23.75$L/s, $Q_2 = 5.7$L/s; (2) $Q = 19.67$L/s

5-11 $H = 12.98$m

5-12 $H = 12.19$m

5-13 $H = 0.92$m

5-14 $Q = 0.132$m³/s

5-15 $y = \dfrac{H}{2}$ 时射程最大, $x_{max} = C_v H$

5-16 (1) $\varphi = 0.92$, $\varepsilon = 0.65$; (2) $Q = 49.4$L/s

5-17 $v = 9.4$m/s, $Q = 6.66$L/s

5-18 $t = 144$s

5-19 $t = 18.5$h

5-20 (1) $Q = 29$L/s; (2) $d_2 = 8$cm

习题 6

6-1 (C) 2.4m/d

6-2 $v = 0.0637$cm/s, $u = 0.318$cm/s

6-3 $k = 0.6$m/s

6-4 $K = 9.52 \times 10^{-13}$m²

6-5 $Q = 1.25$L/s

习题 7

7-1 $N = 31.1$kW

7-2 $N = 387.5$kW

7-3 略

7-4 $v = 5.5$m/s

7-5 $h_s = 3.66$m

习题 8

8-1 $Q_2 = 7.4$L/s, $h_{f1} = 0.45$m, $\Delta p_1 = 1.845$bar (1bar = 0.1MPa)

8-2 (1) $h' = 0.873$m; (2) $P_1 = 1830$N

8-3 $v_{m水} = 120$km/h; $v_{m气} = 1585$km/h

8-4 $v_m = 0.103$m/s

8-5 (1) $h = 0.15$m; (2) $Q = 339.88$m³/s; (3) $h = 4$ m H_2O

8-6 (1) $d = 27.5$mm; (2) $\lambda_h = 2.73$; (3) $\lambda_Q = 12.27$

8-7 (1) $Q_m = 76$mL/s; (2) $Q_m = 12.87$mL/s

8-8 $\Delta p = 8.25$ mm H_2O

8-9 $x = \dfrac{3}{2}$, $y = \dfrac{1}{2}$

8-10　$Q = kd^2\sqrt{\dfrac{p}{\rho}}$

8-11　略

8-12　$Q = kd^2\sqrt{\dfrac{\Delta p}{\rho}}$

8-13　$N = D^5\rho\omega^3 f\left(\dfrac{Q}{D^3\omega}\right)$

8-14　$F = \rho v^2 D^2 f(Re)$

习题 9

略

习题 10

略

习题 11

略

参 考 文 献

[1] 张也影. 流体力学 [M]. 2 版. 北京：高等教育出版社，1999.

[2] 景思睿，张鸣远. 流体力学 [M]. 西安：西安交通大学出版社，2001.

[3] 周光垌，严宗毅，许世雄，等. 流体力学（上、下册）[M]. 北京：高等教育出版社，2001.

[4] 李玉柱，苑明顺. 流体力学 [M]. 2 版. 北京：高等教育出版社，2008.

[5] 周亨达. 工程流体力学 [M]. 2 版. 北京：冶金工业出版社，1988.

[6] 沈钧涛. 流体力学习题集 [M]. 北京：北京大学出版社，1990.

[7] 谢振华. 工程流体力学 [M]. 4 版. 北京：冶金工业出版社，2013.

[8] 丁信伟，王淑兰. 可燃及毒性气体泄漏扩散研究综述 [J]. 化学工业与工程，1999，16（2）：118~122.

[9] 陈义胜，孙铁. 不同风速下污染物扩散的模拟研究 [C] //第七届全国工业炉学术年会，2006

[10] 李瑞雪，孙改，蔡小雨，等. 大气污染中污染物扩散规律研究 [J]. 硅谷，2014，23：187~188.

[11] 邓慧敏. 大气污染物扩散影响因素及影响程度探究 [J]. 黑龙江环境通报，2015，2：36~38.

[12] 张小可. 大气污染物扩散影响分析 [J]. 黑龙江科技信息，2015，27：8.

[13] Zheng G J，Duan F K，Ma Y L，et al. Exploring the severe winter haze in Beijing [J]. Atmospheric Chemistry & Physics，2014，14（12）：17907~17942.

[14] Wang Y. Analysis of Sources of Atmospheric Pollution Survey of Jinzhou City Haze Weather [J]. Guang-dong Chemical Industry，2015.

[15] 李长喜. 狭长山谷地形大气污染扩散模式研究 [D]. 成都：西南交通大学，2006.

[16] 李树文，史建武，周继红. 近地面大气污染模拟模型的建立与应用研究 [J]. 环境科学与技术，2007，30：29~31

[17] 丁峰，李时蓓，赵晓宏. 大气环境影响预测与评价编写及技术复核要点分析 [J]. 环境监测管理与技术，2008，6：65~68.

[18] 程水源. 对几种大气环境预测方法的评估 [J]. 环境科学，1991，3：85~88.

[19] 郝吉明，马广大. 大气污染控制工程 [M]. 北京：高等教育出版社，2002

[20] N. Kh. Arystanbekova. Application of Gaussian plume models for air pollution simulation at instantaneous emissions [J]. Mathematics and Computers in Simulation，2004（67）：451~458.

[21] Chris J. Walcek. Effects of wind shear on pollution dispersion [J]. Atmos-pheric Environment，2002（36）：511~517.

[22] 陈建秋. 中国近海石油污染现状、影响和防治 [J]. 节能与环保，2002，30：15~17.

[23] 王勇. 世界海上重大溢油事故（1967~1991）[J]. 交通环保，1991（6）：49~50.

[24] Li G Z，Lai Q L，Yan P S，et al. Advance on Marine Petroleum Pollution and Microbial Remediation [J]. Current Biotechnology，2015.

[25] Vdovichenko E，Vysotskaya R，Bakhmet I. Lysosomal glycosidases and their role in adaptive responses of marine mollusks to petroleum pollution [J]. Toxicology Letters，2015，238（2）：S364.

[26] 甘居利，蔡文贵，黄创良，等. 海上溢油的行为特征及其对海洋渔业的危害 [J]. 江西水产科技，1997（1）：3~5.

[27] 方曦，杨文. 海洋石油污染研究现状及防治 [J]. 环境科学与管理，2007，23（9）：78~80.

[28] 武周虎，赵文谦. 海面溢油扩展、离散和迁移的组合模型 [J]. 海洋环境科学，1992（3）：33~40.

[29] 王全林. 海洋水体原油污染存在形态及处置技术研究 [J]. 石油化工安全环保技术，2009，25（5）：39~43.

［30］相震. 碳封存发展及有待解决的问题研究［J］. 环境科技，2010，23（2）：71~78.

［31］杨永智，沈平平，宋新民，等. 盐水层温室气体地质埋存机理及潜力计算方法评价［J］. 吉林大学学报（地球科学版），2009，25：335~340.

［32］张毅，宋永臣，张伟伟，等. 地质封存中 CO_2 盐水溶液的表观摩尔体积模型［J］. 环境科学与技术，2012，35（1）：25~27.

［33］Song H, Huang G, Li T, et al. Analytical model of CO_2 storage efficiency in saline aquifer with vertical heterogeneity［J］. Journal of Natural Gas Science and Engineering, 2014, 18: 77~89.

［34］Song Z, Song H, Cao Y, et al. Numerical research on CO_2 storage efficiency in saline aquifer with low-velocity non-Darcy flow［J］. Journal of Natural Gas Science and Engineering, 2015, 23: 338~345.

［35］周宏伟，王春萍，段志强，等. 基于分数阶导数的盐岩流变本构模型［J］. 中国科学：物理学力学天文学，2012，39（4）：744~748.

［36］Christos A. Aggelopoulos, Christos D. Tsakiroglous. Effect of micro-heterogeneity and hydrodynamic dispersion on dissolution rate of carbon dioxide in water-saturated porous media［J］. International Journal of Greenhouse Gas Control, 2012, 10: 341~350.

［37］Lena Walter, Philip John Binning, Sergey Oladyshkin, et al. Brine migration resulting from CO_2 injection into saline aquifers——An approach to rish estimation including various levels of uncertainty［J］. International Journal of Greenhouse Gas Control, 2012, 9: 495~506.

［38］Victor Vilarrasa, Orlando Silva, Jesus Carrera, et al. Liquid CO_2 injection for geological storage in deep saline aquifers［J］. International Journal of Greenhouse Gas Control, 2013, 14: 84~86.

冶金工业出版社部分图书推荐

书　　名	定价(元)
工程流体力学（第4版）	36.00
流体力学（本科）	27.00
流体力学及输配管网（本科）	49.00
流体力学及输配管网学习指导（本科）	22.00
现代流体力学的冶金应用（英文版）	25.00
传输原理（本科）	42.00
新能源导论（本科）	46.00
能源与环境（本科）	35.00
水污染控制工程（第3版）	49.00
环境工程微生物学（第2版）	49.00
环境工程学（本科）	39.00
冶金企业环境保护（本科）	23.00
矿山充填力学基础（第2版）	30.00
选矿数学模型（本科）	49.00
数学物理方程（本科）	20.00
工业通风与除尘（本科）	30.00
物理污染控制工程（本科）	30.00
安全系统工程（本科）	26.00
物理化学（第4版）	45.00
物理化学学习指导	26.00
物理化学习题解答（本科）	18.00
有机化学（第2版）	36.00
无机化学（第2版）	59.00
新编选矿概论（本科）	26.00
采矿工程CAD绘图基础教程	42.00
矿井通风与除尘（本科）	25.00